自 然 文 库
Nature
Series

What the Dog Knows

The Science and Wonder of Working Dogs

狗知道答案

工作犬和科学背后的奇迹

〔美〕凯特·沃伦 著

林强 译

商务印书馆
The Commercial Press

2018年·北京

我穿过一片荒野，它有自己的名字

毫无疑问，它在世界上也有某种特定的用处

然而荒野之中有一块手掌宽的地方

在方圆几英里的空白中独自闪亮

从那里我捡起石楠花

放在我的胸膛

一根脱落的羽毛，一根鹰的羽毛

好吧，其他的我已经忘却

——罗伯特·勃朗宁，"回忆录"（Memorabilia），1855 年

献给大卫，我的唯一。

目 录

狗知道答案——工作犬背后的科学和奇迹

引言

　　我越来越感到与死人打交道更加轻松。确切地说，是与死者的一部分。几颗牙齿，一节椎骨，尸体下方垫着的一小片毯子。我的德国牧羊犬标准的训练材料之一，便是在尸体残肢所在的地点采集来的泥土。打开装满这种土壤的梅森瓶*，我闻到的只有北卡罗来纳州森林的气息——幽深的麝香味，带着一丝桤木树叶的霉味；而索罗（Solo）闻到的，却是死者的气息。

　　索罗是一只寻尸犬。我偶尔会接到寻求我们服务的电话，一般是在有人失踪，并且很可能已经死亡的时候。有人问过我，索罗在发现有人死亡的时候是否会感到悲伤。答案是不会。索罗的工作——以及他的乐趣——在有人生命结束的时候才开始。没有什么能比在沼泽里蹦蹦跳跳，寻找已经失踪一段时间的人更快乐的了。对他来说，人类的死亡就是一场盛大的竞技。为了获胜，他所要做的就是用鼻子嗅，尽可能地接近目标，告诉我相关的情况，然后获得他的奖赏：与一个牵拉玩具玩拔河游戏。

---

* Mason jar，一种有密封螺旋盖的广口玻璃瓶。——本书脚注无特殊说明，均为译者注。

我从未想过死亡也会有正面意义。我肯定绝不会指望一只狗帮我指出这一点。从 8 年前我开始训练索罗，并和他一起工作到现在，他为我打开了一个全新的世界。当然，其中有一些是黑暗的，但逐渐变化的亮光穿透这些黑暗，照亮了我生活中的其他空间。

　　对于为什么从事这份工作，索罗和我有不同的动机。激发他热情的不仅是最后的牵拉玩具（尽管这让他非常开心），还有工作本身。在野外搜寻时，他就像一台在冰面上动力十足的赞博尼（Zamboni）除冰机，要追寻到最后一丝气味信号的源头。激发我工作热情的则是看着索罗，一只长着巨大尾巴、随时咧嘴大笑的黑红色牧羊犬。他用鼻子探索着隐秘的世界，然后将神秘的信息翻译给我们人类。正如警犬队的一位警官在称赞索罗清晰的身体语言时所说："你可以像读一本书一样读懂这只狗。"对刚开始接触工作犬的我来说，这是一本很容易看懂又很欢快的书；更像是苏斯博士（Dr. Seuss）的《一条鱼，两条鱼，红色的鱼，蓝色的鱼》（*One Fish Two Fish*），而不是詹姆斯·乔伊斯（James Joyce）的《芬尼根守灵夜》（*Finnegans Wake*）。这是一件好事，因为失踪者和死者所处的更宏大的场景会让我夜里无法入睡，反复回想，琢磨细枝末节，试图理解一场无法知晓的阴谋。正如一位著名寻尸犬训练者所说，"搜寻是经典的谜题。"

　　我的爱好可能会让一些人蹙起眉头。尽管亲密的朋友和少数几位大学同事对此表示赞成，但其他人都敬而远之。对于一些同事，我觉得最好还是不要向他们提起。大多数人并不知道，也没有理由知道。一位行政人员，当听闻我必须缺席即将召开的教师会议，原因是要带索罗去进行一次紧急的凶杀案搜索时，感到非常吃惊。第二天他找到我，带着值得称赞的乐观主义态度向我建议，或许我可以将关于寻尸犬的工作作为扩展内容放到履历之中？我不确定这种特殊的嗜好是否会影响我的学术信用，不过我还是感激他愿意考虑到这一点。我知道寻尸犬是工作犬家族树上一个少为人知的分支，而且需要慢慢了解之后才能欣赏。如果有人不屑一顾，我马上把话题换到政治上。

当然，学术界并不具有评头论足的特权。有时在搜寻过程中某个安静的时刻，某个副警长或警员会问我以什么为生。当我告诉他们我在大学里教书的时候，有些人会后退一下，打量着我，寻找疲惫和虚弱的迹象。然后，至少是暂时地，我们会忘记彼此的差别，继续搜寻，这才是我们的共同点所在。

索罗对我这种分裂的生活毫不知情，更不知道他正是部分原因所在。为什么要知道？他只是一只狗。他并不知道人类的死亡和腐烂会带来恶心或矛盾的情绪。对他而言，死亡意味着一个牵拉玩具。对我来说，索罗是我和死亡之间最理想的媒介。当我们在搜寻，甚至是训练的时候，他会成为我的宇宙中心，将我的视野缩小到正在搜寻的区域。我的工作是在需要的时候引导他，但要让他独立完成工作，保证他喝到足够的水，并让他远离车辆或别人后院里的罗威纳大犬。整个过程中我都要密切关注他，特别是在他探测气流并做出反应的时候。

寻找尸体是一种别具一格的遛狗方式。如果遇到一只鳄龟，或看到一只靛彩鹀在树林中闪过，或者当冬天的森林中突然出现一片废弃的烟草田，周围都是金黄色山毛榉的时候，快乐依然存在，尽管去那里的原因有点令人抑郁。野外也不一定全是美景，隐藏着的带刺的铁丝网、菝葜和毒漆藤、陷阱、被砍伐的树木，以及散落在森林中的垃圾堆都需要加以注意，我也是这么做的。尽管索罗不喜欢在荆棘中穿行，但除此之外，无论是在垃圾堆还是废弃的家宅里，它都喜欢把鼻子伸到由成堆生锈的金属和老旧地基构成的黑洞和孔隙之中。即使是在涉及凶杀的案件中，我更担心的也还是铜头蛇、锯齿状的金属和碎玻璃，而不是来自人类的威胁。现在我对北卡罗来纳州的毒品贸易比以前了解得更多，因此会避免在 40 号州际公路沿途某些特定的停靠点停车，即使燃油已经快要烧完。

总而言之，当有一只大狗在你身边时，世界看起来就没有那么可怕了——特别是在面对死亡的时候。几千年来，在无数宗教中，从印度的印度教到中美洲的玛雅宗教，死者一直要依赖犬科动物帮忙引导他们前往要去的地方。索罗亚斯德教的教徒（Zoroastrians）希望葬礼的时候有狗在场，尽管不是什么狗都行。他们更青睐两只眼睛上方各有一块深色斑点的"四眼"狗。我想象索罗化身成一只古代牧羊犬，像回转滑雪一样开心地穿过送葬者的队伍。

悲剧、偶尔的无能为力，以及无可避免的残酷，都是这项工作的一部分。我不会忘记那些方面，它们是相关的，但并不特别突出。这不仅仅是因为索罗在我身边。聪敏的警察和探员、经验丰富的搜索指挥、了解乡村每条土路和小溪的当地居民，以及关心案件的家庭和社区（大多数人都会如此）最终在我的选择性记忆空间中占据了绝大部分位置。

与这只充满热情的德国牧羊犬一起工作时，它灵敏的鼻子就是一场长途冒险的启动器。这场冒险将几十年来我所热爱的几个领域融合在一起：大自然、关于生物学和应用科学的研究与写作，以及与动物——特别是小狗——一同工作和玩耍。狗的鼻子引导我成为环境生物学家、法医人类学家、认知生理学家、体格检查医生和军事研究者。我曾得以采访、会见那些有天赋的工作犬牵犬师和训练师并与他们一起实习，最终我也非常喜爱他们，就像对狗的喜爱一样。我同训练缉毒犬、嗅弹犬和巡逻犬的牵犬师与训练师一起进行训练。执法过程中，狗不仅是很好的朋友，也是无法替代的功能扩展。它们的鼻子和耳朵，有时甚至是身体和牙齿，都能为人类伙伴提供帮助。它们能嗅到、听到人类牵犬师无法感知到的东西，它们能去到大多数人都不愿意靠近的地方。

　　我所要强调的并不是工作犬有多么神奇——它们就自身而言并不神奇——而是它们的成功与牵犬师，以及培训牵犬师的人有着不可分割的联系。工作犬的成功远不止需要天赋。这需要想象力、深厚的知识和不断的训练来使它们能够依靠鼻子生存。牵犬师和训练师的生活与工作已经和工作犬交织在一起，很难说清彼此之间的界限；他们使彼此变得完整。他们的工作并不顺利也不简单，恰恰相反，他们通常在危险的环境中工作，或者身处灾难现场——无论是犯罪、战争、气候变化、地震，还是坠机。在人类与犬类之间，存在着一种难得一见的完美性，正是这种完美性，使工作犬在我们所处的这个光怪陆离、复杂多样而又机械化的世界中依然不可或缺。工作犬产生于生活更加简单的时代，有时它们会被视为一种感性又毫无必要的娱乐方式。不是所有的"狗－牵犬师"团队都很高效，但是当他们合作良好时，他们会非常非常棒：他们能分辨气味，搜查地形，完成机器无法做到的任务。我们现在有了新的需求，可以让犬类继续从事它古老的工作。

　　我并不全职从事工作犬训练工作，而是很可能一直做一个严肃的爱好者。尽管在犯错的时候我也会做噩梦，但我依然会恢复状态。我已经不能自拔了。当我能越来越好地处理来自大学的要求和训练工作的要求，同时学会处理无可避免的悲伤情绪时，剩下的就是面对高强度的生理和心理挑战，将搜索工作剥离至最基本的元素，让狗能最好地完成工作。与索罗在树林里行走，随着气味开始在早晨的温暖中升腾，我能进入对周围环境注意力高度集中的状态，以至于时间开始变慢并扭曲。或者，我也可以简单地享受一个训练之夜，看着萤火虫出现，而索罗顺利完成一个复杂的气味问题，变成暗夜中的舞者。

这是一只活生生的小狗，他棕色的眼睛透露出喜悦与焦急的心情，并蹦蹦跳跳地穿过一大片牧场，带领我去看他在两百英尺之外发现的东西。

嘿，过来吧，来不? 快点。死去的东西就在这儿，让我指给你看。

　　　　　　　　　狗知道答案——工作犬背后的科学和奇迹

第一章　黑暗中的小王子

身为独生子本身就是一种疾病。

——斯坦利·霍尔（G. Stanley Hall），《关于异常和特殊儿童》

(*Of Peculiar and Exceptional Children*，1896年)

这只德国牧羊犬幼崽出生时颇费周折。他的母亲被麻醉之后，兽医切开子宫，将他取了出来。沉甸甸的一个肉团。这一窝就他一只。

琼（Joan）是俄亥俄州的一位饲养员。她在发给我的电子邮件中说，这只新生幼崽的头很漂亮，浑身充满了力量。他的力量不足为奇，因为母亲将营养全部输送给了他，没有其他竞争对手。我凝视着他在剖腹产手术之后的一些照片：有一张是蜷在琼的臂弯之内，显得既舒适又安稳，另一张则是咬着他那年轻的母亲 8 个乳头中的一个，吸吮着乳汁。他对乳汁的分配有自己的选择。他浑身皱巴巴的，还目光斜视。他的头看起来更像是鼹鼠的头，而且一点也不漂亮，不过，琼应该了解得更多。这只小狗是她养育的第 25 窝牧羊犬，他应该会是维塔（Vita）唯一的后代。

除了外形、力量和不可思议的冷静，这只新生的小狗还有一些特别的东西。他的鼻子很灵，琼写道，"昨天，就在回到家的几个小时内，当我走进屋子的时候他就醒了，他的鼻子在嗅气味！"我几乎没注意到不相关的信息。我抽象地知道"嗅气味"是什么意思，但这并没有引起我的兴趣。以前我养过两只德国牧羊犬，并教它们把大鼻子离来客的裤裆远一点。"不准嗅"是我家里的标准命令之一。

最重要的信息和线索，隐藏在电子邮件中的短短几行里："你可以选择拥有我们这位小王子，看看他能发展成什么样。"她向我保证，关于他是单胎儿这件事，如果我有任何担忧，都可以与她讨论，而且她——和她饲养的那群成年牧羊犬——能帮助小狗克服可能遇到的各种问题。

担忧？问题？得到一只帅气、健康的雄性小狗，对大卫和我来说就像中了彩票一样。我们有了一只小狗！过去一个星期，我一直在电子邮箱里翻来翻去，等待他出生的消息。差不多一年以前，我们深爱的牧羊犬，温柔的泽夫（Zev），离我们而去了。我们终于要翻开新的篇章了，生活中又有牧羊犬的陪伴了。我跑出去寻找大卫，他正在书房里研究逻辑课程。我在客厅里快乐地转来转去，然后坐到电脑前，大声地把邮件内容全部读给他听。大卫站起身，耐心地听我一字一句把邮件读完。等到陶醉感逐渐散去，我才开始给琼回邮件，这样我的语调才会显得既平和又稳重。所有的筹划、精力、成本和情感投资都是为这单独一只小狗，而不是一大群狗准备的。我们等候的名单上的其他小狗可能会感到失望。这些我都了解，但我很快又陷入狂喜之中。

早在 10 个月之前，我就爱上了琼培育的牧羊犬品系，并且有了养育这只小狗的念头。琼的全名是琼·安德烈亚森－韦伯（Joan Andreasen-Webb），她所培育的德国牧羊犬来自"西德犬"品系。她用羊奶、鲜肉喂养幼崽，并让它们有大量的时间在户外活动。她的成年犬会趴在咖啡桌下方的走道上，会参加图书馆的儿童读书会，还能放牧羊群，或者成为"防卫犬训练运动"中的明星。我对这项运动知之甚少，只知道其中涉及听从命令进行撕咬。她有几只小狗甚至成了警犬。几十年前，当我还是记者的时候，我有一次与一只警犬一起坐车出任务，当时就被它那充满力量的低沉吼声吓到了。我不希望我的德国牧羊犬也变成这样。这只小狗有两个使命：在我工作的时候安静地趴在桌子下，在参加服从训练赛的时候能跳出来统领全局。当泽夫变得太过虚弱，无法完成服从比赛的时候，我就放弃了这一爱好。

最后，我终于停下白日梦，开始在网上查起了"单胎儿"（singleton）

的含义。用数学的术语来说，"singleton"就是只有一个元素的集合。就人类而言，这是我们大多数人来到世间的方式，即一胎只有一个新生儿。就犬类而言，"单胎儿"的含义与人类一样，只是还会与许多恐怖的故事联系起来。不过网络就是这样，你可以在上面查找普通感冒，描写的症状读起来就如同瘟疫。

在标准的一窝幼崽中，小狗每天都会发出并收到数以千计的信号，它们互相摔来摔去，互相舔舐和撕咬，被咬疼了就发出尖锐的叫声，还会用撒尿和舔舐来表示抱歉，然后就会咬得轻一点。一窝幼崽之间你争我夺，可以使小狗为应对犬类公园里的艰难和磨炼做好准备，也能更好地面对邻居家精力充沛的吉娃娃，或者面对某些怪人——以及小孩。相比之下，单胎幼崽生活在一个随时说"是"的世界里。它们更有可能缺乏"啃咬抑制"，而具有"触摸敏感"，并且"无法平静和安详地从麻烦中走出来"（尽管我不是独生女，但最后这条挺适合我的）。它们"没有能力处理挫折"（这条也适合我）。此前，琼已经把以上这些可能性告诉了我，所以在浏览这些段落时，我的心情十分放松。单胎小狗也可以成为非同寻常的伙伴，只要它们与人的联系足够密切。有时确实如此。

那个晚上，大卫和我杜绝了"万一"的可能性。我们甚至早在维塔发情之前就已经想好了小狗的名字：柯达（Coda）。这个词在意大利语中的字面意思是"尾声"，指的是一首曲子中的最后一个乐章——某种回顾，某种思想性的回响，也是某种总结。这只小狗将会使我们的学术和社交生活变得完整，而不是干扰这些生活。不久前，我在一所不错的大学里获得了终身职位，我终于建造了一个火车头，可以开足马力穿越过去，在我的学术生涯中不断取得研究成果，最终成为一位既有胆识又十分时髦的学院导师，穿着酷酷的黑色外套，可以直言不讳，不用在原则问题上妥协。没有任何事情能让我停下脚步。或许我不是一位学术明星，但我对于自己所做的事情相当擅长。小狗只是一件礼物，是我从这份工作中得到的奖赏。对于感觉上变得越来越漫长的大学工作来说，这是一种不错的消遣。

我们都是现实主义者，至少我们自己这么认为。我们期望这只出自"西德犬"品系的小狗比泽夫更坚韧、精力更充沛，泽夫更喜欢躺在草地里闻花香。我们已经有一只占据了我们一定时间和精力的狗：一只漂亮的雌性爱尔兰塞特犬，名字叫梅根（Megan）。几年前，我的父亲准备与一位可爱的女士开始新的生活，而她对外形庞大、看起来控制不了的狗不大习惯，因此我们提出可以把梅根收养过来，减轻他们的负担。我对大卫撒了谎，说收养一只 1 岁大、正在发情的爱尔兰塞特犬将会很有意思，是一场真正的冒险，而不仅仅是作为子女的义务。

梅根现在已经 4 岁。我们曾经幻想将她放到一处不错的乡间农场，但现在已经过了那个阶段。不过，从儿时到现在，我对爱尔兰塞特犬的感情并没有改变太多。它们的快乐曾经填满我们位于俄勒冈州的小家，它们不知服从为何物，并具有非凡的奔跑能力。它们会消失在威拉米特河谷的浓雾中，穿越乡野，跑到离我们山上的小屋数公里远的地方，无迹可寻。这种事情通常发生在晚上。相比之下，它们其他的罪过就微不足道了，比如跳到客人身上，撕咬厕所卫生纸取乐，以及在没人注意的时候，悄悄爬到床上或安乐椅上。父亲很喜爱它们这些小伎俩，喜欢抚摸它们头部如丝绸般顺滑的皮毛。父亲有一份要求很高的研究工作，还有瘫痪的妻子需要照顾，三个调皮的小孩需要抚养。这些塞特犬的存在，使父亲能暂时从折磨人的苦差事中抽离出来。可以说，小狗们的恶作剧是他唯一的休闲。

与父亲不同，我并不希望小狗成为某种分心的事情；我希望它们与我的生活完全交织在一起，反之亦然。二十来岁的时候，我已经认定德国牧羊犬是我最喜欢的品种。一方面是因为我喜欢它们的聪明、高贵，以及与狼很相似的体形；另一方面则是因为它们恰好是塞特犬的对立面。大卫刚认识我时我的第二只牧羊犬还很小，大卫很喜欢他。泽夫是非常随和的德国牧羊犬品种的一个代表。

大卫和我意识到，这只软塌塌的无毛"鼹鼠"需要一个比"柯达"更加合适的名字。他来到这个世界上并不是一段尾声，而更是有种要即兴表演的意味。因此，作为一位爵士乐爱好者，大卫给它重新取名为"索罗"*。

动物行为学家兼作家帕特里夏·麦康奈尔（Patricia McConnell）在职业生涯中，将相当多的精力投入到对有行为问题的小狗的研究中。在她所写的一本关于犬类训练的书中，有一章专门谈到了针对狗的愤怒管理问题。她描写了当她最喜爱的边境牧羊犬生下一只独生的幼崽时她的反应，"我本应该去帮助别人，而不是制造问题，而且这些问题正是我在训练中要避免的。因此当兽医证实这一窝只有单独一只幼崽时，我整个人都抓狂了。你或许不觉得这是什么大事，但对我来说这就是一场危机。"麦康奈尔曾经闪过一个念头，考虑让这只幼崽安乐死，但

---

* Solo，意为独奏。

当她抱起这团温暖的小毛团时，这个念头就立刻被抛到脑后。"这么多年来，我已经见过太多——数量似乎不成比例——具有严重行为问题的单胎小狗。"麦康奈尔写道。作为一位犬类行为学家，她知道得太多了。无论如何，她决定做个试验。一方面是为了她的研究，另一方面或许是为了未来更好地应对那些对单胎小狗感到绝望的顾客。

麦康奈尔写道，在只有5周大的时候，这只边境牧羊犬幼崽就会朝她咆哮，带着强烈的侵略性，嘴唇向后卷起，露出细小的乳牙。"我只是摸了他一下而已。"

🐾 🐾 🐾

你喜欢我是因为我是一个无赖。在你的生活中，无赖还不够多。

——汉·索罗（Han Solo），《星球大战之帝国反击战》
（*The Empire Strikes Back*，1980 年）

琼给这只单胎小狗取了个外号："HRH"，"王子殿下"（His Royal Highness）的缩写。索罗是万物的王。还不到8周大的时候，他就接受了相当于顶级高中生的教育。作为"单胎儿"也是有好处的。琼走到哪里都会带着他：去接受针灸疗法，去劳氏公司的商店，去朋友家，或者在树林里散步、探索。我通过电子邮件和图片来了解他的表现。他拥有一只小狗所能要求得到的一切，并且不止如此。所谓"一切"，是指除了与其他小狗互动之外的一切。他年轻的妈妈维塔是从西德引进的，性情很容易紧张，显然不是一个很好的导师。她对索罗的抚养理念就是发疯似的照顾他，然后很快地跑开，就像躲避大笨狼的哔哔鸟*一样，把他留在"一片尘土飞扬之中"。因此，索罗的"姨母"科拉（Cora）接过了抚养任务。科拉长着淡黄褐色的皮毛，面容甜美，还有一种幽默感，能容忍一些不同寻常的幼崽做出的顽皮举动（因为她曾经也很顽皮）。在较大的家族里总有这样的事情，有些成员确实更适合抚养工作。索罗很喜爱科拉，还会逗她开心。她把对玩具和游戏的热爱都教给了索罗，而他会把所有东西都拿走。在一张照片中，索罗叼着它最喜欢的玩具鸭，在科拉斜躺着的身体上行走，在科拉蓬松的长毛上留下凹陷的痕迹。

索罗已经不再是软塌塌的无毛"鼹鼠"了；我可以看出，他的头部将会变得非常漂亮。阻碍他变得更加漂亮的一大因素是，他对自己的嗅觉系统太投入了。即使是在快速跑向琼的时候，他也经常像急刹车一样停下来，鼻孔张开，搜寻着某些飘忽不定的气味。"他的鼻子决定一切。"琼如是说。这并不是什么好消息。梅根，由于血统里含有捕猎的本能，每次在见到小鸟、猫或松鼠的时候都会停下来，每个神经突触都连接起来，专注于一个任务。在原来的计划中，我希望我养的狗能把注意力只放在我身上。我知道，大概需要一年时间才能使他完成这种转变，但在此过程中我会一直感受到一种藐视，就像巴吉度犬和比格犬的训犬师一样，他们必须低声下气，恳求自己的狗把着了魔的鼻子从地面抬起来，将注意力转移到他们身上。

2004 年 5 月中旬，俄亥俄州的气温已经上升到 27 摄氏度以上，预示着一个更加炎热的夏季即将到来。我们从北卡罗来纳州开车行驶

---

* 电影《大笨狼怀尔》（*Wile E. Coyote*）里的角色。

450 英里*，去跟索罗见面并把他接回来。当我们到达的时候，他独自躺在前院草坪上一个开着门的笼子里，皮毛红黑相间，十分安静，一只爪子收在胸口下方，神态放松地审视着他的领地。他已经过了牧羊犬短暂的幼年可爱期——那时它们的耳朵松软，鼻子还不像鲨鱼吻部那么突出。索罗简短地和我们问候了一下，嗅了嗅，然后就无视我们了。他四处乱跑去抓玩具，把玩具推到许多成年牧羊犬的身上。他的神经很坚强。他很自以为是。他让我感到有点神经紧张。琼安排了一场很有爱的"狗与人"派对，然后送我们上路返回北卡罗来纳州。在整个送别过程中，索罗不停地奔跑、嚎叫，还跳来跳去。他抓抱着自己的父亲——外形很是威严的 Quando——那亮金色的颈背跟他告别。直到最后 Quando 将目光投向他那高耸的鼻梁，又稍微后退了一下，索罗才把身体放下来。

我们带上索罗，还有他那些宝贝玩具，开车驶上乡村公路，返回北卡罗来纳州。为了他的安全，也为了我们自己的安全，我们把他锁进一个旅行箱中，放在汽车后座上。我对那次漫长旅途记忆不多，除了天气炎热，以及索罗表现得像一名很称职的旅行者。他高兴地跳出车子，摇摇晃晃地处理完自己的事情，然后跳上车，爬回旅行箱，就像一只迷你版的成年牧羊犬。我开始对他感觉好一点了。

"噢，我的天。"那天晚上我们的朋友巴布·斯莫利（Barb Smalley）过来迎接我们回家时这样说道。她看见 9 周大的索罗跳到梅根身上，咬她的耳朵，甚至还试图骑在她背上。"他很与众不同，是不是？"大

---

* 1 英里约合 1.6 公里。

卫和我都感到累得不行，但索罗没有。梅根的嘴里淌着口水，痛苦地大口喘气。我试图介入，却把自己弄得像一个毒瘾发作者：索罗转过头来发狂似的攻击我，在我的手臂上留下了乌青色的痕迹。

和我们在一起的第一个晚上，他一直在咆哮、抱怨，并且想方设法咬穿了一个让他感到不满的昂贵织物箱。索罗想要继续属于他的夜晚，而我只能在大卫的臂弯里哭泣。我想要我们温柔的、异想天开的泽夫回来。他最严重的罪过就是曾将一块肥皂从喷头旁边拿出来，然后小心地放在浴室的地板上，上面只有一个很不明显的犬齿痕。

"我不喜欢他。"我的哭声盖过了索罗的抱怨声。我看到了残酷的未来，一只德国牧羊犬将在我们的房子里不停吠叫，贯穿我们的婚姻，留下满地的陶瓷碎片和无止境的愤怒。

大卫以肯定和温和的语气，说出了一句完全错误的话："我们得把他送还回去。"我的哭声变得更大了。他后来表示，他这么说只是为了让我从沮丧中振作起来。

第二天早上醒来后，我把自己全副武装，然后冷酷地用皮带把一个已经装满了油腻肝脏的腰包系在身上。我找到一块塑料和金属做成的发声器，它能发出"咔哒"的金属声来标记我想要索罗做出的某个行为。这个小混蛋——我要用发声器、耐心和奖赏来塑造他，直到他能完全听我的话。或者至少不再尝试跳到梅根的背上。我已经放弃了"养一只能在我写作的时候在书房里睡觉的狗"的幻想。

大卫和我都变得很迷恋他。我迷恋的程度更深，因为我的悠悠球总是扔得比大卫远。到中午的时候，我不停地笑，玩得入迷，而索罗已经变成一个癫狂的小丑，像极了哈珀·马克斯*。他很搞笑，也充满魅力，至少在大卫和我身边是这样。他把我们当成非同凡响的大人物，并用各种方式表达自己：低声叫、嗥叫、吠叫、嗥叫以及低声呜咽。他的叫声在音域和表现力上已经有了歌剧风格。除了在国家地理频道有关非洲野狗的专辑中，我从来没有听到过如此多样的叫声。索罗会盯着我们，发出像狼一样"呜呜呜……"的叫声，接着努力做出一个体操动作，看我们的反应。找到玩具后，他会在玩具上跳来跳去，然后叼回来给我们。他把玩具放在地上，又跑回去重新开始。他开始学习这些玩具的名字。他一直玩一直玩一直玩，和我们玩，不和梅根玩。他试着咬我们，然后又倒在我们的两腿之间，呼呼大睡起来，不时扭动几下。醒来以后，他会用眼睛定定地看着我们，然后游戏又开始了。如果不睡觉，他会一直留意我们，等待"下一件大事"。

到了第二天晚上，我已经不哭了。一方面是因为我已经筋疲力尽，另一方面则是我意识到，我们手里这只小家伙十分特别，非同寻常。索罗正在将我从绝望中拯救出来。在所有品质中，大卫最看重的是智力。他有点沾沾自喜，却又不想表露出来。他意识到，我们拥有了一只他所见过的最聪明的小狗。

聪明并不意味着温顺。梅根依然没有从被吓坏的状态中走出来。她双目无神地盯着我们，大大的棕色眼睛边缘显现出眼白。为了能稍微阻止一下索罗，我在梅根那流苏一样的耳朵和尾巴上喷了苦苹果防舔咬喷剂，使索罗不能再像之前那样老是在上面咬来咬去。第二天晚上，梅

---

* Harpo Marx，美国著名喜剧演员和电影明星。

根像毛毛虫一样拱起黏糊糊的身子，一寸一寸地把自己的泡沫塑料床推到距离索罗尽可能远的地方，后者的箱子放在卧室里。这表示：我－不－喜－欢－那－只－小－狗。

索罗毫不在意。梅根也只是一只狗而已。狗并不是他的"自己人"。索罗没有兄弟姐妹可以怀念。我们也没有必要在他的箱子里放一个钟来模拟他兄弟姐妹的心跳声。他一整晚都在睡觉。他自己很自在。

接下来又过了两天，大卫和我准备教索罗有关疼痛的国际通行语言，这是他有所欠缺的，因为没有其他小狗同他互动。琼以前当然教过索罗，但他很容易就忘记了，因为有新的手可以咬。每一次，当尖尖的小狗牙触碰到皮肤的时候，我们都会发出尖叫。但索罗不为所动，尽管听到我们的叫声时他也会抬起头。他从没有因为自己的过分举动而体验到疼痛，因为抚养他的成年牧羊犬既仁慈又耐心，这使他完全不知道疼痛意味着什么。

第四天，梅根停止了流口水，看起来也不再像是受到背叛的样子。她给了索罗一个简短的、女王一样的欠身动作，表示允许他参与进来。她开始教他一些基本的命令，以抑制一些最粗野的动作。不能再骑在背上。不能再跳到身上来。不能在她躺着的时候站在她身上。不能再把大爪子放在肩膀上。她会向旁边移动一小段距离，使索罗跳起后只能落在地上，而不是落在她皮毛华丽的身体上。她扫视一下我们，稍微张开嘴，露出小而白的牙齿，笑了。几个小时后，她的尾巴回到了之前那种酷似旗帜飘扬的姿态，只是丝绸般的长毛之间还有一些空隙。自三年前我们把梅根从俄勒冈州带回家到现在，大卫和我第一次对她肃然起敬。那只精神恍惚的塞特犬不见了。我们看着她，试图学习她如何在亲近与

　　　　　　狗知道答案——工作犬背后的科学和奇迹

疏离之间转换，学习她如何掩饰情绪，以及如何机智地操控这只情感上发育迟缓的小狗。我们想知道梅根所知道的一切。

我们也会观察索罗。我开始理解琼之前在电子邮件里反复提到的"嗅觉驱动"（scent drive）一词的含义。大卫出去到花园里干活，五分钟之后，我带着索罗离开家，希望避免家里发生任何意外。他对四处张望一点也不感兴趣，反而把鼻子伸到后院那些温暖的石头上方嗅来嗅去，并开始快跑起来。接着，他跑到我们的马唐草草地上，扒拉着地面，尖尖的耳朵使他的头看起来就像是鲨鱼的吻部。直到最后，当他的头猛地撞到大卫的腿时，他才把头抬起来。大卫这时正在温室后面干活，被索罗吓了一跳。索罗从家里过来，追踪了差不多100英尺*，拐了两个弯，经过三种不同的地面。索罗全身快乐地摇摆着，他咬住大卫的牛仔裤，直到大卫冲他喊"哎呦"。索罗完成了第一次短途追踪。我有了一个新的命令，一个他很喜爱的命令："去找大卫"。

把索罗接回来几个星期后，我的父亲和继母安吉（Angie）从俄勒冈州过来拜访。老爸的手骨骼很大，上面的皮肤变得日益松弛。他坐下来，非常高兴地抚摸着梅根。他看起来很疲倦，不过在人生大部分时间里他看着都很疲倦。我努力使索罗——他的个性与老爸喜欢的狗个性截然相反——处于筋疲力尽的状态，并让他尽可能远离父母和梅根。我们不断用各种东西招待老爸，先是大卫在家自制的面包，然后是下午三点喝红茶，到下午五点又在岩石上喝了点苏格兰威士忌，并进行了很长的关于政治的谈话。老爸感到很自豪，因为我终于依靠自己取得

---

* 1英尺 =0.3048 米。

的博士学位安定下来，并且有了一位优秀、有爱心的丈夫。这一切本应该早点到来，但却花费了我更长的时间，超过40年。但是——我知道父亲会以最高尚的意图来思考这件事，因为我们曾经交谈过——他曾经非常希望我能安心进行深层的学术思考。现在，我的生活里多了一个聪明、有趣、可以信赖的大卫，老爸再也不用担心孤独对我的伤害。现在我又是一名大学教师，老爸也不用像以前那样担心我会遇到什么危险。之前在报社当记者的时候，我经常报道化学品泄漏、自然灾害和犯罪案件。老爸在俄勒冈州的科瓦利斯（Corvallis）将我们抚养长大，不久前那里被评为全美国最安全的城市：没有地震，没有飓风，没有龙卷风，没有任何极端的天气。什么都没有。他对我的生活感到高兴，因为这种生活就像我们当初的生活一样，几乎都是可以预料的，除了现在时不时会有一场飓风来袭。

索罗跳过来的时候，我肯定是转过身去了。血液从老爸手背上一根粗大的蓝色静脉上涌了出来。他耸耸肩，毫不在意。即使身为德国牧羊犬，索罗也只是一只小狗。我把索罗放回箱子，给他一只羊蹄让他啃。长达一周的拜访接近尾声。最后的时间里，老爸和我在庭院里慢慢走着，接着他和安吉就要离开，坐飞机返回。我们两个人看着崭新的蓝莓树丛，这是为适应北卡罗来纳州的温度和湿度而培育的品种。看着雄性北美红雀像红色炸弹一样从柳叶橡树（willow oaks）上俯冲到地面，同时发出独特的"啾！啾！啾！"的叫声，我们都不禁发出赞叹。我们谈论了各自未来的美好生活。那年6月，父亲未确诊的癌症很可能正在转移中。

对于我的简单命令，比如坐、蹲或"安静下来"等，索罗都兴趣索然。他浑身充满了疯狂的能量。对他来说，生活不能仅仅是走进鞋物储藏间，躺下来，静静地等待晚餐。他必须放飞自己，在半空中扭动，表演芭蕾动作，或者像排水口的怪兽雕像那样蜷起来，嘴唇向后张开，露出牙齿。当冲到距离门口几英尺远的地方时，他会猛地急刹车，并尝试滑行和翻跟斗。他有着很强的幽默感。

索罗很喜爱大卫和我，甚至还有梅根。与其他小狗在一起时，他是一个难以捉摸的"反社会者"。索罗觉得它们都是充满敌意的外来者，特别是牧羊犬或其他耳朵尖尖的狗。很早的时候他就"恶名昭著"：闻到陌生小狗的气味时，他就马上毛发竖立，咆哮起来。这种情况给兽医们带来了不小的挑战。一位兽医在备忘录中说，我将会拥有一只凶恶的狗。那时索罗10周大。我没听她的。另一位兽医推荐了昂贵的针灸疗法和顺势疗法，我也没有听她的。犬类训练班也不是好的选择。走入训练中心时他就已经在不断吠叫、咆哮，颈背上的毛都竖了起来。以往见到泽夫过来参加服从训练时笑逐颜开的牵犬师们，一见到索罗就马上把自己的多乐蒂牧羊犬和雪纳瑞犬抱起来。美国养犬俱乐部（AKC）那些拥有几十年伴侣犬和工作犬训练经验的牵犬师，遇到索罗时也要和我讨论训练策略。或许索罗需要一款新的套绳，比如"Gentle Leader"牵引绳，来约束他任性的口鼻部，直到度过生命中的"狂飙运动"阶段。一位与我和泽夫共事了许多年的训练师建议说，我应该对索罗严加管教。我没听她的。我已经相当擅长忽略别人的建议。

我从来没养过这样一只"对其他狗很凶恶"的狗。这就像一个红字"A"，象征着许多人早已知道的事情：德国牧羊犬很危险。我开始埋头研究，订购了有关犬类侵略性的昂贵视频和书籍。我对预期中索罗可能做出的反应所产生的恐惧可能会顺着皮带往下走，直接作用于他的边缘系统*，最终使整个效应以指数形式放大，使他更加确定："狗"意味着麻烦。而这会使索罗变得更加麻烦。我与其他狗主人的关系开始变得艰难起来。

在一次服从训练课上，当索罗正在练习"趴着等"时，一只德国短毛指示犬跳过来跟他打招呼，索罗马上吠叫起来，并跳到了指示犬身上。目睹这一幕的训练师用惊慌的眼神看着我，耸了耸肩，他已经习惯了性情快活的拉布拉多寻回犬。"我的天，"我吼了起来，主要是在吼自己，"拜托把你的狗牵好，别让他乱来。"当时我拉着牵狗绳的一端，开始感受到周围人的怒气。我早早离开训练班，给琼发电子邮件，她回复了许多明智的建议。那个晚上我又哭倒在大卫的臂弯里——生索罗的气，生那个愚蠢的指示犬主人的气，生我自己的气。

情况变得更加糟糕。我并不是要简单地在这只小狗身上投资，我爱他。他是我的狗，也是我的责任所在。从失败的小狗训练课上回来，漫长的路途中他一直安静地躺在车后座上。我严重地辜负了他，在不同训练系统之间摇摆不定，试图避开有其他小狗存在的地方。

在琼养育的众多牧羊犬中，没有一只会像索罗这样与其他小狗麻烦不断。后来她告诉我，在索罗出生的时候，她就已经有所担忧。她清楚我们可能会面临的情况，因此很早就尝试找一只幼崽来陪伴"王子殿下"，然而徒劳无功。当时周围没有一只与索罗年龄相仿的幼崽。

"其实说真的，"琼在电子邮件里写道，"多年的训练让我确信，现

---

* 大脑中与情绪、记忆等功能密切相关的结构。

在的索罗，以及大多数缺失了完整窝仔经验的小狗，都不懂得如何处理犬类之间多种多样、十分微妙的互动。它们不懂得妥协。"

当人们看到索罗的咆哮和跳跃之后，总是会问我："你是用汉·索罗的名字来给他取名的，是不是？"不是。当然不是。我从来都不怎么喜欢《星球大战》，我也不喜欢里面那个角色，即便哈里森·福特（Harrison Ford）曾经扮演过他。不过，对他的描述倒是很适合索罗：充满领袖魅力，自私，无礼，既有天分又鲁莽得不合时宜。

一个孤独者。

第二章　死亡与狗

尽管它们因为良好的品质——作为猎手、警卫、牧者、朋友和劳力——而受到人们喜爱，但从反面来说，狗是人类坟墓的挖掘者，是尸体的摄食者，是地狱大门的守护者……

——保罗·谢泼德（Paul Shepard），《它们：动物如何使我们成为人类》

（*The Others: How Animals Made Us Human*，1997 年）

索罗到来两个月之后，我来到南希·胡克（Nancy Hook）位于泽比伦的后院里，坐在一张铝制折叠椅边上。南希陷在她那结实的帆布椅子里，手里握着一个泡沫塑料制啤酒瓶套，里面则包着一瓶佳得乐。她表现得很有涵养，只是偶尔朝着旁边犬舍里正在争吵的狗发出警告："不要逼我走过去。"它们马上消停下来。不管怎么说，那时正是7月中旬，天气太热，想打也打不起来。日本金龟子咔哒咔哒地飞过。我们坐在巨大的美洲山核桃树下，天幕毛虫已经吐丝结网，大半的树叶都被吃得只剩叶脉。

几年前，我带泽夫去参加南希的停车场服从训练班，由此认识了她。她很欢迎我们，对我们两个都很好，不过对泽夫并不是特别感兴趣。泽夫的性情一向太过温和，经常隐身于狗群之中。

从那以后我就没怎么见过南希，但是当我驶入快车道，看到一张黑色贴纸时，我就想起来了。这张贴纸贴在她那辆皮卡的保险杠上，写着"刨鹿吗？"（Gut Deer？），模仿的是广告词"今天喝奶了吗？"（Got Milk？）。她穿着迷彩裤，依然是一头铜色的头发，深栗色的眼睛周围还是带着笑纹。

我曾经绝望地给南希发邮件，因为我想念她的幽默感和实用主义。二者都是我所需要的。没问题，她说，来"胡克大本营"（Camp Hook）吧。带上那只狗。她能力出众而又轻松自在；我急躁却又喜欢说话。索罗呢，他比任何四个月大的德国牧羊犬都要令人讨厌，他的颈背毛发竖立，背部拱起，怒目圆睁，面目可憎。一次又一次，他朝着犬舍发起冲锋，像是一只小马驹与"塔斯马尼亚恶魔"*的深色合体。他会一边嗥叫

---

* 即袋獾。

着，一边在金属防护网上跳上跳下。我从草坪躺椅上跳下来，从腰包里抓起一把 Bil-Jac 狗粮，希望能引开他的注意力，尽可能不让南希看到他的所作所为。"索罗？索罗？看着我！好样的！"我把肝脏狗粮倒进他的嘴里。

"别再跟他说个不停了，"南希说，"还有，别喂他那么多狗粮。你正在使他变成一个胆小鬼。"我的手停在中途。"他就是个混蛋，"她说，"你想让他怎么样？"

就是这个简单的问题，使我关于狗的世界观开始自我校正。"你想让他怎么样？"南希的意思并不是要进行无穷无尽的咨询和镇静治疗，培养出一只安静、驯服的德国牧羊犬，只需要偶尔像《报告狗班长》*里面那样，把食指竖起来警告他不要越界。她认为我不可能用惩罚－奖赏的方式来训练这只狗，使他完美地完成服从训练。这种办法对他行不通；另一方面，我自己也很厌烦服从赛（obedience ring）。南希也不觉得索罗能成为一只典型的"公园犬"，让我与其他平静的饲主一起坐在公园长凳上，一边聊天，一边看着狗狗们嬉闹玩耍，直到太阳落山。

她的意思是：你想要这只狗做什么？

我不知道。我希望他能忙得不可开交，以至于没有时间在南希面前做出这些事情。我希望他能有一份工作，如果可能的话。不是一份能将他内心的黑暗简单消耗掉的虚假工作。到疗养院里做一只治疗犬的可能性也很小，因为他有着犀牛一样的脾气。我希望他的工作有意义，正如我经常努力在自己的工作里寻找意义一样。

---

* *Dog Whisperer*，美国一档真人实景秀节目，主要关于如何矫正有问题的犬只，以及教导饲主如何引导宠物狗。

南希并没有放任我焦虑太长时间。"别想太多了，"她说，"你的部分问题就在这里。"

她命令我不要去管索罗。我把手从黏糊糊的狗粮袋上移开，垂在身体两侧，同时转过目光，不再看索罗的可恶行径。只过了几分钟，他就跑过来，扑通一声趴在树荫下。如果我没反应，他再怎么使坏也没啥意思。

南希和我谈话，帮我把各种选项梳理了一遍。她的训练班会教各种各样的技能，从破门而入到咬断物品，从服从指令到追寻跟踪。训练索罗进行搜寻救援并不是理想的选择。把等着我去讲女性主义的本质主义课程的学生丢在课堂里，原因是我要去寻找一个失踪的 3 岁儿童，而这个熊孩子其实在邻居家玩变形金刚，这是我无法做到的。另一方面，我也无法信赖自己的身体状况，我不是一台超级健康的机器，跟着狗在茂密的灌木丛里跑几英里已经超出了我的能力；最后我可能会喘不上气来，步履蹒跚，坐骨神经剧烈疼痛，眼镜蒙上雾气或者直接撞碎。失踪者需要更好的救助。

南希也觉得很有道理。而且，这么多年来，她对搜救队的信条已经没那么迷恋了。在她的描述中，搜救队员们听起来与我们学校英语系的同事很像，只是没有那种维多利亚式的魅力。更多的问题出现了。我并不想穿搜救队员的制服，那会让我看起来像女童子军队员。然后还有团队的问题。我可以与他人合作，但我无法真正认同那句亲切的口号："记住，在团队里没有'我'。"这也不符合索罗的个性。他最好还是不要总与喧闹的狗群打交道。能把他派去与一些自律的搜救犬一起工作吗? 他们肯定受不了他的恶行。他们会把他身上黑色、红色的皮毛弄得一路上都是。

还有一个办法，可以解决所有这些肯定会出现的问题，包括我的团队合作问题，以及索罗的"小狗心理"问题。南希有些自得地说出了答案："做一只寻尸犬。"

我不知道南希的确切意思是什么，但我可以猜到。"死尸狗"。我很擅长把词语放在一块，然后理解它们的含义。这也是我赖以生活的技能。

这十分理想，她告诉我。死者会等待。等待的同时，他们会散发气味。除了少数被冻住的，随着时间推移，尸体气味会越来越重。而且，寻尸犬和牵犬师通常自己行动，在系统划分的搜寻区块中工作，而不与其他犬只和牵犬师在一起。寻尸犬的工作既简单又复杂：找到气味最重的地方，告诉牵犬师目标所在。这是必须完成的工作。死者家人和执法机构通常——尽管也不全是——都希望找到尸体。此外，她满面笑容地跟我说："这是一份非常有乐趣的工作。你会爱上这份工作的！"

南希没有提到我的红鲑鱼色亚麻裤子可能不大适合这项搜寻工作。

在我们的讨论结束之后，她送我和索罗上路回家。我浑身是汗，散发着肝脏狗粮的味道，但心里却充满无以言说的快乐——关于那些已经失踪了很久的人。索罗筋疲力尽，安静地睡在汽车后座上，尽管他那体积过大的脚还是会不时抽搐一下，踩一踩空调装置，似乎把那当成了金属防护网。

南希知道我的强迫症习惯，她明确跟我说，不要读有关训练狗寻找尸体气味的东西。过早阅读太多理论会把索罗的训练搞砸。不过她给出了两个例外：比尔·塞洛特克（Bill Syrotuck）的《气味和气味搜索犬》（*Scent and the Scenting Dog*）和安迪·雷布曼（Andy Rebmann）

的《寻尸犬手册》(*Cadaver Dog Handbook*)。我订购了这两本书。然后，由于等待不是我的强项，我又偷偷上网查了一下有关死亡和狗的基础知识。

🐾 🐾 🐾

如果没有我的放牧犬或家犬，为我建造的房屋就无法牢固地矗立在阿胡拉创造的土地上。

——阿胡拉·马兹达（Ahura Mazda），琐罗亚斯德教 * 的最高神

2012 年，捷克共和国的考古学家公布了他们的发现：三块头骨，从外形来看似乎是属于家犬的。相比家犬的狼类表亲，这些头骨的吻部较短，脑壳较大。其中一个头骨已有 31,500 年的历史，它的腭间嵌着一块扁平的骨骼碎片，很可能来自一只猛犸象。这一现象看起来有很强的目的性，引人联想。考古学家不禁猜测：这块骨头是否是葬礼仪式的一部分，意在抚慰这只家犬的灵魂，邀请它回来，或者鼓励它去陪伴逝去的人？

这种猜测并不算太离奇。毕竟，狗似乎一直徘徊在文明的边缘，我们也会接纳它们，并赋予它们特殊的地位。几千年来，在无数的宗教中，活着的人一直依赖犬类来帮助引导死者——从此处到彼处，无论彼处在哪里。很少有其他传说会产生这种世界范围内的共鸣。你可以看到，我们很难不去给狗安排这项任务：它们看起来就是为此而生的。狗会朝着月亮嗥叫，警告我们死亡就在地平线的另一端。它们的听觉和嗅

---

* 又称拜火教。

觉灵敏，会竖起颈背的毛，狂怒地吠叫，警告我们迟钝的感官没有发现的那些鬼怪幽灵。

它们还喜欢吃各种东西。有机会的话，连我们也吃。死人与其他死去的动物并没有什么区别。我们也是蛋白质。只要有机会，死人就会变得恶臭难闻。我们变得不仅对丝光绿蝇很有吸引力，而且能吸引更高等的动物，比如狗。

毫无疑问，死亡与犬类的宗教联系，部分来自于一个残酷但很有用处的现实：狗和其他犬科动物，比如胡狼，都会以腐尸为食。人们看见这种行为——它们吃得很开心，并且没有不良后果——于是得出了显而易见的结论，即犬类及其近亲肯定非常强大，能够抵御围绕在尸体周围的死亡恶魔。这也使犬类的用途超越了简单的处理尸体的功能。因此，在古埃及，实用性和宗教性发生了同步转换，胡狼成了神。死者的朋友阿努比斯，是坟墓里那些尸体的守护者，而不是掠食者。

尽管关于阿努比斯的艺术作品和文字记载十分丰富，但我们只找到一两份19世纪的记载，上面提到了古代巴克特里亚*和赫卡尼亚**的人们偏爱犬类的做法。这些记载指出，巴克特里亚人使用的狗被称为"丧葬犬"（canes sepulchrales）。这种狗的工作很明确：吃掉死者。作为交换，它们得到了最好的关心和照顾，"因为当时合理的看法是，死者的灵魂应该栖居在强健和精力充沛的躯体内"。对死者来说这是相当不错的交易，因为他们可以随着一个移动的皮毛棺椁继续游荡。有限的历史记载并没有说明这些狗死亡之后发生的事情。

---

* 位于今天的阿富汗。

** 当时属于波斯帝国。

狗知道答案——工作犬背后的科学和奇迹

在波斯，琐罗亚斯德教信徒赋予犬类的角色更多层次的含义，并使其成为丧葬仪式的中心。显然，与埃及人和巴克特里亚人一样，他们要最大限度地利用犬类对臭味蛋白质的偏爱。早在琐罗亚斯德教信徒祖先的游牧生活中，工作犬就占据着中心地位。玛丽·博伊斯（Mary Boyce）被认为是研究古代伊朗最权威的学者，她写道，在琐罗亚斯德教的神圣经文中，"世间的狗获得了令人震惊的关注度"。他们将狗和火联系起来，二者都具有保护和摧毁的能力。"看起来，这种能力之所以被附加在狗的身上，很可能是因为它们在《波斯古经》（Avesta，又被称为《阿维斯陀》）中经常被视为吞食尸体的动物。"博伊斯写道。

狗需要一些真正的魔力，才能保护自己在吞食尸体之后不受带来腐烂的魔鬼"纳斯"（Nasu）的伤害。琐罗亚斯德教的葬礼被称为"Sagdid"，意思是"犬视"。完成葬礼需要一种特殊品种的狗：一种类似德国牧羊犬的狗。最理想的"犬视"狗至少要有四个月大，并且为雄性，"褐色到金色"并有"四只眼睛"——或许跟锈色和黑色相间的索罗差不多，他两只眼睛上方有两个黑色的斑点。在德黑兰博物馆有一件金属铸造的小型艺术品，看起来就像一只矮胖的德国牧羊犬，不过那个年代还不存在这一品种。这只狗的身体应该为白色，长着褐色的耳朵，可能与我们今天在以色列见到的迦南犬没什么不一样。迦南犬是一种延续至今的古老牧羊犬品种，或者是那个地区的守卫犬品种之一。

被选中担任"犬视"工作的狗会得到奖赏。琐罗亚斯德教信徒了解训练狗的方法。他们将三片面包放在尸体上，引诱狗走上前，定定地望着尸体，然后驱走"纳斯"。这正是我开始训练索罗识别并带着喜悦接近死人尸体的方法，只不过我是用肝脏狗粮，然后又用玩具而不是面包来吸引他的。

这些狗的工作并不只是"犬视"。在"四眼"狗完成仪式之后，收尸者会将尸体带走，秃鹫和村庄里的狗会尾随而至，饱餐一顿。

琐罗亚斯德教信徒的狗——从牧羊犬到猎犬，从家犬到村庄里的流浪犬——都能得到不错的回报：在有人死去的时候它们吃得尤其好，不仅是得到几片面包，或者帮助处理尸体。它们会得到一个完整的蛋，以及奉献给死者的部分食物。博伊斯指出，当琐罗亚斯德教信徒家里的狗死去时，它们还会得到额外的特殊礼遇，"一直到 20 世纪中期，当一只家犬死去的时候，它的尸体都要用一件古老的神圣衬衣包裹起来，束上一条神圣的腰带，然后背到一处荒凉的空地，进行简短而庄重的仪式，以抚慰它的灵魂。"

所有这些仪式听起来都很有爱心，特别是为家犬举行的仪式。这比我们在泽夫死去后为他所做的还要更进一步：我们把他的骨灰放在兽医提供的硬塑料罐里。罐子装在一个勃艮第天鹅绒袋子里，袋子上面装饰着一个小巧的彩虹桥。现在这个罐子还放在我曾祖父的橡木写字桌上。我不知道我们在等待什么。我们或许应该把泽夫的骨灰带到一处荒凉的空地上去。

🐾 🐾 🐾

阿喀琉斯的愤怒，为希腊悲惨的春天，
带来了无穷无尽的苦难，天上的女神，歌唱吧！
那愤怒冲着冥神的黑暗统治，
无数强悍头领的灵魂惨遭杀戮，

任凭噬尸犬和饥饿的秃鹫厮杀抢夺。

——荷马,《伊利亚特》

　　西方人对犬类的友善无法与琐罗亚斯德教信徒相比,不过我们也应该向养育罗慕路斯和瑞摩斯的那头母狼表示深深的敬意,正因为她的帮助,这两兄弟才能建立罗马城——西方文明的象征。在西方世界,我们对于将狗纳入宗教生活犹豫不决。我们因为想到狗会吃人而本能地感到厌恶。荷马以狗受到尸体的吸引作为《伊利亚特》的开篇,完美呈现了恐惧和混乱的背景。

　　体形巨大、生性邪恶并且总是全身黑色的狗一直徘徊在西方文明的边缘:赫卡忒(Hecate),希腊的鬼魂和魔法女神,身边就有一只黑色的母狗与她形影不离。希腊人曾经用黑色小狗祭祀赫卡忒;狗在许多宗教中是颇受欢迎的祭品。刻耳柏洛斯(Cerberus),又称地狱三头犬,它将新的灵魂放入冥神的领地,但不许任何人出去。Gamr,北欧神话中一只沾满鲜血的看门狗,外形看起来很像德国牧羊犬,负责守护通往地下世界——罪恶深重者前往的地方——的大门。CŵnAnnwn,威尔士传说中的幽灵犬,能预言死亡。

　　至少这些宗教都允许狗扮演多种角色——它们可能会吞食尸体,但也可以成为警卫和向导。荷马的确是以贪婪的噬尸犬作为《伊利亚特》的开头,但是在《奥德赛》中,他用英雄人物那只即将死亡的狗作为忠诚的象征:当奥德修斯经过 20 年旅行重返故土时,阿尔戈斯(Argos)是唯一将他认出来的。这些丰富多样的犬类角色并没有被移植到一神教中。以色列海法大学(University of Haifa)的历史学家索菲娅·梅纳谢（Sophia Menache）断言，犹太教、基督教和伊斯兰教受到了狗，以及它们与人类之间"温情联系"的威胁。狗在农业生活中曾占据中心地位；它们使一神论者回想起曾经与动物崇拜教派竞争的岁月。因此，当我们问到有关宗教组织的问题时，我们会问："没错，但是这对狗来说有好处吗？"答案是否定的。在《圣经新约》中有 32 处提到了狗，但大部分是负面的。尽管在后来的许多世纪中，这三个宗教对狗的厌恶和不安已经稍微软化和转移，但在许多伊斯兰国家，狗并没有获得太多赦免，而一些基督徒则希望人类拥有对自然界的统治权。

即使是今天，在世俗的西方世界中，我们依然对狗在死亡中扮演的角色保持着奇特的关注。2007 年，在俄亥俄州一家疗养院里，一只名为 Scamp* 的雪纳瑞犬获得了广泛的新闻报道，因为他有在临死的病人房间附近吠叫和踱步的习惯。在美国电视新闻节目《内幕》(*Inside Edition*) 中，疗养院的护理主管称，三年之内，这只狗已经"可怕地"发出了 40 次死亡警报。疗养院的病人们并没有因此躲避他，反而很喜欢他。"他并不是一个死神，"护理主管阿德琳·贝克 (Adeline Baker) 告诉记者，"知道我们的生命即将终结有时会令人欣慰，如果我们没有家庭成员，那里还有一些人会和我们在一起。"

Scamp 给人带来安慰，或许是因为他不是一只全身黑色的大狗，而是一只小巧玲珑、全身灰色、长着滑稽眉毛的小狗。我们的迷信中更黑暗的一面依然存在着：报道显示，在美国的动物收容所中，体形较大且皮毛为黑色的狗被安乐死的数量要多于其他体形或颜色的狗。

---

* 字面意思是捣蛋鬼、淘气鬼。

在现代社会，我们已经对荷马笔下的"噬尸犬"一词进行了更新和改良。法医学专家现在称之为"犬类掠食"。尽管有了正式命名，但我们还是感到相当不自在，倾向于与这种现象保持距离。不过，就在几年前，已经有许多少年儿童蜂拥到我们当地的科学博物馆，参观馆内最受欢迎的一些关于昆虫和死亡的展示。诸如《犯罪现场调查》（*CSI*）和《识骨寻踪》（*Bones*）等剧集已经让我们变得越来越淡定——无论是对尸体上的蛆虫，还是死亡的不同阶段——并且促进了整个法医昆虫学的流行。科学家对熊的活动有相当的了解，对狗的活动反而知之甚少。目前少数可得的研究结果显示，狗和它们的表亲郊狼承担了大部分人类遗体清除工作。

媒体似乎了解很多关于狗寻找遗体的故事。问题在于，这些故事散见于各处，虽然数量成百上千，但都具有相同的、无害的故事梗概：某人在遛狗时发现了一具尸体。我确信，如果有统计分析的话，可能会得出这样的结论：相比经过训练的工作犬，未经训练的狗在住宅附近散步或游荡时可能会找到更多的尸体。这是个简单的问题，你要知道每天都有数百万只狗鼻子在免费地加班"工作"。

依据各人的情况，让狗在没有牵绳的状态下游荡有好处也有坏处，但有一点必须承认：牵着的狗通常不会发现尸体。通常情况下，发现尸体是一件好事，尽管狗主人和散步者从来不会因此感到高兴。

奥利（Ollie）是一只金毛寻回犬，2012 年 1 月的一天，他在好莱坞山上散步，没有系牵犬绳。带他散步的是一个专业遛狗者，她和母亲带着另外 8 只狗。奥利冲到矮树丛中，开始兴奋地玩起一个塑料袋。"他一直挖、挖、挖，同时不停吠叫。"遛狗者劳伦·科恩伯格（Lauren

Kornberg）对当地电台说道。奥利把塑料袋撕成碎片，叼了一块又大又圆的东西回来。他把嘴里的东西扔下，那东西直接滚入了山谷。科恩伯格承认，是她的母亲，"一个富有责任心的成年人"，跑到山谷里察看，并发现了奥利扔下的那颗头颅。

菲什（Fish）是一只 4 岁的黑色拉布拉多犬，生活在得克萨斯州的米申市。2011 年 8 月，他将一只腐烂的人手臂带回了自家前院。在那只手臂被菲什吃到肚子里之前，警察把手和臂骨"抢"了过来。身为成年人的狗主人感到精神上受了创伤，但他 8 岁的女儿却很淡定，面对电视台的记者侃侃而谈。她说，他们的狗还喜欢去探访邻居家的鸡舍，"菲什能弄到一切东西。他在复活节带了鸡蛋回来"。

我能理解她父亲的厌恶之感。我不会接受菲什赠送的鸡蛋。

当狗变成——用保罗·谢泼德的话说——"人类坟墓的挖掘者"时，这会让我们想到我们通常如何对待人类尸体。作为西方人，我们会赶快把尸体藏起来。像菲什这样的狗提醒我们，当有一只手或手臂出现在狗能找到的地方时，就不可避免会带来失序和混乱。我们更喜欢把手变成无菌骨灰，或者妥善保存在福尔马林溶液里，又或者温柔地交叉放在棺材内遗体的身上。反过来说，人与狗之间的关系倒转过来，也应该是公平的。无论在历史上，还是在现在的人类社会中，人们以狗作为食物并没有太多的负罪感。有许多证据表明，狗曾经，而且现在也被作为肉食饲养；它们在许多社会中都是首要的农业动物，今天在有些地方仍然如此。

最初对寻尸犬的研究并没有令我感到厌恶。我意识到，阅读这些资料和当面见到有很大区别，但理论上，寻尸犬的工作并没有伤害我的情感。我反而感到高兴。或许是因为我的童年就是在树林和野地里度过的，成长过程中一直伴随着钓鱼、打猎、剖开猎物并取出内脏、剥皮等，这些都成为造就我乐观性格的因素。或者，可能是我照顾瘫痪的母亲，并且在疗养院里工作多年的缘故。或许还因为我的父亲是一位生物学家，他教我用一种淡然但又不是随随便便的眼光，去观察死去的生物。

寻尸犬的工作对我来说似乎是理所当然的。正如爱德华·大卫（Edward David）——一位法医，同时也是早期的寻尸犬训练师——以极大的兴致指出的，"对恶臭的热爱"是犬类的本能。所以，为什么不让这种热爱灌注到比翻弄死松鼠更有利于社会的事情上呢？

为什么不好好利用这种热爱，看看是否能不增加混乱，而是恢复哪怕一点点秩序感呢？

第三章　鼻子的学问

香水一共有 75 种，一个犯罪学专家需要每种都能分辨出来。根据我个人的经验，在不止一件案子里，全靠迅速辨别出香水的种类才得以破案。

——夏洛克·福尔摩斯，《巴斯克维尔的猎犬》,（*The Hound of the Baskervilles*，1902 年）

这些天来，当我观察一只优秀的狗嗅气味时，我能看到它在空气中追踪气味路线，直到用自己的鼻子描绘出一张清晰的图画。一只经验丰富的狗能辨别出不同气味的差别，从白天气温上升时的气味，到未修剪的草地叶尖上的气味，再到从湍急溪流里喷涌出来的气味。

我也会使用嗅觉，尽管反应没那么快，也没有那么灵敏。我能闻出地下停车场那闷热的混凝土楼梯井内的尿骚味，从腐烂树叶下方散发出来的霉味，以及一只德国牧羊犬在 8 月的依诺河里游泳后的鱼腥味。

早在我开始持续研究犬类鼻子时，我就知道，它们的嗅觉远胜过人类。索罗的嗅觉比我好太多了。当大卫在厨房里用剪刀打开一包真空包装肉时，无声地散发的血腥空气就会唤醒索罗，使他穿越整个房间跑过来。不过，在做任何科学的事实检验工作之前就承认狗是嗅觉领域的大师显得有点偷懒。没错，索罗有一个比我大得多的鼻子，但大小不能说明什么。

那么，什么才是犬类嗅觉的真相呢？我不想吊大家的胃口：真相就是，我们知道的并不多。在开始研究时，我注意到关于狗类的文献，无论是感性的还是科学的，呈现出的数据变动范围都极大：狗的鼻子比人类鼻子强十倍、百倍、千倍，甚至数万倍。这些数字令人生疑。如果科学家或普通人都在 YouTube 视频中说，或者大多数爱狗之人都坚持某个错误的数字——比如，狗的鼻子比我们的鼻子灵敏一千倍——或者他们在这么说的时候没那么肯定，更谦虚一些，我可能就不会感到怀疑。考虑到这种数值变动，我就会想，说真的，狗的鼻子到底能好到什么程度？如果真的很厉害，那目的是什么？嗅出狗尿的气味吗？

在对流言刨根问底的时候，与探索其他许多事情一样，最好从了解最初起源开始。越来越多的科学证据显示，在生物存活的亿万年时间内，鼻子及其气味受体不仅扮演着重要角色，而且可能是哺乳动物智力演化中关键的驱动因素。

2011 年，得克萨斯州的古生物学家发表了对生活在 1.9 亿年前的前哺乳动物 * 头骨的分析。研究显示，我们的前哺乳动物祖先之一，吴氏巨颅兽（*Hadrocodium wui*），完全没有可能拒绝气味。这是一种类似鼩鼱的小野兽，头骨比一个纸夹子还小。它战战兢兢地嗅来嗅去，寻找昆虫和昆虫幼虫的踪迹。它很可能在夜间活动，这样才不会被白天活动的恐龙无意中一脚踩扁。它的皮毛很重要，它那能扭动的耳朵很重要，它的视力也很重要。但是，古生物学家在《科学》（*Science*）杂志中提出，在那个有点支离破碎的头骨中，令人印象最深刻的便是这种小动物的嗅觉系统，"（它）与亲缘关系最近的物种之间的区别，最具体的表现就是极高的嗅觉灵敏度，它能够以前所未有的精确度，通过气味和味道对一个充满信息的世界进行探索"。他们还提出一个理论，认为这些头骨表明嗅觉系统在帮助哺乳动物大脑演化中扮演着主要角色，很显然，直到让我们人类——最高级的哺乳动物——集体不去对嗅觉做过多的思考。

我们应该感激渺小的吴氏巨颅兽（它们的化石发现于中国），感激它们帮助我们理解嗅觉的重要性。不过，对于嗅觉，科学家仍然有许多尚未解答的问题。直到最近，研究者才开始揭开人类嗅觉系统工作的真实机制。感谢 2004 年诺贝尔奖获得者琳达·巴克（Linda Buck）和

---

* pre-mammals，指哺乳动物的祖先，与哺乳动物同属合弓纲。

理查德·阿克塞尔（Richard Axel），他们的工作使我们知道，当挥发性香气分子与气味受体结合时，便会激活嗅觉神经元。这并不是唯一一个关于嗅觉的理论，但却是最具说服力的一个。你或许会认为研究者将更进一步拓展对这一特殊感觉的认识，但实际上，西方世界的人们普遍不重视嗅觉，对气味化合物以及隐藏在嗅闻动作背后的神经通路的研究，还有很长的路要走。

那么如何比较一种鼻子和另一种鼻子呢？神经生物学家对物种之间的嗅觉比拼兴趣不大。他们不在乎那个物种的鼻子是"最厉害的"。无论如何，什么才叫"最厉害的"？这种猜测最好还是留给"动物星球"频道的《生物倒数》（*Creature Countdowns*）栏目，作为"十大动物麻烦制造者"和"十大动物技能"的主题吧。寻血猎犬在后面这份名单中位列第九。据制片人介绍，这种犬的嗅觉极其灵敏，甚至"比人的嗅觉都要灵敏 100 万倍"。我没有瞎编，瞎编的是"动物星球"频道。

一些物种的鼻子确实高出其他物种一筹，无论从字面上还是从比喻的意义上来说。我敢打赌，如果我们能训练熊进行追踪，它们的鼻子也会被实实在在地吹嘘一番。生物学家相信，灰熊通常具有比狗更灵敏的嗅觉。由于显而易见的原因，熊的鼻子受到的关注比狗少得多。如果你有机会近距离盯着一只灰熊的鼻子，你会看到一个令人惊叹的呼吸工具——末端倾斜，巨大的鼻孔张开。如果你正好处于合适的角度，就会从两个鼻孔之间看到后方的蓝色天空。灰熊能像横笛吹奏者操纵手指那样操纵自己的鼻子。如果观察灰熊头骨内部的鼻腔，你会看到非常精致的结构，外形就像两个巨大的羊肚菌或圆形蜂巢并排放在一起。这些结构的功能就是处理气味信息。有多强大？非常非常强大。据估计，隔着几英里都能闻到气味。

但是，几英里加几英里，再加几英里，可能就不行了。无论如何，"动物星球"频道、一些书籍以及许多有关熊类的网站会有如下语句："一些科学家宣称，熊能够闻到距离长达18英里（29公里）之外的腐肉。"我觉得，那些"科学家"居然全都同意如此精确的嗅觉范围，简直太奇怪了。我发现，这个数字的来源是1976年的一篇熊类学术会议论文，里面指出一只身上安装了无线电追踪装置的熊以一定速度行进了29公里，最终找到一具尸体。论文作者、生态学家弗兰克·克雷格黑德（Frank Craighead）写明："那具尸体是什么时候，以及如何被发现的，都还不能确定。"

据美国奥本大学兽医学院的拉里·迈耶斯（Larry Meyers）说，有关动物鼻子能力的比较研究并不多。不过，重复的虚假信息已经够多了，而且不是简单地作为真相的注解，而是完全取而代之。熊不在乎这些，有关它们嗅觉能力的流言可能更没有意义，因为归根结底驯熊师不会站到法庭上，为它们的超级嗅觉作证。人们也不会依赖熊的鼻子来寻找活着的失踪儿童。

此外，目前也没有多少用于研究熊类鼻子的资金。人类鼻子的研究就不一样了。我们总是对自身感兴趣，相比熊的鼻子，要使人类鼻子进入实验室更加容易，也更加安全。甚至，虽然我们常常不屑一顾，但人类嗅觉的确受到了越来越多应得的关注。人类能探测到数千种不同的气味。即使是卓越的嗅觉生物学家，诺贝尔奖得主琳达·巴克，也语焉不详地说到了一些细节："举例来说，据估计，人类能探测到1万种到10万种以上的挥发性化合物。"相比我见过的一些用在狗身上的变量，这个结论少了 10 倍，但很难说是舍入误差。

　　尽管从研究和实践的角度，嗅觉并没有完全被忽视，但对于大多数西方人而言，嗅觉相比视觉还是被严重低估了。情况并非一直如此。嗅觉曾经是内科医生的重要工具。在我们开始惊呼狗能嗅出糖尿病或肺癌之前的几百年时间里，医生就在用他们的鼻子做着同样的事情。"评估臭气"被视为一种基础的诊断技术：风疹病人的汗液闻起来就像"刚拔出来的羽毛"，可能危及生命的糖尿病酮症酸中毒会使病人的呼吸闻起来像"腐烂的苹果"，感染某种特定的细菌会使皮肤闻起来像"熟过头的卡芒贝尔奶酪"。现在我们已经把这些工作交给实验室检测和石蕊试纸了。

　　人类嗅觉技能的一些痕迹，确实还留存在西方世界的一些角落里。例如，"气味缓解"（odor mitigation）专家拉里·森夏恩（Larry Sunshine）会飞到一座城市，低下头，张开鼻孔，鉴别地铁里特殊的污秽气味，包括塑料座椅散发出来的霉味和化学物质的气味。卢卡·图灵（Luca Turin）是一位香水专家，同时也是生物物理学家，他能把香水解构为不同的化合物，并以十分特别的方式进行描述，让你既想笑又想哭，甚至想立刻买下那种特别的芳香精油："这种味道会同时让人感到诱惑、清爽和中毒，感觉就像一种专门为聪明绝顶的图书管理员调制的香水一样。"

　　在人类嗅觉领域，研究工作开始蓬勃发展，其中一些有趣的进展可以让工作犬牵犬师参与进来。一些特定的气味，比如巧克力的气味，可以使人成为某种追踪机器，甚至可以媲美训练有素的寻味犬。科学家找来加利福尼亚大学伯克利分校的一群大学生，给他们看了犬类追踪气味的视频，然后把他们带到一个洒有巧克力精油的草坪上。科学家给学生们戴上眼罩、厚手套、护膝和护肘，然后让他们在草坪上自由活动。他们能否通过手脚并用的爬行，用鼻子找到巧克力的位置？答案显而易见。而且他们追踪的路线看起来就像狗追踪时的 Z 字形路线。

伯克利的科学家不单单喜欢学生们的鼻子。与小鼠和狗不同，学生们能够在实验后做出汇报。他们甚至还能说出更倾向于依赖哪个鼻孔。"在研究这类问题时，人类是一种很有前景的动物模型，因为他们能按照任务指示来做，并准确地报告行为策略。"发表于《自然－神经科学》（Nature Neuroscience）杂志上的一篇文章中如是写道。

幸运的是，少数研究者关注的一个关于嗅觉的问题正不断向前推进，那就是训练的重要性，无论是对人还是对狗。嗅觉科学家埃弗里·吉尔伯特（Avery Gilbert）长久以来持有这样的观点：人的大脑经过训练，可以用不同的方式处理并理解气味。"我想要求我那些学术界的朋友不要再在心理学实验室里随机地给大学二年级生下指令了，"他写道，"要开始观察自然发生的气味流动——创造力强的人会积极地使用嗅觉。"

从这个角度来说，水就类似巧克力。宾夕法尼亚大学的研究者在一项关于人类对水的味道品尝能力的研究中发现，利用水来进行训练，比使用其他材料更能提高鉴别气味的能力。而且，在伯克利再次进行的一次巧克力追踪实验中，学生们将追踪时间缩短了将近 2/3。他们学会了更快地嗅出气味。学生们被要求走出教室，来到草地上，开始开发自己的"工作鼻"。

鲍鱼和催化剂。白蚁、松露和三硝基甲苯（TNT）。霹雳可卡因和柑橘溃疡病。霉菌、蛾子、黑色素瘤。花生酱、大蟒蛇和人。斑点鸮和龙虾。发情的母牛。气体泄漏。

如果哪里出现某种特别的气味——非法的，受威胁的，美味的，有破坏性的，有侵略性的，或者危险的——牵犬师就会尝试训练狗去发现它。气味的清单每天都在增长。

利用擅长使用鼻子的猎狗，这项活动可以追溯到数千年前。人类的追踪和雪崩救援工作起源于几个世纪以前。然而，过去四十年来，我们为犬类安排的任务呈现出爆发式的增长，这反映出我们在暴力、毒品、纵火和暴行等问题上更加人性化的趋势。我们已经进入了嗅探犬的时代。

研究工作犬的历史学家可能会争论这个时代开始的时间。美国第一批警犬项目出现在 20 世纪初的纽约城和新泽西州。接下来几十年里，警犬部门在康涅狄格州、伯克利、宾夕法尼亚州和底特律出现。经过 20 世纪 50 年代初期，留存下来的项目不到 20 个。在那之后，警犬队开始快速增多。

很大程度上，这种增长与 20 世纪 60 年代中期美国军方的实验性动物科学的发展是一致的。越南战争期间，美军研究人员意识到，可以训练守卫犬和侦察犬进行额外的嗅探任务：发现尖刺陷阱 * 和绊网，搜出兵营里的违禁药物更是不在话下。在美国国内，军方科学家推测，或许可以用狗来寻找炸弹和武器。劫机、爆炸和暗杀等事件在美国都有抬头趋势，一位研究者将这些称为"20 世纪 60 年代症候群"。

不仅仅执法机构对犬类嗅觉的使用越来越多。马西娅·凯尼格（Marcia Koenig）是西雅图地区的一位训练师兼牵犬师，也是早期搜救

---

* punji pit，用削尖的竹条涂上粪便，放在陷阱之中。

犬志愿团队的成员之一。她将志愿搜救犬队的历史回溯到1962年，当时华盛顿州德国牧羊犬俱乐部组建了第一支嗅空搜救犬团队。创立者之一比尔·塞罗塔克（Bill Syrotuck）写了一本清晰、简明的书——《气味和嗅探犬》（*Scent and the Scenting Dog*），这也是南希·胡克允许我阅读的书籍之一。今天，许许多多的志愿搜救犬团队出现在荒野地区、山崩雪崩之处、水面和灾难现场。马西娅·凯尼格估计，全美国有超过500支志愿团队。

尽管到20世纪60年代中期时，工作犬出现了跨越式发展，但对于这种增长所代表的含义，我们最好还是不要太过感情用事。每一次当某只狗为人类完成了某项特殊任务时，这并不会自动成为庆祝的理由。狗或许会与我们"共同演化"，但它们在我们决定如何使用它们的过程中并没有什么话语权，因此"共同"一说会给人一种公平的错误印象。正如英国布里斯托尔大学人类动物学研究所所长约翰·布拉德肖（John Bradshaw）所指出的，大部分情况下，狗都在试图利用它们"灵活的社会性、良好的嗅觉，以及专业的捕猎技能"来取悦我们。

优秀的工作犬必须行动迅速、听觉敏锐、嗅觉灵敏，并且能与牵犬师清晰地交流，甚至偶尔还要会咬人。从被人类驯养开始，它们就成为人类做坏事时的帮凶，做好事时的帮手，有时候二者都是。它们会被用来巩固强权，或者以很具体的方式被滥用。它们会一视同仁地追踪奴隶和失踪小孩，或者某个强奸犯。它们能帮着镇压和平的民权抗议者，或者控制一大群准备闹事的愤怒暴徒。人们制造问题，而工作犬就会跑来凑凑热闹。现在，当我们介入中东和南美的冲突时，我们利用狗寻找炸弹，并控制那些与我们作战的团体。在佛罗里达州，当家养的蚺蛇

狗知道答案——工作犬背后的科学和奇迹

和蟒蛇长得太过巨大时，就会被丢弃到大沼泽地（Everglades）里。在这些大蛇吃掉众多本地物种之前，我们会带着狗把它们找出来。我们拥有大型的监狱，里面关满走私违禁品和手机的犯人，而我们正是依靠工作犬找出了他们。

尽管人类使用工作犬的历史已有数万年之久，但研究人员才刚刚开始了解这些狗能做什么，以及它们如何做到。在实验室中使用的犬类实验对象往往数量有限，且通常未经训练，因此很难对狗的嗅觉和认知能力做出最好的描述和理解。如果说工作犬在公众想象中被高估，那么在科学上则往往被低估，尽管这种情况已经有所改变。无论如何，对犬类认知和嗅觉的学术研究有太多是在宠物狗身上完成的，而这些狗并不会使用大脑和鼻子作为谋生工具。

就在伯克利的科学家带着大学生走出心理学实验室，到草地上练习追踪气味的时候；就在埃弗里·吉尔伯特力劝神经生物学家走进顶级大厨的厨房，或者香水调配大师的实验室，以了解人类如何擅长嗅出气味的时候，一些工作犬专家也向心理学家和神经生物学家发出请求，希望他们开始用工作犬作为研究对象。

第一位尝试用狗来解决科学问题的人或许是爱德华·桑代克（Edward Thorndike），他在 20 世纪初曾担任美国心理学会主席。他创造了"迷箱"（斯金纳箱的前身）实验，把家犬和家猫放到迷箱中，等待它们自己找出逃生的方法。这两种动物的表现都令人失望。桑代克的结论是，唯一能帮助这些动物逃脱的是操作条件反射（operant conditioning），而不是任何独立的认知功能。在超过一个世纪的时间里，这一结论都是学术圈的主流观点。"根据桑代克的实验，以及其他类似实验，科学家现在认为，狗的推理能力相当有限，在这方面它们肯定弱于黑猩猩（甚至是少数鸟类）。"约翰·布拉德肖在 2011 年写道。

虽然狗的鼻子越来越受到大众的欢迎，但事情就是如此。举例来说，一组研究显示，狗在辨别兄弟甚至是同卵双胞胎留在纱布垫上的气味时，有着从"还行"到"不错"的表现；然而，当它们被要求分辨出居住在同一间房子里、吃着同样食物的同卵双胞胎之间的气味差别时，它们失败得一塌糊涂。这项研究的结论清楚地指出了犬类嗅觉能力的上限。

正是这类研究，令新西兰坎特伯雷大学的认知心理学家威廉·"迪克"·赫尔顿（William "Deak" Helton）感到恼怒。作为工作犬科学领域的专家，他指出，类似分辨双胞胎这样的研究，就好像叫大学生去驾驶飞行模拟器，然后研究他们的表现，得出有关经过训练的飞行员能力水平的结论。你不需要了解经验丰富的机长切斯利·"萨利"·萨伦伯格（Chesley "Sully" Sullenberger）驾驶一架全美航空的客机降落在哈德逊河的过程，就能明白迪克说得有些道理。

"对于技能较高的工作犬，还需要做更多的研究，"迪克说，"当然，问题在于，这些狗很可能已经在工作，而且价值太高。"他指出，并不是说研究中使用未经训练的狗，结果就是无效的，而是说，这些狗的鼻子——或者说它们的认知能力——尚未得到训练和开发。

辨别双胞胎的故事最终有一个不错的结局。来自捷克斯洛伐克（许多关于犬类认知的突破性工作都在这里完成）的一群科学家和动物行为学家决定再进行一次研究，来解答关于同卵双胞胎气味分辨的问题。研究者使用的是经过训练的嗅探犬。2011 年的这项研究显示，经过良好训练的德国牧羊犬能够轻松地辨别出同卵双胞胎之间的气味差别，即使那些双胞胎生活在同样的环境中，吃着同样的食物。

经过适当的训练和指导，狗几乎可以找到我们要它们去找的所有东西。对于许多物质，即使量很少它们也能察觉出来。2006年的一项研究（尽管样本很小）显示，经过训练的狗能够嗅出浓度为万亿分之一到万亿分之二的乙酸异戊酯*，一种具有香蕉气味的有机溶剂。这相当于把一滴水滴入相当于20个奥运会游泳池容积的水体中。

狗所能闻到的气味浓度比人类低得多，但这并不是普遍现象。拉里·迈尔斯（Larry Myers）从1982年开始就从事嗅探犬的研究，他认为，通过量化来比较哪种犬具有最好的嗅觉，或者哪个物种具有最好的嗅觉，抑或比较人类与狗的嗅觉，都是很愚蠢的。不过，他还是忍不住做了几个快速的非正式实验，对他的实验室里工作人员的鼻子和狗的鼻子做了一番比较。迈尔斯测试了工作人员和狗对丙酮——实验室中常见的一种清洗溶剂——的嗅觉。"我的实验室人员能嗅出的浓度比狗低得多。"他说道。但是，在让狗进行更加精细的测试之前，迈尔斯用丁香酚——用于配制丁香、康乃馨等香精的主要化合物——作为预测试的标准化合物，却发现狗能够嗅出的气味浓度是实验室人员的百万分之一。

关于犬类嗅觉的传说并没有止于气味的浓度水平。狗的嗅觉受体细胞数量与它们的嗅觉能力之间存在着直接的关系。一开始，在阅读有关嗅觉的著作时，我把德国牧羊犬排在寻血猎犬之后，但依然在其他

---

* 又称醋酸戊酯、香蕉油。

大多数品种之前。在我的这份数据表中，索罗的嗅觉已经非常好，但还不足以被称为一流。许多畅销的犬类著作都支持这样一个概念，即如果狗的鼻子中有更多的嗅觉受体细胞，那它的嗅觉就更加灵敏："例如，腊肠犬拥有大约 1.25 亿个嗅觉受体细胞，猎狐狸有 1.47 亿，而德国牧羊犬大约有 2.25 亿。"寻血猎犬击败了所有这些品种，它拥有约 3 亿个受体。

南希·胡克认为这种等级划分很愚蠢。她面带轻蔑地对我说，如果她愿意，她可以训练她女儿的吉娃娃皮普（Pip）去寻找尸体。林赛（Lindsay）用一种俏皮的语气指出了关键所在：她的皮普能够钻进很小的空间，不像体形又大又笨拙的索罗。

南希和林赛是对的。我无意间看到美国国家司法研究院的一份报告引述了莱斯特·苏宾（Lester Shubin）的谈话，他当时是国家司法研究院的项目管理人员。他和另外一位研究者尼古拉斯·蒙塔纳雷利（Nicholas Montanarelli）准备在众多项目上展开合作。但是当时，尼古拉斯在美国陆军位于马里兰州的陆地战争实验室担任项目主管。他是一位军事研究者，很早就开始思考如何开发工作犬的潜能。他和苏宾早在 20 世纪 60 年代中期就倡导使用搜爆犬，当时舆论对任何犬类的能力都十分怀疑。他们俩不单只考虑德国牧羊犬或拉布拉多犬，还使用了贵宾犬和其他品种。和我不一样的是，蒙塔纳雷利和苏宾心胸开阔，并且没有满脑子都是对牧羊犬的爱。

"我们认识到，基本上任何狗都能找出爆炸物或毒品，哪怕是非常小的狗，比如吉娃娃，它们的体形还可能成为优势，"苏宾在国家司法研究院的报告中写道，"谁会去注意一个穿着皮大衣、抱着一只小狗的人呢？但那只狗能嗅出炸弹，就像德国牧羊犬一样。"

❉ ❉ ❉

　　而当那只寻血猎犬来到主市镇的时候，他穿过街道，丝毫没有注意那里的人，然后一直走到他要寻找的那个男人栖身的房子，发现他就在楼上的房间里，跟随他而来的那些人惊奇不已。

　　——罗伯特·玻义耳（Robert Boyle），《关于奇特的灵敏性、巨大的效能，以及臭气本质的确定》（*Essays of the Strange Subtilty, Great Efficacy, Determinate Nature of Effluviums*，1673 年）

　　关于吉娃娃和德国牧羊犬已经说得够多了。考虑一下寻血猎犬吧。它们的嗅觉能力肯定是毫无争议的第一。

　　当然，争议还是存在的。在得到索罗之前，我并没有对寻血猎犬思考太多。我对它们的历史知之甚少，只有大众文化框架中有限的印象，而这让我很不舒服。寻血猎犬的皮肤松散，布满皱纹，骨架又笨重，这似乎使它们得以承载犬类的种种神话、矛盾和缺点——没错，还有工作犬真实的奇迹。很遗憾，对于寻血猎犬有太多自相矛盾的荒唐表述，而我还曾短暂地相信过其中一些说法：不是那些寻血猎犬戴着福尔摩斯的帽子，同时叼着烟斗的愚蠢画面，而是更加严肃的胡说八道，比如寻血猎犬的鼻子是自然界最纯粹、最高级的奇迹，或者宣称寻血猎犬能够追踪四个月前的路线，并且沿着高速公路追踪汽车数英里。

　　对寻血猎犬嗅觉的夸大分散了对事实的关注，它们其实只是一种优秀的、目的单纯的追踪犬。如果你想观察工作犬如何用嗅觉工作，没有比一只优秀的追踪寻血猎犬的行动更加令人赏心悦目的了。另一方面，我也曾见过比利时玛连莱犬完成精彩的追踪，还观察过拉布拉多犬、普罗特猎犬、一只威玛猎犬，以及一群混种犬。当然，还有德国牧羊犬。吉娃娃在追踪上可能有些费力，至少长距离很难做到。让我们面对现实吧：所有这些品种中没有一个像寻血猎犬这般神奇，或者说具有寻血猎犬那样的传奇色彩。在莎士比亚的《仲夏夜之梦》中，寻血猎犬是一个明显的意象："一样的颊肉下垂，一样的黄沙毛色，它们头上垂着的耳朵拂过清晨的露珠。"

特里·弗莱克（Terry Fleck）是执法部门的警犬专家，拥有三只德国牧羊犬。他认为，追踪犬之所以在声誉上有巨大差别，原因其实很简单：寻血猎犬比德国牧羊犬和比利时玛连莱犬早出现几百年。"历史对我们不利。"

这是猎犬自我实现（hound-fulfilling）的一个预言。人们相信寻血猎犬是非常优秀的追踪者，认为这是唯一一个能胜任追踪旧年路线任务的品种。有人失踪了？找一只寻血猎犬来。此外还有人们一直以来对这一犬种追踪能力的持久兴趣。罗伯特·玻义耳是 17 世纪的哲学家，同时也是现代化学的奠基人，他同时怀着客观的科学态度和着迷的心态描述了一只寻血猎犬如何追踪旧年路线，路程长达四英里，而途中充满各种交叉污染："这只狗，从没有见过他要追逐的人，只是靠气味跟随着他……虽然许多去市场的人也走同样的路，偶尔还有一些旅行者经过。"

美国的法院也追随着历史的脚步。最初，法院在接受追踪证据之前，会要求寻血猎犬有纯正血统的证明。正如俄亥俄州一个法庭在

1896 年指出的："这是一个常识问题，因此也是法庭需要注意的问题，即这一被称为寻血猎犬的品种具有高度的智力和敏锐的嗅觉……"

不仅仅是法律上的先例，习惯和小众需求也对我们不利。从现实的角度说，执法部门的牵犬师要训练巡逻犬追踪一小时前破门闯入必胜客的人。考虑到成本和收益，花费数星期甚至数年时间训练一只狗去辨别并追踪两天之前的路线并不划算，尽管不止一位犬类训导员认为牧羊犬或比利时玛连莱犬能够胜任这一工作。寻血猎犬之所以具有优势，是因为人们不期待它们对其他东西感兴趣，而只要它们专注于嗅出踪迹。

"任何品种的狗，只要性情合适，并且按照顶级寻血猎犬的方式接受训练，都有可能像最好的寻血猎犬一样优秀，"已经退休的缅因州狩猎监督官德波拉·帕尔曼（Deborah Palman）写道，"寻血猎犬，以及其他目的单一的追踪犬所具有的优势之一，就是它们在训练中没必要纠结于牵犬师的每个单词或动作。它们学会独立追踪，独立完成工作，而不必知道要怎样坐、躺和蹲下。"

"历史决定命运"的观点也削弱了寻血猎犬传说的可信度。将如此巨大且丑陋的狗放在"神坛"上，注定是会跌落下来的。所有言过其实的描述（有些来自少数妄想的寻血猎犬牵犬师）都对职业的寻血猎犬牵犬师不利，他们必须花很多精力去应付这些传说。一个真诚的、富有天赋的牵犬师在诚实相告时，听上去似乎是在恶意中伤这一品种或者他自己的寻血猎犬。寻血猎犬及其牵犬师可以完成很不可思议的工作，例如追踪八天以前很长的一段受到交叉污染的路线，其中的难度就像把一架失灵的喷气式客机安全降落在哈德逊河上——而人们还是会认为，"嘿! 没什么大不了的嘛。"毕竟，寻血猎犬一直都在做这些事情。

罗杰·泰特斯（Roger Titus）是寻血猎犬的狂热爱好者，这似乎是理所当然的，因为他在职业生涯里拥有过 14 只寻血猎犬。在训练中，他见识过数以千计的寻血猎犬，同时他还是美国国家警用寻血猎犬协会的副主席，"致力于促进追踪–寻人的寻血猎犬的发展"。2012 年，该协会刚好成立十五周年。罗杰已经 70 岁了，依然不停奔忙，他带着些许遗憾回溯了寻血猎犬在执法机构中的兴起与缓慢衰落。作为执法犬，寻血猎犬衰落的一部分原因可以简化为时间和金钱的问题：如今所有的人都是实用主义者。一只能飞速追踪，但做不了其他任何事的狗，对于一支小型或中型的警犬队而言，并不是一个部门在预算上最先考虑的选项。罗杰指出，如果一个警察局想买一只狗，那么德国牧羊犬或荷兰牧羊犬，或比利时玛连莱犬——它们能保护牵犬师，找出毒品，进行短途追踪，还能咬人——将被视为理想的候选者。不过，多用途的工作犬并不总能在每件事情上都表现出色。毕竟，牵犬师每周只有那么多时间来训练狗完成所有不同的任务。而且，即使一个警察局最终决定要一只寻血猎犬，那肯定是警犬队某位特别的警员想要它。一种最为微妙的说法是：寻血猎犬的牵犬师，应当是一个不认为寻血猎犬有责任承载他男性气概的人。

一个阳光灿烂的秋天早晨，我与罗杰一同欣赏美景，一只年轻的雌性寻血猎犬正在追踪 4 小时前为她设置的人体气味踪迹，被她拖在身后的，是和她一样经验不足的牵犬师。

"那个小混蛋。"罗杰说。那只狗意气风发的跳跃使她正好远离了气味。"她需要将自己的小屁股慢下来，试着集中注意力。"年轻的小狗并不是唯一的问题；从来不是。"我觉得那个男孩想当一个巡逻犬牵犬师。"罗杰以一种温和且几乎没有成见的语气说道。

真令人遗憾。尽管有种种传说，我还是喜欢上了寻血猎犬。不仅因为它们的嗅觉，还因为它们喷溅的口水；它们每次甩头的时候，从如同空穴般的颌骨间都会发出同步的拍打回声；它们的下眼睑外翻，这是颌骨太过沉重的代价；还因为它们布满油渍的狗舍发出的臭味；它们会以一种斜视的眼光看着你；它们会开心地吞下热狗或维也纳香肠，作为一场长途追踪的奖赏，此时它们就像湿漉漉的真空吸尘器一样。在后来的训练中，优秀的寻血猎犬已经不再需要热狗。完成一次不错的追踪本身就是奖赏，正如对经验丰富的边境牧羊犬来说，进行放牧就是最好的奖赏。寻血猎犬悲凉的叫声从拖车和皮卡的后部传来，金属箱子放大了低音的声调，让人联想起北卡罗来纳州清晨充满灵性的丘陵地带。这里要破除另一个传说：它们不会一起追踪，也不会像傻瓜一样吠叫，在追踪途中"扯开喉咙"。在嗅气味的同时发出声音在生理学上是不可能的。你可以试一下在说话或大笑的同时吸气。寻血猎犬会在失去踪迹并感到挫折的时候发出喧闹，但当它们重新找到气味时，就会安静下来。

我还爱上了这样一个事实：寻血猎犬无时无刻不在张扬着自己的个性，狗的个性正应该如此。不要相信美国养犬俱乐部里那些寻血猎犬爱好者的话，即它们动作缓慢、性情温和而且老练。简直是无稽之谈。那样的话会多么无聊啊。狗应当努力奔跑，要让人很努力才能拉住；如果真的是一只好狗，那它的牵犬师就应当能登上肩袖手术的广告海报。一些进行专业工作的寻血猎犬有着决定性的优势。我不会走近一只并不熟悉的寻血猎犬，期待它自发地喜欢我，正如我对一只不认识的德国牧羊犬也不会有多喜欢。

少数寻血猎犬爱好者试图带给公众这样一种印象，即它们是无害的傻瓜。这是可以理解的。不拘品种的犬类爱好者，比如我，在尝试解释某个品种在拜占庭时期的历史，以及它的使用和误用时，有时会比普通的爱狗者更困惑。（相信我，我知道这一点：我有一只德国牧羊犬。）因此，特定品种犬类的粉丝会徒劳地花费大量时间，解释这个品种如何难以置信地好，并找出其中性情温驯的"代表"，反驳盛传该品种"盛气凌人"的说法。实际上，有没有这一切，狗都会睡得很好。它们不会关注自己在美国年度"狗咬指数"排行榜上的位置。无论它们是出于正当或不正当的理由咬了人，还是追踪了一个无辜者，导致此人被逮捕，它们都不会在凌晨四点醒来，担忧自己真正的目的——无论到底是什么——会被曲解。

与大部分工作犬的故事一样，寻血猎犬的历史包含了丰富的知识，包含了逐渐消失的育种计划的细枝末节，以及大众文化的描绘：从中世纪法国早期高贵的猎犬"Le Chien de Saint-Hubert"，到欧洲数世纪以来用于追踪猎物和人的"侦探犬"（sleuth hound，一个苏格兰词语）。在美国，我们有"侦探狗麦克格拉夫"（McGruff），一个打击犯罪的动画形象，这是正面的情况；另一方面，在电影《铁窗喋血》（*Cool Hand Luke*）中，邪恶的监狱寻血猎犬不断追踪着保罗·纽曼（Paul Newman）饰演的角色。沃特·迪斯尼（Walt Disney）的布鲁托（Pluto）形象，原型来自他在1930年推出的动画电影《锁在一起的囚犯》（*The Chain Gang*）。这是一部残酷的片子，米老鼠从监狱逃出之后，两只监狱寻血猎犬一直紧追不舍。当它们张开大嘴吠叫的时候，可以看到巨大的尖牙。必须指出的是，那时米老鼠还很苗条，长着令人有点不适的牙齿，外形看起来很像耗子。

然而，是奴隶制在现代寻血猎犬的身后投下了最长，也最不正确的阴影。你能看到为什么这一品种的热爱者要努力否认那段历史的真实性。他们做得没错。美国蓄奴和内战时期在南方土地上进行追踪和袭击的那些狗，与今天生活在美国的寻血猎犬没有一点关系。

在美国南部的蓄奴时期，任何用于追踪人类踪迹的狗都被描述为"寻血－猎犬"（blood-hound）或"黑人搜寻犬"（Negro dogs）。它们是恐怖的工具，被鼓励成为追踪者和攻击者。"寻血－猎犬"一词就像一支毫无差别的画笔，你可以用它描绘各类的犬种：猎犬、猎狐犬、斗牛犬、混种犬。哈里耶特·比彻·斯陀夫人（Harriet Beecher Stowe）在她的经典著作《汤姆叔叔的小屋》中描写过这类追踪犬。她不止一次用到了"猎犬"和"寻血－猎犬"两个词。

无论如何，反蓄奴主义者与奴隶主同样清楚这类犬以及"寻血－猎犬"这个词本身的象征力量，它们代表着追踪奴隶和蓄奴所带来的恐惧。那个时代的杂志、报纸和传单上描述的犬类，并不像今天的寻血猎犬；相反，这些描述与所谓的"古巴寻血猎犬"相吻合。这是一种类似獒犬的战争品种，具有斑纹，耳朵经过修剪，头和口鼻都很大。古巴寻血猎犬是力量的象征：英国军队曾经在 1795 年将这一品种引入牙买加，以镇压一场奴隶暴动。扎卡里·泰勒将军（General Zachary Taylor）最为后悔的一件事，便是批准将它们引入佛罗里达州，用于追踪并攻击塞米诺尔印第安人。这些狗完全不擅长寻找塞米诺尔人，却引发了公众的强烈抗议，结果它们就被清除了。正如历史学家约翰·坎贝尔（John Campbell）所指出的，使用古巴寻血猎犬的南方奴隶主为反蓄奴主义者提供了强有力的谴责奴隶追捕的证据。

接下来几十年见证了真正的寻血猎犬在美国的起起落落。它们主要的工作用途之一，是追踪越狱的罪犯。这些犬——又高又瘦，比美国养犬俱乐部的那些犬皱纹少些——经常由监狱里的模范犯人训练和操控，其中许多人是非洲裔美国人。寻血猎犬专家利昂·惠特尼（Leon Whitney）描写道，许多情况下，许多模范犯人在被监狱释放之后，会再找一个借口犯罪，从而再次回到监狱，这样他就能继续与心爱的寻血猎犬并肩工作。

20世纪中期，随着寻血猎犬在警察局里的应用日益增加，其地位得到很大提高，有些甚至成了明星。惠特尼描写道，当一只名为尼克·卡特（Nick Carter）的追踪寻血猎犬和他的牵犬师马利金（V. G. Mullikin）一起来到肯塔基州的时候，"庞大的人群聚集起来，人数太多了，以至于常常成为他主要的问题——不是怎么去追踪路线，而是如何开始。"据报道，马利金最长的一次追踪距离为55英里。由于其中一只狗产崽，他中途不得不停下来。之后他把这只狗及其幼崽送回家，又同另一只狗继续追踪。1977年，杀害马丁·路德·金的凶手詹姆斯·厄尔·雷（James Earl Ray）从监狱逃脱，寻血猎犬追踪了3英里之后，终于在一堆湿树叶中发现了他。

换句话说，现代的寻血猎犬已经演变为一种追踪机器，依然为今天的警察和搜救队所依赖。

❀ ❀ ❀

每一位牵犬师、执法机构官员，以及志愿搜救者，似乎都与安迪·雷布曼（Andy Rebmann）有过交集。安迪从事犬类训练已经超过四十年。在作为培训师从康涅狄格州警察局退休之后，他在世界各地进行培训，从日本到德国，再到墨西哥，都留下过他的足迹。他培训犬只及牵犬师进行追踪、巡逻、缉毒、防爆、防纵火和寻找尸体等工作。他既是法院的专家，也是一位作家。他现在还在继续从事寻血猎犬牵犬师培训。他自己的寻血猎犬已经追踪了数百个罪犯和失踪的受害者。

　　1972年，安迪刚当上州警官不到两年时，决定尝试带一只巡逻犬。一年之后，他有了一只寻血猎犬蒂娜（Tina），他爱上了她的鼻子和追踪能力。不过，从来不会多愁善感的安迪注意到他的寻血猎犬都有一个恼人的倾向：如果它们嗅到一个已经因为体温过低而逝去的徒步者，就会停下来，表现得十分无助。踪迹？什么踪迹？1973年，当蒂娜第一次发现尸体时，她的表现就是如此。"不能从事跟死亡物体有关的工作。"安迪的笔记中这样写道。即使是永不屈服的克莱姆（Clem）——他著名的嗅觉能力曾经4次得到康涅狄格州最高法院认可；他曾经在一条八天前的路线上追踪一名男子；他曾经因为依靠嗅觉追踪的能力获得过国家奖项；一旦到达追踪终点，他会立刻用牙齿在重罪犯身上留下印记——而在遇到尸体时也会表现得像小鸡一样。他拒绝一路追踪这些尸体。有一次在追踪到目标的时候，他转过身，跑出了他一直在追踪的路线。"他几乎把我撞倒，"安迪说，"他根本不打算在那里逗留，更不用说去嗅那个人了。"

　　一些情况下，安迪必须把他的寻血猎犬绑在一棵树上，然后自己去拨开茂密的灌木丛。这挺令人恼火的。

第四章　寻尸犬的诞生

　　这种动物展现出非同寻常的能力，它们能探测出各类被掩埋的爆炸物，并表现出一种不可思议的与人类一起工作的意愿。这一品种如果不是因为巨大的体形（重 400 磅 * 或以上），以及不合宜的社交习惯，或许会成为探测服务的理想选择。

——美国陆军 2217 号报告，1977 年

---

　*　1磅 = 0.454 千克。

　　　　　　　　　　　狗知道答案——工作犬背后的科学和奇迹

美国西南研究院（Southwest Research Institute，SwRI）是一个非营利机构，于1947年在圣安东尼奥的郊区成立，致力于发展突破性的科学和工程技术，以及能够为其投资者——包括石油和天然气公司、美国航空航天局和美国国防部——带来直接收益的应用研究。该机构还为前往火星的太空任务设计摄谱仪，为化学武器研发解毒剂，以及为离岸石油平台设计压缩机。西南研究院还做过一些稀奇古怪的动物研究，会让你（带着同情和惊讶）觉得，"只有在美国才会出现"。

　　如果你看过西南研究院创始人汤姆·斯利克（Tom Slick Jr.）的生平简介，就不会对这类"蓝天研究"*感到奇怪了。汤姆·斯利克是得克萨斯州的石油业大亨，同时也是一位发明家和坚定的神秘动物学家。他出资组织了三次前往尼泊尔的探险，目的是搜寻喜马拉雅山脉的雪人（Abominable Snowman）。他试图让尼泊尔政府批准探险队使用寻血猎犬追踪，但遭到拒绝。斯利克死于1962年的一次私人飞机坠毁事故，时年46岁，但他的梦想——西南研究院——一直活跃至今，吸引着众多才华出众的科学家和工程师来到圣安东尼奥。今天，西南研究院已经拥有三千位工作人员，成为美国最大的应用型非营利研究机构之一。

　　斯利克对传说中的神秘生物充满热情，而这毫无疑问会让西南研究院的动物行为学家略感难堪，他们正利用现实世界的物种进行深入的训练项目研究。不过，斯利克的精神有一部分还保留在这些科学家的工作之中。举例来说，2001年该研究院的蜜蜂研究，就落入了某种类似的范畴。早在"9·11"之前，西南研究院的科学家还对"一种可控的

---

* blue-sky research，指没有预设目标的科学研究。

生物学系统"——研究院对某种协作生物的称呼——进行过研究，试图用来探测炸弹。狗并不是唯一被用来帮助人类的生物。科学家训练了12个蜂巢的蜜蜂，用糖水作为奖赏。工蜂在现场测试中表现出色，直接飞向炸弹目标，对周围的花朵毫不在意。它们那纤细的脚也不会触发炸弹。西南研究院的科学家甚至将盐粒大小的无线电发射器安装在蜜蜂的背上，追踪它们寻找远处的TNT炸药。研究者认为自己可能正在做一些意义重大的事情。

　　这的确是个很有启发性的实验，但蜜蜂也有它们的局限。它们的生命比狗短暂得多，在空气中花粉含量很高的季节，蜜蜂的寿命大约只有6周。它们害怕寒冷、黑暗和雨天。用蜜蜂在机场进行安全检查也不现实。我之所以知道这些，是因为在北卡罗来纳州，我们家后院里就放着蜂箱。这些蜜蜂最痛恨我们喜欢的三种东西：大蒜、酒和香蕉。在探视蜂箱之前，我们不能食用任何相关的食品，不然就有产生不愉快的风险。我们喜爱这些蜜蜂，需要它们传粉，但我更乐于训练索罗而不是蜜蜂。

　　有可能将蜜蜂应用于战争及和平事业的理念，其实是一种延续久远的传统，不仅在西南研究院，而且在美国各地都有热衷者。在纷乱的20世纪70年代初期和中期，整个侦察研究，尤其是利用动物进行侦察的研究，开始大规模发展。在越南战争日趋平静的同时，美国国防部资助的研究者注意到了军事犬的能力，并开始思考犬类可能具备的其他技能。充足的智力资源，以及敢于实验的好奇心，从美国东海岸的那些军事实验室不断流入得克萨斯州的圣安东尼奥。

　　尼克·蒙塔纳雷利（Nick Montanarelli）现在已经退休，当时他是美国陆军陆地战争实验室的项目经理，他对那段时期记忆犹新：就在他与莱斯特·苏宾（Lester Shubin）合作开发出凯夫拉防弹衣——这一发明至今仍在拯救着成千上万人的生命——的几年之前，尼克与来自美国各地的一小群研究者——包括兽医兼动物行为学家爱德华·E.迪安（Edward E. Dean）、行为生理学家丹尼尔·S.米歇尔（Daniel S. Mitchell），以及美国陆军机动装备研究与发展中心（位于弗吉尼亚州）的威廉·H.约翰斯顿（William H. Johnston）——开始对侦察项目展开合作研究。

尼克说，那段时期很是特别：你可以在6个月时间里完成提出点子、获得结果、实地应用的全过程。军方会提供高达三千美元的资金，并告诉尼克可以开始解决某个问题了。据他介绍，他经常要飞到圣安东尼奥，与爱德华·迪安对各种项目展开头脑风暴。"我每隔一周就会去一次西南研究院，"尼克回忆道，"迪安和我共进午餐，然后试着设计一些方案，尝试某些东西。"

西南研究院和许多陆军实验室及研究中心在合作的同时，也各自开展研究，试图确定狗对地雷、尖刺陷阱和绊网的探测能力，所有这些装置在越南战场给平民和士兵带来了大量伤亡。美国本土也出现了新的问题：20世纪60年代出现了对杰出政治人物的暗杀风潮，从约翰·肯尼迪到马丁·路德·金；而到了20世纪70年代，又出现了反战的爆炸和劫机事件。狗能帮忙发现会议中心的炸弹，或者机场的枪械吗？

吉姆·波罗尼斯（Jim Polonis）在西南研究院担任了30年的项目经理，协助管理许多成功的动物行为学项目，还有一些并不那么成功的项目。与尼克一样，他也很喜欢回忆这些既混乱又充实的时光。他说，如果某人有了一个想法，就会有天才的研究人员、训练员和牵犬师过来帮助他实现。吉姆·波罗尼斯的工作是确保这些想法变成研究项目后一切都能顺利进行。这可能会是相当大的挑战，将狗从国家的一端拖运到另一端可不是开玩笑的。有一年春天，他带着妻子和两个孩子，开着一辆皮卡，在致命的龙卷风中躲闪，后面拖着一辆40英尺长、满载着德国牧羊犬和拉布拉多犬的马拖车，从弗吉尼亚州贝尔沃堡（Fort Belvoir）前往得克萨斯州的圣安东尼奥。吉姆经常在美国各地的试验场奔忙，照顾犬只、牵犬师和研究人员。还有一年冬天，他一边协助开展对地雷侦测犬的试验，一边对抗威斯康星州齐臀深的积雪和持续的暴风雪袭击。他和西南研究院的同事征募了一辆多用途卡车，车后连着一个电话线杆挖掘机，用来在冰冻的中西部土地上挖出试验洞，然后将地雷埋进去。还有一年，他的任务是搞清楚侦察犬及其牵犬师如何应对沙尘暴，以及亚利桑那州118华氏度*的高温。

狗并不是唯一让西南研究院和军方感兴趣的有侦察潜力的物种。他们把猪也考虑了进来，这其实并不出奇：意大利人和法国人从15世纪开始就用猪来寻找价值不菲的松露。西南研究院使用的是杜洛克猪（red Duroc），这个古老又帅气的品种具有下垂的耳朵，外表呈红褐色——颜色像极了爱尔兰塞特犬，只是后者有着纤细的长毛。与爱尔兰塞特犬不同，杜洛克猪的脾气异乎寻常地温和。吉姆·波罗尼斯还记得，有一只杜洛克猪能探测到埋得很深的地雷，比任何狗能探测到的都要深得多。"那头猪能探测到所有的东西。"波罗尼斯说道。他认为，部

---

* 约合 47.8 摄氏度。

分原因是这头猪想要取悦它那位天才的、身材娇小的女训导员。令人遗憾的是，在军方最终的地雷侦察报告中，并没有给予这位最优秀的训导员以完全的信任；相反，报告指出，这只杜洛克猪有着"与男性一起工作"的强烈意愿。不，这只特别的猪显然更愿意和女性一块工作。

对于实验中使用的这些杜洛克猪，只存在极少数问题：它们是猪，具有"不合宜的社交习惯"和某种特定的"污名"。"你会让一只德国牧羊犬还是一只杜洛克猪进入家里搜查？"吉姆问我。另一个问题是，杜洛克猪因为具有"杰出的增重率"而受到高度重视，对屠宰场来说这是个优点，但在探测地雷的时候就变成了缺点——特别是当四百磅重的猪因为找到地雷而兴奋起来的时候。它们会用力拉着牵引绳。"它们真的会拖着你到处走。"吉姆说道。比它们庞大的腰身更严重也更具有潜在危险的是，猪有着"无法抑制的拱土本能"，而这一行为在地雷侦察中是务必要避免的。因此，即便家猪在嗅探各种类型的物质时非常高效，西南研究院也最终放弃了用它们来嗅探。

接受测试的猪并没有被浪费。琼·约翰斯顿（Joan Johnston）的丈夫威廉·约翰斯顿（William Johnston）当时是美国陆军机动装备研究与发展中心的研究人员，他还记得西南研究院在研究杜洛克猪的那一年组织了一次盛大的野餐会：来客们分享了美味的猪肉烧烤。

实验并没有止步于杜洛克猪。其他动物包括郊狼、郊狼与小猎犬（比格犬）的杂交后代、鹿、西猯、浣熊、狐狸、一只美洲獾、南美浣熊、森林狼和一只麝猫。三种臭鼬：斑点臭鼬、长尾条纹臭鼬和猪鼻臭鼬。偶尔还会使用森林王蛇和响尾蛇，因为它们有着无与伦比的钻洞技能，因此被认为很适合进行地雷探测。研究人员甚至还尝试过用猛禽来侦察地雷。

西南研究院的动物行为学家、项目管理者和训练师们开始意识到（带着些许失望），野生动物存在许多问题：它们野性十足。狼和狐狸会将人视为"要躲避的威胁"。浣熊在幼年时还不会让人头疼，但一旦长到青少年时期，它们就开始叛逆：它们会咬人。青少年时期的西貒不会听从人类训练师的指示。南美浣熊（浣熊的表亲）尽管具有出色的嗅觉，却经常"昏昏欲睡"。鹿无法进行系统性的搜寻。响尾蛇没有咬人的倾向，但是很容易在太阳底下睡着。

狗，普通的 *Canis planus*，成为了后备选项。在动物界中，狗的嗅觉并不是最厉害的，它们的智力也不是最高的。它们不能像蛇那样轻巧地滑入小洞，也不能像鹿那样敏捷地跃过障碍物，但它们能进入许多地方，体形也很适合完成多种任务。它们会在你身边跑来跑去。狗的寿命也足够长，可以使训练物有所值。它们既不是夜行性动物，也不单单在白天活动，它们就是喜欢跟你一起醒着。毕竟，狗想要取悦人。

西南研究院和军方得出一致的结论：狗，正好合适。

"我们发现，狗实在太有用了，"尼克·蒙塔纳雷利说，"正因为此我才接触到侦察工作。"

焦虑和实验并没有因此而停止。西南研究院和军方针对多种目的和气候条件尝试了许多犬种，从澳洲野犬到挪威猎麋犬，从杜宾犬到英国可卡犬。科学家和项目管理者没有用混种犬做实验，个中缘由与追求高贵血统无关，也不涉及德国人那种培育最能代表国家的超级牧羊犬的倾向。这是一个科学问题。混种犬不能轻易"复制"，如果你想获得较为稳定的结果，就需要保持一致性。从遗传学的角度来说，

Canis planus 一点也不简单。尽管其他品种也做得不错，但能从事多种任务的最佳犬种还是德国牧羊犬和拉布拉多犬。它们同时具有捕猎和玩耍的天性。它们的体形适中，具有灵敏的嗅觉。没有人会故意嘲笑它们的牵犬师。即使如此，军方还是尝试为牧羊犬制订了一个切实可靠的育种计划，使它们变得更加自信，能在必要的时候富有侵略性，但又不会太过神经紧张，并且不受髋部问题的困扰——遗憾的是，后面两种倾向在美国的牧羊犬品种身上正逐渐显现出来，而这得归结于任丁丁*的广受欢迎。

在牧羊犬和拉布拉多犬的主导地位之外，也有一些满足个别项目需要的特例。1971 年，D.B. 库珀（D.B. Cooper）劫持了一架飞机，并从飞机上跳伞，在华盛顿降落，带着 20 万美元的勒索赎金消失不见。他的成功引发了一连串模仿劫机事件。西南研究院和军队实验室想出了一个应对方法，让一位穿着时髦的贵妇人抱着一只玩赏用的小狗，穿过机场候机大楼和登机区域。她会近距离经过等候的乘客。如果小狗嗅到手枪的味道，它就会抓贵妇人的手臂。据波罗尼斯回忆，他们尝试过拉萨犬、迷你版的格雷伊猎犬和惠比特犬，以及其他一些小型犬。他表示，这些犬种之中，惠比特犬的嗅觉是最出色的。

有一些小型犬的测试结果并不理想。令人高兴的是，在西南研究院，并不是所有失败的实验都会以一场烧烤聚餐收尾。威廉·约翰斯顿将其中一只被淘汰的玩赏犬——一只嗅觉太过迟钝的马耳济斯犬——带回了弗吉尼亚州的家中，送给他的妻子琼和他们的孩子。这只名叫"帕

---

* Rin Tin Tin，美国士兵在第一次世界大战后从法国的德军军工厂救下的牧羊犬，从 1922 年开始领衔主演了 10 多部电影。

芬"（Puffin）的小狗一直与他们生活在一起，直到以 13 岁的高龄去世。

🐾 🐾 🐾

下一次当你参观动物园或自然历史博物馆时，当你对我们星球上无
与伦比的生物多样性进行审视的时候，请停下几秒钟，提醒自己，所有这
些多样性——从象牙和孔雀尾羽到人类大脑的新皮质——之所以成为可
能，部分是，缘于错误。

——斯蒂芬·约翰逊（Steven Johnson），《好点子从何而来》（*Where Good
Ideas Come From*，2010 年）

好点子可以单独出现，而且相互之间看起来似乎没什么关联，就像
北卡罗来纳州夏季傍晚时分滋润了蔬菜果园的暴风雨。好点子和暴风雨
的出现，都需要合适的气候和一些基础的元素。因此，差不多在同一时
间，一些研究者、训练师和相关机构殊途同归，各自想到了"寻尸犬"的主
意：用狗来寻找凶杀案、自然灾难、事故或战争中的受害者。这个点子既是
其他点子的衍生物，也来源于错误和行不通的尝试，比如关于猪的实验。

最早的一次努力出现在 1970 年 7 月，当时英格兰的兰开夏警队开
始训练警犬寻找尸体。在他们的训练计划中，猪肉被拿来作为人体组
织的替代品，可以用 18 个月时间。根据仅有的少量记载，这个方法成
功了，尽管相关的历史记载不大一致。1973 年，在损失惨重的赎罪日
战争*之后，一位英国牵犬师带着他的狗来到西奈半岛，担负起寻找以

---

* 即第四次中东战争。

色列军队阵亡士兵的任务。报告称他们找到了147具尸体。与此同时，一支来自以色列、只经过仓促训练的寻尸犬与牵犬师团队找到了穆罕默德·安瓦尔·萨达特（Anwar Sadat）的兄弟———一位飞行员———的尸体。

这项计划开展两年之后，尼克·蒙塔纳雷利在美国陆军陆地战争实验室推出了美国第一个尸体搜寻犬研究项目。这并不是一个无所事事、"让我们看看能发生什么"的实验。尼克是个很实际的人，他的思考已经超越了越南战争。他认为犬类在两次重大的国内灾难中都有可能派上用场：一次是1969年导致259人死亡的卡米尔飓风，当时这场飓风横扫古巴，直击密西西比三角洲，导致弗吉尼亚州洪水泛滥，而飓风的真实风速无人知晓，因为它摧毁了所有记录设备；另一次是1972年，南达科他州布拉克山的一座水坝破裂，大量水体从溪流倾泻而下，涌入拉皮德城，237人在短短几小时内失去生命，许多人被掩埋在泥土之下，或者直接被水冲走。尼克还与加拿大的牵犬师和训练员进行过交谈，那里的搜救犬在寻找雪崩遇难者的尸体时表现并不出色。

为寻尸犬寻找合适的训练材料就很有挑战性。尼克在军队中的位置，以及美军长久以来尊重阵亡军人的传统，都不允许他使用人体组织进行训练。无论如何，他希望尽可能达到真实的效果。他探访了太平间，与殡葬业从业者交谈，还与曾经接触过大量尸体的军队人士谈话。他的解决方法是将浸透汗水的士兵制服与猴子的肉（或者就像报告中所说的"浸渍的类人体"）放在一起，再加上一些化学物质。据尼克回忆，这是相当有效的组合。狗能够找到它。研究中使用的四只德国牧羊犬学会了在野地、建筑物和粗石堆里寻找尸体，并在最终测试中达到了92%的准确率。尼克在1973年5月中止了这项研究。这些狗继续待命，随时准备参与灾难救援工作。

由于历史记录的缺失，我们很难确切追查到谁在什么时间做了什么工作。人会死去。记忆也会褪色。有些工作是保密的。不过，在尼克完成报告的同时，西南研究院也在研究犬类是否能用来寻找尸体。

接下来的事情有很清晰的记录。要使德克萨斯州和马里兰州的军事研究从纯粹的理论变成脚踏实地的寻尸犬工作，所需要的并非尼克预想过的一场大规模的飓风或洪水，而是发生在纽约州阿第伦达克山脉南部的一件残忍的谋杀案。玛丽·罗斯·特纳（Mary Rose Turner）是 5 个孩子的母亲，深受抑郁症和失眠的困扰。1973 年 4 月 26 日凌晨，她离开了自己的家。她走到锡拉丘兹乡下一家壳牌加油站附近时，当地一个名叫伯纳德·哈奇（Bernard Hatch）的男子正好在墓地值班。

清晨时分，一个目击者看到一辆汽车后面拖着一个"六英尺长的白色物体"。这一幕令他感到不安，始终不能放下。于是，他带着纽约州警察来到斯托本县的土豆岭路（Potato Hill Road）进行调查。人体组织和血液散落在超过 9 英里的路途上。三天之后，警察在一处埋得很浅的墓穴中发现了玛丽·特纳的遗体。她的尸体不仅有汽车拖动造成的损伤，而且遭受过肢解。

慢慢地，对伯纳德·哈奇不利的证据无情地堆积起来。1973 年10 月 17 日，一个大陪审团指控他犯下了谋杀玛丽·特纳的重罪。事情并没有就此结束。提出起诉一个半月后，寻尸者又在较浅的墓穴中发现了 22 岁的琳达·卡迪（Linda Cady），以及她 3 岁的女儿莉莎·安（Lisa Ann）的遗骸。此时距离她们失踪已经过去了两年半。发现她们的地点距离玛丽·特纳的墓穴不过几百码*。

受害者、发现地点与伯纳德·哈奇之间的关系看起来并非巧合。卡迪和哈奇曾经交往过几个月时间，卡迪还在日记中充满幸福地写道，哈奇曾经送给她一个钻戒。执法机构开始怀疑，整个土豆岭路地区可能都是埋葬场，他们认为哈奇不仅与卡迪及其女儿的死有关，而且还涉及另一位失踪女性和她的孩子。到了 12 月中旬，搜索队员经过细致排查，在离玛丽·特纳的墓穴不远处发现了烧焦的儿童衣物。经过辨认，这些衣物属于洛兰·齐尼古拉（Lorraine Zinicola）的三个年幼的儿子。齐尼古拉也曾与哈奇交往过，她和三个孩子自 1971 年 9 月后就失踪了。

纽约州警拨通了电话。1973 年 12 月 21 日，正在西南研究院主持"军事动物科学"计划的威廉·H. 约翰斯顿从圣安东尼奥飞到了斯托本县。他与州警一道察看了地形和搜索条件。他们正在训练的那些用来寻找被埋藏的尸体的军犬能否找到其他可能的受害者呢？已经遭到起诉的伯纳德·哈奇是否是杀害他们的凶手呢？

调查人员找到了居住在 125 英里之外的一位牵犬师：纽约州骑警小拉尔夫·D. 萨福克（Ralph D. Suffolk Jr.），亦称吉姆（Jim），他是一位名声在外的寻血猎犬牵犬师。在他训练的犬只中，有一只名为"红石上校"（Colonel of Redstone）的寻血猎犬。几年前，他们进行过一次长距离的追踪，帮助警察抓获了三名抢劫者——纽约刑事法庭于 1969 年对此案进行了判决，他们也因此广为人知。在此之前，纽约州唯一一次利用犬类帮助判案的先例结局并不美妙。1917 年，纽约州最高法院推

---

* 1 码 =0.9 米。

翻了对一名女子的纵火罪指控,而这项指控正是基于一只德国牧羊犬的嗅觉。法院宣称,这只狗只是单纯想在客人面前卖弄一下。

吉姆·萨福克的寻血猎犬不会在客人面前卖弄。他们几乎每天都在追踪寻人。即使享有崇高的声誉,萨福克还是发誓承认寻血猎犬并非从不犯错。他的诚实更增加了他的可信度。

西南研究院的科学家曾经想用狗来进行国内犯罪现场的调查工作,而萨福克正是理想的带头人。然而,对于这项工作,他所信赖的那些寻血猎犬却没能获得成功。尽管它们很适合追踪活人,但他需要的是经过训练后能够找出尸体的狗。

萨福克在1974年5月初飞到了圣安东尼奥,开始与刚发明出来的一类搜寻犬——尸体寻回犬,简称寻尸犬——一起工作。萨福克提出了训练和操作方案,西南研究院的研究者则提出了其他一些建议。当萨福克回到纽约州北部时,他带回了两只狗。珍珠(Pearl),一只长相甜美、白色金色相间的拉布拉多犬。在我们的想象中,这或许是与一个秘密军事项目关系最远的事物了。1974年,5岁的珍珠来到纽约州奥奈达县(Oneida County),立即开始搜寻一个连环杀手疑犯的受害者。在珍珠的每一张照片中,她的嘴都是张开的,她会充满爱意地望着吉姆或者站在镜头后面的拍摄者。也许这个人曾经喂过她一块饼干?珍珠被从一个地方运到另一个地方,参加搜索毒品、炸弹和地雷的训练。她接受的最后一项训练科目是找出埋藏的尸体。

她的伙伴巴伦·冯·里克塔范(Baron Von Ricktagfan),一只肌肉强壮的黑棕褐色牧羊犬,此前已经在本宁堡(Fort Benning)接受过军事侦察犬的训练。据吉姆·萨福克回忆,巴伦对他表现出了脾气暴躁的一面，但他也能完成工作。

吉姆·萨福克带着这两只新手寻尸犬来到纽约州奥奈达县的树林中，开始搜寻曾经发现过受害者的那片区域。接下来的 7 个月，他们还搜索了其他较浅的墓穴，直到被 11 月的冰雪阻挡。这次搜索覆盖了四千英亩*的土地，其中大部分是 20 世纪 30 年代种下的松树林。他们一共在树林里工作了 83 天。

搜索工作时不时被更加紧急的警方事务打断，包括在副总统杰拉德·福特（Gerald Ford）降落在奥奈达县机场之前，珍珠被调去机场搜索爆炸物。除了特工事先安放的东西——用来确保她确实能搜索到炸弹——珍珠没有任何发现。吉姆和他的两只狗还曾经去过奥农达加县（Onondaga County）附近的一座垃圾处理厂。此前一位垃圾处理工人承认，他在两年前强奸并埋葬了一个锡拉丘兹大学的女学生。两只狗在同一个地点发出了警报。锡拉丘兹警方找来一台推土机，发现卡伦·列维（Karen Levy）的尸体就埋在几英尺深的地方。在那之后，萨福克对他的记录和当地地形进行了研究。沿着山坡往下，狗发出警报的地点距离埋藏地点约 15 英尺，这可能与一条地下溪流有关。他认为，即使在狗发出警报之后，他也应该坚持继续向山上搜索。这类知识将帮助法医人类学家理解寻尸犬在隐秘埋藏点附近发出警报的方式。

伯纳德·哈奇尽管有总共杀死 7 名女性和儿童的嫌疑，但经过一场长达 70 天的审判（奥奈达县历史上代价最昂贵的一次），他最终只以谋杀玛丽·特纳的罪名定罪。现在他依然在奥本监狱服刑，并坚称自己是

---

* 1 英亩 =40.4686 公亩 =4046.86 平方米。

无罪的。尽管吉姆和他的两只寻尸犬进行了数月的细致察看，但最后还是没能找到其他被掩埋的受害者。洛兰·齐尼古拉和她三个年幼的儿子的尸体一直没有找到。

虽然吉姆·萨福克和他的两只狗没有发现更多与哈奇案有关联的尸体，但是在工作犬的历史上，他的贡献是相当显著的：在美国对寻尸犬的使用中，这是首次完整的记录。

这还只是吉姆·萨福克事业的开端，他与珍珠和巴伦又一起工作了许多年。他用"货真价实的东西"来确保他们的训练效果：树林里被掩藏的尸体往往能成为不错的训练材料。不久前，由于血液循环问题，萨福克失去了一条腿；而且因为多年来一直牵着寻血猎犬在阿迪朗达克群山中跑上跑下，他的肩膀损伤严重，接受了多次外科手术。尽管如此，他现在还是当地小镇的法官。他和妻子萨利（Sally）居住在一座能眺望卡纳达拉戈湖的房子里。

我忍不住问了萨福克一个显而易见的问题：他是否考虑过使用寻血猎犬？我知道，他肯定会承认牧羊犬和拉布拉多犬更加适合搜寻尸体的工作。

"用寻血猎犬来搜寻尸体？"他带着惊骇的表情回答道，"真见鬼，不行！这是对它们鼻子的巨大浪费。"换句话说，他是经过深思熟虑后才承认的。尽管他相信寻血猎犬的鼻子就好像犬类鼻子中的"凯迪拉克"，但它们确实不擅长跳跃和钻入狭窄的角落。接着，他的声音变得有点神往的意味，"我总在想，我能不能训练出一只寻尸猫呢？"

事实上，充满乐观主义和开放心态的军方和西南研究院研究人员已经想到这一点，并且进行了尝试。猫不屑与研究者交流炸弹是不是就在身边。"猫之所以被从最后的计划中排除，是因为它们展示出了拒绝与人类伙伴持续合作的态度。"

🐾 🐾 🐾

直到说出两个神奇的单词之后，我才得到了认可。"安迪·雷布曼，"他们说道，"天啊，你和安迪·雷布曼一起训练？你能开始搜索了。"

——爱德华·大卫（Edward David），缅因州副首席医疗官，2011 年

我们不能说在安迪·雷布曼之前就不存在寻尸犬，这是不准确的。有些人走在了雷布曼前面：西南研究院的尼克·蒙塔纳雷利，当然，还有吉姆·萨福克。同一个年代里，纽约著名寻血猎犬训练员和牵犬师威廉·D.托尔赫斯特（William D. Tolhurst）在回忆录中提到，从 1977 年开始，他就训练自己的寻血猎犬托纳（Tona）同时作为"追踪寻人犬"和寻尸犬。其他牵犬师和训练员很可能也有零散的记录。

不过，寻尸犬的世界依然有点尚未成形的感觉。

20 世纪 70 年代中期，安迪参加了一次警察会议，吉姆·萨福克刚好在会上做了有关寻尸犬的报告。被报告内容迷住的安迪随后找到了吉姆。毫无疑问，这俩人的组合非常奇特。吉姆·萨福克看上去就像身材壮实的詹姆斯·加纳（James Garner）*，只是长着更加有英雄气概的下巴。他穿着一套一尘不染的卡其色州骑警紧身制服，头上长着浓密的深色卷发，通常还戴着一顶骑警帽。由于是在参加会议，安迪可能穿着

---

* 美国电影和电视演员。

制服，而不是戴着那顶标志性的褪色棒球帽。他常常把帽子以某个角度向上推，露出大大的眼睛、灵活的嘴巴、厚实的面庞和漂亮的耳朵。他可能还抽着一支长红香烟（Pall Mall）。

安迪做了自我介绍，然后问吉姆训狗的方式。吉姆拒绝告诉他，当时这属于保密信息。安迪并没有把他的拒绝放在心上；他知道吉姆正在与一个军方研究组合作。但是这件事激发了安迪的决心。"太可恶了，"安迪说，"我也要有一只寻尸犬。"

于是，安迪以自己的方式开始了。他找到康涅狄格州卫生署的一位病理学家，后者建议他先用难闻的化学物质——尸胺和腐胺——试一试。当动物组织腐烂时，这两种物质会大量出现，一个多世纪前人们就已经鉴定和分离出这两种物质，德国医生路德维希·布里格（Ludwig Brieger）于 1885 年首次进行了描述。这两种物质并不准确对应于人体的腐烂，因为有些发臭的奶酪，甚至口臭气味中也含有这些化合物。不过，当时寻尸犬训练和人体腐烂科学研究确实还处于初期。

20 世纪 70 年代中期，就在安迪与康涅狄格州的病理学家研究人体死亡的气味时，以色列特拉维夫大学的认知心理学家罗伯特·E.卢博（Robert E. Lubow）正执着于一个与兰开夏警队项目和美国军方计划有关的问题。"我们必须再次回归到刺激如何产生的问题上，"卢博在他 1977 年出版的那本引人入胜的著作《战争动物》（*The War Animals*）中写道，"英国人训练了一只侦察猪，美国人训练了一只侦察猴。有什么证据能显示把这些狗每一只都用一种特定的气味进行训练，就能够推广运用到探测人类尸体气味的任务中呢？"

接下来几十年里，这个基本的问题一直困扰着有关嗅探犬的所有工作——不仅仅是探寻尸体。在训练初期，安迪猜测腐烂的动物尸体和人类尸体的气味应该差不多。很快，就像之前的吉姆·萨福克一样，安迪意识到了二者之间显著的区别。用货真价实的东西来训练狗是最理想的，而且在人类遗体的使用上，执法机构不像军方那样有诸多限制。在犯罪或自杀现场走完程序之后，总会留下一些东西，可以拿来帮助训练犬类。

鲁弗斯（Rufus）是一只健壮的深色德国牧羊犬，在成为安迪的巡逻犬之前，他曾经是位于康涅狄格州布卢姆菲尔德的菲德可导盲犬基金会（Fidelco Guide Dog Foundation）的候选导盲犬之一。由于不能冷静并温和地指引任何人，鲁弗斯最终被从这个项目中淘汰下来。他是一只不错的巡逻犬。安迪开始用尸胺和腐胺与从尸体下方采集来的含有尸液和尸蜡（能在某些环境中持续存留的蜡质脂肪）的泥土混合，作为训练材料。当时是 1977 年，也就是安迪的另一只狗——那只名为克莱姆的寻血猎犬——赢得"美国最佳追踪寻人犬"称号的那一年。只要人还活着，克莱姆就很乐于寻找他们。如果假定他们已经死亡呢？鲁弗斯就会接手。对两只狗来说，这是相当不错的工作分配。

到 1980 年，安迪开始用鲁弗斯及其鼻子来进行更加有挑战性的工作。秘密埋葬是最糟糕的案件，你得用到铲子和推土机，有时候甚至还得用凿岩机。如果你偏离了 30 多英尺，那尸体的真实位置有可能远在 1 英里之外。没人喜欢挖掘并寻找尸体，特别是在没有很多确凿证据的情况下。

在康涅狄格州门罗市一处坐落在高地上、一侧屋顶用木瓦钉成的整洁的农场住宅里，一切看起来都是那么完美和有序。住宅的后院还有一片修剪整齐的草坪，一个圆形游泳池，池边有一个崭新的露台。失踪者名叫罗宾·奥佩尔（Robin Oppel），28岁。她的丈夫肯特·奥佩尔（Kent Oppel）29岁，是一位个体商人，他准许警察在没有搜查证的情况下对住宅进行搜查。

在罗宾失踪将近1个月之后，有人发现她的车被丢弃在25英里之外的地方。车内只找到一个猫头鹰钥匙圈的残片，却没有罗宾的任何痕迹。人们最后一次看到她是在1980年9月19日。一开始，安迪觉得，虽然过了这么长时间，但或许可以让自己的某只寻血猎犬先试一下，看看能不能找到一条追踪路径，并给他们指引方向。这听上去有点牵强，他自己也知道。那个时候，处理这个案子的探员已经做出了自己的假设。

鲁弗斯在与安迪来到门罗市这间住宅开始搜寻时，已经从事过三年的寻尸犬工作。尽管肯特·奥佩在场，但安迪还是让鲁弗斯从前院草坪开始，然后是房屋一侧，再到草坪的后半部分。鲁弗斯沿着篱笆一直走向游泳池，在新砌的混凝土露台附近停了下来，他一边嗅着那里的泥土，一边开始刨挖起来。就是这里。安迪把鲁弗斯牵开，若无其事地耸了耸肩。他能听到肯特·奥佩在对围观者说：那只狗根本没发现任何东西。

接下来是漫长而惊心动魄的几分钟。安迪一度觉得鲁弗斯可能搞砸了。调查人员用手提钻凿开了鲁弗斯所指示的位置旁边的混凝土，向下挖了一英尺，结果挖到了电线。安迪带着狗走了过去。他回忆道，鲁弗斯开始像是"要挖到中国"。调查人员继续铲土。就在深一点的位置，他们发现了一个小物件：在罗宾那辆车里发现的塑料猫头鹰钥匙圈的另一半。他们继续挖。罗宾的尸体在4.5英尺深处被找到，就在混凝土下方，尸体上还覆盖着一层石灰粉。

由于寻尸犬代表一种全新而迷人的职业犬类，有时候记者们会把这一术语搞错。一位报社记者在报道鲁弗斯时，曾经以无比的真诚和不准确性，将其描述为"全国八个'死亡犬'之一；新英格兰州唯一的一个"。如此报道鲁弗斯的死讯也未免太早了。他在职业生涯中一共找到了 26 具尸体。

安迪·雷布曼和吉姆·萨福克的交往并没有止于那次警察会议。1986 年，佛蒙特州的一张报纸曾经刊出两人的照片，照片上他们正使用寻尸犬对一个谋杀案现场进行搜查。吉姆穿着紧身的卡其色制服，看起来十分光鲜。他直视着镜头，露出好看的笑容。安迪看起来较随意（如果不是不体面的话），他穿着牛仔裤和 T 恤，戴着棒球帽，咧开嘴大笑，同时斜视着镜头。吉姆·萨福克的牧羊犬是一只体形较大的雄性犬，名字叫阿格斯（Argus）。鲁弗斯的接班者坐在安迪身旁：她是一只精致、轻盈的德国牧羊犬，名字叫杜帕（Dupa），在波兰语中是"屁股"或"辣妹"的意思。她曾经在一个波兰裔社区中搜寻过失踪者，在那之后，康涅狄格州警察局让安迪给她重新取个名字，他就称她为淑女（Lady）。

与鲁弗斯一样，淑女在赢得狗粮的同时，也教给了安迪更多有关犬类寻找尸体能力的知识。1987 年 1 月中旬，他们遇到了一个案子，其中涉及的不是埋起来的尸体，而是一具分散范围非常广的尸体——该案的参与者还有法医学家李昌钰（Henry Lee，后来因担任辛普森案的侦查专家而名声大噪）。这个案子也是科恩兄弟的黑色喜剧电影《冰血暴》（*Fargo*）的灵感来源。海伦·克拉夫茨（Helle Crafts）是一位客机空乘人员，她怀疑丈夫理查德·克拉夫茨（Richard Crafts，一位飞行员）有外遇，准备与之离婚。然而，就在离婚程序开始办理后不久，她就失踪了。理查德·克拉夫茨用自己的信用卡租了一台碎木机，并且买了一台冰柜和一把电锯。一位除雪车司机报告称，在一个暴风雪的午夜，他看见一名男子在康涅狄格州的豪萨托尼克河岸使用一台碎木机。

淑女接下这项冗长乏味的工作，对从河岸上拖回来的一堆堆冰冻木屑进行嗅探。有一堆木屑尤其引人注意：淑女发出了警报。就在这里面。她发现的东西虽然很微小，但毫无疑问来自人体。最终，因为淑女的警报，警方找到了60块微小的骨骼碎片，以及一小块血液、几缕金色的头发、一颗金色牙冠的牙齿和一片手指甲。指甲的颜色与在海伦·克拉夫茨卧室里发现的指甲油的颜色吻合。在康涅狄格州历史上，这是第一起不需要用尸体来确认罪行的谋杀案。1990年，理查德·克拉夫茨被判处有期徒刑50年。他最早可以在2021年8月获释，届时他已经84岁了。

🐾 🐾 🐾

（这项发明的）另一个目的是提供一种建筑施工的方法，能将在高处工作的人员遇到的危险降至最低程度。

——美国专利局，No. 2715013，1955 年 8 月 9 日

就在海伦·克拉夫茨案件结束3个月后，即1987年4月下旬，安迪带着寻尸犬参与了美国陆军和西南研究院最初预想的一项任务：一场重大灾难的救援。这是康涅狄格州近代史上最严重的一次灾难。

布里奇波特市*两栋正在建设中的十六层混凝土大楼——名为 L'Ambiance Plaza 的双子楼——在几秒钟之内倒塌。几个小时后，安迪和淑女，还有另外 4 名康涅狄格州骑警带着各自的犬只赶到了现场。摆在他们面前的是堆积如山的混凝土板、扭曲的钢材和钢筋。狗和人在堆积的混凝土板上一寸一寸地前进。骑警和工人带着喷漆和旗子，随时做标记。德国牧羊犬会发出警报，给出尸体和幸存者的大概位置，有时是在开放的洞口，有时是在被压扁的混凝土板边缘，这些都是气味能散发出来的地方。

尽管应对还算及时，但建筑工人和他们的家属越来越清楚，当前进行的更像是遗体寻回行动，而不是在进行救援。22 名工人受伤，有些伤势严重，但他们仍然是幸运的：在大楼倒塌过程中，他们被楼层挤压产生的力量冲出了混凝土板的边缘。搜救犬时不时发出信号，同时也不断吸进混凝土尘埃。之后下起了寒冷的春雨，尘埃落下，却也使行走愈加不便，照在巨大粗石堆上的泛光灯光柱在雨中显得更加冷峻。

搜救犬帮助人们找到了所有的受害者，一共 28 名。那些意大利裔、非洲裔和爱尔兰裔的美国工人尸体残缺不全，以至于安迪说自己此前从未见过受损如此严重的人体，后来也再没有见过。而安迪一生中几乎见过人类——或大自然——所能做出来的各种伤害。"（那种景象）依然在我脑海中盘旋。"他说道。

L'Ambiance Plaza 双子楼至今仍让他感到愤怒。建得太快、太便宜——而且太危险。我也很愤怒。命运有时可能会出现小小的交集。

---

* Bridgeport，又译为桥港。

在差不多1/4个世纪后，当安迪和我面对面交谈时，我们忽然意识到，我们很可能在那场灾难的现场擦肩而过。安迪主持了许多天的搜救犬工作，直到最后一具尸体被搬出来。我当时是《哈特福德新闻报》（Hartford Courant）的记者，在那里只逗留了一天。从本质上说，所有的灾难都是可怕的，但那是我报道过的最可怕的一次灾难。在短暂又寒冷的一天一夜中，我的任务是在旁边待命，以防万一有更多的伤者或尸体被找到。记者和调查人员逐渐意识到，在一个受到广泛赞誉，被视为高效、经济的建筑系统中，有些地方出现了灾难性的错误。经过这次事故，升板施工被暂时禁止。这项禁令如今已经不存在了；尽管如此，如今在美国极少能看到有人使用升板施工。

在那些可怕的日子里，安迪和我没有在布里奇波特相遇，即使相遇，可能也不会改变我的人生轨迹。那个时候，在我的报社职业生涯的那个节点，我会不会做出开始训练犬只参与搜救工作的决定呢？我持怀疑态度。直到我真真切切步入中年时，我才做出了这个决定。

这种奇特的联系并没有在此终结。当我完成对西南研究院及其在犬类研究中所扮演的角色的研究时，我发现该机构的创始人有一个独立的发明。汤姆·斯利克在1948年申请了一项专利——"用来架设一座建筑物的装置"。当古旧的钢笔墨水绘图布满计算机屏幕的时候，我看到了一个建筑系统——在 L'Ambiance Plaza 灾难之后我一直铭记在心——的原始轮廓：它的滑轮、起重机、泵和混凝土板。斯利克发明了升板施工。

安迪说得最恰如其分："这是怎样的巧合啊！他资助研究这些能在灾难中定位受害者的犬类，而这场灾难恰恰源于他那失败的发明。"

安迪没有辜负工作犬从业者们的期望，他最终和爱德华·大卫以及法医人类学家玛塞拉·索格（Marcella Sorg）合著了一本《寻尸犬手册》（*Cadaver Dog Handbook*），于2000年出版后，被视为寻尸犬训练员和牵犬师的圣经。

"记得我警告过你，你太有思维倾向了。安迪·雷布曼的书很好，不过，他就是个古鲁*。"南希·胡克在邮件中对我说道。

安迪的妻子马西娅·凯尼格（Marcia Koenig）是著名的志愿牵犬师和训练员，她协助撰写并编辑了《寻尸犬手册》，还提供了插图。她从1972年就开始从事搜救犬工作。安迪引领她进入了寻尸犬领域。马西娅变得很擅长这项工作。她和她的德国牧羊犬参与过搜索失踪的凶杀案受害者、自杀者、失踪的徒步者、痴呆症患者，以及龙卷风和飓风的受害者。她曾经在荒野、雪地和水面上工作过。她那只青黑色的德国牧羊犬名字叫郊狼（Coyote）。1997年8月，他们在关岛的泥地里跋涉了4天，寻找大韩航空801号航班坠机事件中的遇难者。这架飞机撞上了关岛的尼米兹山，并在山体一侧拖出一个粗糙不平的深坑。

"那片区域充满了腐烂和飞机燃油的气味，以至于没有一只狗能对任何特定的东西发出警报，"马西娅回忆道，"每只狗都失望地抬头看牵犬师，似乎在说，'到处都是啊'。"她和郊狼，以及其他搜救犬团队，在齐膝深的泥水中进行了整个搜救工作。尽管困难重重，但倔强的郊狼还是帮助找到了一些骨头和组织，还有一节股骨。临近尾声的时候，泥土越来越深，马西娅也筋疲力尽，而郊狼，这只充满野性和疯狂的寻

---

* guru，印度教中的导师，又称为上师。

尸犬，把一个东西放在她的脚边。

"它变得极其温柔。"马西娅说道。这是一只小孩的脚，几乎也是整个搜救过程中最后的发现。衔回残肢并不是郊狼标准的工作程序，但这只小小的脚给了搜寻人员和家属很大的安慰。

在全美各地，有数十位牵犬师和训练员曾经与安迪一同训练，他们后来又追随他的脚步，训练自己的犬只，也培训其他牵犬师。在美国的执法机构中，吉姆·萨福克开辟了使用寻尸犬的传统。安迪在此基础上发扬光大，发展出了至今依然被奉为圭臬的训练系统。

现在，安迪已经70多岁，他仍然和马西娅一起到世界各地旅行：去训练犬只和牵犬师，去创造更好的训练准则，并在司法案件中实践。他还会参与搜寻生者和尸体。他无法告诉我他在职业生涯中参与过多少次搜索。我只知道在他1990年从康涅狄格州警察局退休之前，他通常每年至少进行100次搜寻工作，后来他就不再计算次数了。有什么意义呢？

"最重要的是我的下一次搜索。"

第五章　纸箱游戏

……奠基仪式可以视为对这座建筑的确认，这不仅是为了保留回忆，也是一个全新的开始。

——特雷西·基德尔（Tracy Kidder），《房屋》（*House*，1999年）

索罗站在南希·胡克的训练场里，眉头紧锁，盯着五个一模一样、以军队的精确度摆成一线的白桶。其中一个桶里"藏匿"着一具尸体——从死人身上弄下来的一小块部位，或者某个心地很好的人为了让南希做这类训练而捐献出来的自己身体的一小部分。一位训犬师还分享过自己在某次手术中切除下来的一小块肋骨。正如他几年后对我解释的，他不希望自己的狗疑惑不解地徘徊不定，不知道该去关注牵犬师体外的还是体内的肋骨。

为了这项特殊的训练，南希用了她的"前未婚夫"的一颗智齿，外面裹着一小块沾血的纱布。索罗已经差不多 6 个月大，体重 55 磅，浑身都是骨骼和肌肉。未成年的德国牧羊犬很少有好看的，只有极少数会长得好看一些。他对疼痛越来越无动于衷，不管是承受疼痛还是制造疼痛。尽管这对我来说是噩梦，但索罗还不算太脱离牧羊犬的主流。

南希给了他第一份工作：把头逐一伸到桶里，找出哪个桶里放着牙齿和纱布。这是一种为寻尸犬，以及所有嗅探犬打基础的方法，他将学着识别，然后在找到你希望他发现的东西，如尸体、可卡因、炸药、海洛因、臭虫等时清楚地发出信号。有些训练者用桶，有些则使用混凝土块。更加先进的器具还包括顶部开着小洞的木箱，里面甚至还会安装弹簧，像魔术箱一样弹出橡胶玩具或网球，作为即时的奖赏。对我来说，这些还只是开始，后来我了解到还有非常多样的箱子可以用。每个人都有自己喜欢的系统，但铃声和哨声并不是必需的；牵犬师完美掌控时机才是必需的。

在第一次训练中，索罗把头伸进第四个桶里，里面放着带血的牙齿，他抬头看看我，接着又把头伸了进去。他还没有对这种气味建立起联系，尽管这闻起来与前面三个桶里的气味有微妙的不同。南希朝我嘘了几声提醒我，我才笨手笨脚地给了他一把肝脏狗粮。索罗似乎要把我的指尖和狗粮一块吃下去。很快，他全身心投入到游戏之中。当南希变换桶的位置时，他会从这个桶冲向下一个桶，猛力拉着我，使我们纠缠在他的绳索中。他把头从目标桶里抬起来，盯着我，如果我没有及时给予奖励，他就不满地大声叫起来。他的抱怨声时大时小，随着挫败和喜悦发出不同的吠叫。

南希看着索罗和我被缠在拴狗的皮带里表演糟糕而奇特舞步，栗色的眼睛眯了起来。我可以听到自己的血液从心脏涌到头顶的声音。事情本该很简单。我得走在索罗的前面，绳子放松一点，经过每一个桶时，不能犹豫也不能急躁。我要用一种优雅的手势把桶指给他。看这里（狗把头伸到桶里），看这里（狗把头伸到第二个桶里），看这里（狗把头伸到桶里并保持不动）。好狗狗！来吃点心！经典的操作条件反射。索罗就会开始将尸体味道和奖赏联系在一起。

南希让我把狗粮放在方便的腰包里，但这成为除了拴狗带、狗和桶之外需要对付的又一种东西。噢，还有我的自尊。我真是太差劲了。索罗急冲冲地从一个桶跑到下一个桶，越过一个看起来没什么意思的桶，又折回来，愚蠢地猛拽着我。当他忽然闻到一股气味时，他又开始嚎叫起来，改变了主意。他作弊，精力充沛又无法控制。南希很喜爱这些。她咯咯笑着，低声对他说"好小子，好小子"，同时小声地提示我"奖励他，奖励他"。

我差不多眼泪都要掉下来了。那时我还没有完全理解，但索罗正处于工作犬训练员所说的"驱动"模式，这就像汽车油箱里的汽油一样，可以使狗一直努力奔跑。对于接下来的工作，这种加速运转的心理状态必不可少。我将此视为"恶犬"模式；这不是我习惯见到的。泽夫会以完美的姿态走在我身边，安静而坚定。如果我皱起眉头看他，他就会感到沮丧。就连梅根，尽管丝毫不介意我是否认可她的行为，也经过很好的服从训练。他们的良好行为也映射在我自己身上。我有终身教职。我同时是犬类和人类的老师。

　　索罗粗暴地重塑了我的犬类世界观。按南希的说法，我有了自己的第一只工作犬。而她所关心的是，任何有趣或有价值的公狗，都应该是一个"强壮的混蛋"；任何好的母狗，则应该是一个"来自地狱的婊子"。这些形容其实是称赞。甜美、顺从的狗很无聊，南希不希望与它们有任何关系。索罗在让我相当郁闷的同时，在南希眼中达到了某种相对的完美。我能感觉她已经疑心我可能会泄气。我不是来自地狱的婊子。我竭尽全力想要表现得顺从，却连自己的肢体都没法协调好。

　　"就是这样，"当听到索罗因为得不到奖赏而用"约德尔唱法"*向我吼了差不多三次时，南希教导称，"这就是他发出的警报！"

　　如果当时不是那么泄气，或许我会将此标记为一只工作犬生命中非常特殊的一刻，就像索罗获得他的部落名字——"Whines with Brio"**——时一样。警报行为，或者是嗅探犬行业的某些人所说的"最终指示"，对狗来说本该是自然而然，同时又十分独特的行为。对于大多数缉毒犬，警报意味着坐下来，目光集中地盯着发出毒品气味的地点。少数缉毒犬还会挖土、抓挠，但这种"激进式的警报"被视为老派

---

* 　一种歌唱形式，伴随快速并重复地进行胸声到头声转换的大跨度音阶。

** 　意思是"兴奋地抱怨"。

做法，正在逐渐消失。搜爆犬从来不会这样，原因显而易见。南希和我交谈过：索罗独特的抱怨声结合他的坐姿，或许能成为我们要训练他发出的警报，以此告诉我们，他不仅发现了我们想要寻找的东西，而且注意到了具体的位置。更重要的是，我可以在搜寻任务中说，"这就是当索罗探测到人类尸体气味时的反应，他会坐下来唱一曲阿卡贝拉*。"

显然，这样的时刻不会在不久的将来出现——如果真会出现的话。打好嗅探气味的基础，以及明确发出警报的模式，是驾驭工作犬的最初步骤。

索罗需要识别的不仅仅是气味。他需要有前往任何地方去寻找气味的意愿。这意味着，要把他的本能转变成对不利环境的忍耐。我渐渐明白为什么工作犬训练员会喜欢那些在车后部感到痛苦的狗，那些毁坏座椅、撕咬汽车内饰的狗，那些试图挑战一切，嘴里同时塞着三个玩具的狗。我第一次与西弗吉尼亚州的工作犬育种师兼训练师凯茜·霍尔伯特（Kathy Holbert）见面时，她正毫不客气地丢着一只橡胶玩具，使其一次又一次地掉到一大堆木柴——看上去有点像火葬用的柴堆——中间。这种故意为难的行为可能会引起大多数人的反感，但凯茜是有意为之。那只年轻的牧羊犬跳入粗糙的树枝中，有点像跳水。凯茜正在开发这只狗的嗅觉和干劲。

活力必须是第一位的。如果你的狗充满活力，你就可以和它一块工作。正如训犬师丽莎·利特（Lisa Lit）向一组搜救犬牵犬师解释如何建立驱动力时所说，"让它们爆发，然后再来引导吧。"

---

*　无伴奏合唱，可追溯至中世纪的教会音乐。

首先是活力，接着便是专长。认知科学家对人类专长的概念做了大量研究。我们会看到调皮的小孩在钢琴上胡乱按琴键。这是开始，但只有通过有组织、有指导的练习，并且在相当长时间内进行有持续反馈的弹奏，才能将琴键上随机的音符变成"Doe，一头鹿，一头小母鹿"*，并最终弹奏出塞隆尼斯·孟克的《午夜时分》（Round Midnight）。当然，这是在家长没有喋喋不休要求孩子去练习音乐的情况下。在这一过程中，许多弹奏钢琴的运动行为变成了自然而然的动作，孩子不需要进行思考。在身体记忆的引导下，手指开始自己在乳白色琴键上上下翻飞。

当专长的概念应用在狗和其他动物身上时，存在着一些科学上的争议。工作犬训练师认为这种概念是存在的，而且他们并不担心狗的学习曲线是否跟人类的一样，只要它们学习，不断学习，并积累知识。

培养专长的过程，最开始就是南希教导我和索罗的："那究竟是什么气味？"最初阶段很重要。一旦这种气味成为了第二本能，就加入一些令索罗分心的东西，比如南希的一些小鸡。我是一个笨拙的牵犬师。我可能会教年少的索罗练习走后院那个很低的平衡木，并要求他把爪子都放在木条上。即使他掉下来，发出惨叫，我也不会安慰他；我会以一种开心、放松的声音催促他，直到他能在平衡木上步履坚定地走着，并展现出自信的"笑容"。

威廉·"迪克"·赫尔顿将整个工作犬研究领域称为"犬类工效学"（canine ergonomics）——对工作犬与其环境之间联系的研究。工作犬要练习身体、思维和嗅觉的"体操"。在规定的时间内，一只优秀的救灾

---

* 电影《音乐之声》中歌曲《Do Re Mi》的歌词，这是一首著名的音乐启蒙歌。

犬应当能在倒塌建筑的瓦砾堆上行进，保持平衡，目标明确地利用鼻子嗅探，然后向牵犬师发出信号，指示出自己的发现。这种机敏，这种执行多重任务的能力，就是迪克·赫尔顿所谓的"犬类专长"。他对这一概念深信不疑。"虽然专业的犬类不能用语言描述它们的知识，但这并不意味着它们不具备这些知识。"迪克·赫尔顿写道。

许多人对于狗能成为专家的观念十分抗拒，包括认知心理学家，以及那些觉得这一概念给予了动物太多信任的人。"我想最大的问题之一便是可怕的拟人论。"迪克说道。我们能训练某些人做到其他人在没有训练的情况下做不到的事情。"如果你让我做一个后空翻，然后发现我现在做不到——没有训练也没有条件——你就能下结论说人类不会后空翻吗？"看看奥运金牌得主、体操运动员"飞翔松鼠"嘉比尔·道格拉斯（Gabby Douglas）在 2012 年奥运会上的表演吧，然后试着想象她 6 岁时上第一堂体操课的情景。

在南希教我如何训练索罗嗅觉的同时，我还要教他一些能够补偿嗅觉的能力：如何忍受电栅栏，如何在河里游泳，如何穿越茂盛的灌木丛，如何爬上爬下、爬进爬出，还有如何不理会干扰，比如南希的"威士忌"（Whiskey），一只体形硕大、长着斑点的东欧牧羊犬。作为索罗的"死敌"，他站在铁丝网附近不断吼叫着，似乎在咒骂，担心这个新来的"暴发户"取代他的地位。

当谈到犬类的探测工作时，迪克说，人们往往忘记技能的发展需要时间。狗与人一样，在它们的能力尚未被遗忘之前，需要有一次学习的机会。我正要给索罗一次机会，即使他可能不会给我的手指一次机会。

先把科学放一边，有经验的工作犬训练师都很清楚做事情的顺序。你得先打好基础。可以用建造房屋来做贴切的比喻。如果没打好地基，那你放在上面的任何东西都不可能维持住。你将得到一只摇摆不定、无法信赖的狗。一只不会将目光固定在奖励上的狗。

🐾 🐾 🐾

爱丽丝跳了起来，她突然想到，自己从来没有见过兔子穿着有口袋的背心，更没有见过兔子还能从口袋里拿出一块表来。带着强烈的好奇心，她穿过田野，紧紧追赶那只兔子，刚好看见它跳进树篱下面一个巨大的兔穴。

——路易斯·卡罗，《爱丽丝梦游仙境》，1865 年

此时此刻，索罗正盯着那些桶，无视我的存在。无论有什么有趣的事情发生，肯定都来自这些桶。索罗喜爱这些桶。有时也可能是另一种情况。虽然这种基础工作对建立工作犬未来的稳定性必不可少，但有时也会让你和你的狗感到厌烦。特别是当你忘记事情本应该很有趣的时候——那些过于投入的牵犬师（比如我）就很容易这样。在这种时候，一种小魔术就可能派上用场了。有一天，在没有索罗陪同的情况下，我去参加了一场魔术表演，并向一位精英训练师学习如何让打基础的工作变得对牵犬师和狗同样有趣。

在充满各种欺骗手法的人类世界中，藏球游戏可能是最古老的骗局之一。关于这种游戏的插画和详细记载可以追溯到古希腊。远在扑克牌出现之前，这是在街角进行一场快速"三张纸牌猜赌游戏"的最简

易方式。藏球游戏包含了误导、灵巧的手法，以及观众的参与和对观众的操纵。在世界各地热闹的街道上，骗子们摆出道具，利用人群中的托儿将容易受骗的人拉下水。受骗者通常一开始会忍不住观看好几遍，然后觉得自己也能玩转这个游戏。很快，上钩的人把钱输光了，骗子和他们的托儿也消失不见。

加拿大人凯文·乔治（Kevin George）是一位魔术师，一位训犬师，同时也是一位培训师。在成为训犬高手之前，在尝试训练一只大象和一头熊之前，在当警察之前，在成为马场小丑和指压按摩专家之前，凯文是一个热爱魔术的孩子。他喜欢学习如何将手指收拢再展开，就像出笼的鸟儿一样，他还将硬币从耳朵后面抽出来。这种对魔术的热爱一直伴随着他，几十年来，他训练犬类去咬坏人，去搜寻毒品，去追踪失踪的儿童和罪犯，有时找到的是活着的，有时已经死了。

每一种基础训练的方法都来源于一个独特的问题。倒回至1978年，凯文有一只不愿意好好进行搜索的巡逻犬。这是一只德国牧羊犬，总是一副张嘴打哈欠的模样。凯文想，是不是能用魔术来激励一下它。他希望教会这只狗充满激情地进行搜索，合理地来回寻找目标，彻底地覆盖搜索区域，充满兴趣而不是愤世嫉俗，还要将头伸到封闭空间里。这是一项难以完成的任务。凯文用魔术板箱达到了这个要求。

由于在西雅图参加犬类研讨会时索罗还不在身边，因此我被指定为凯文的魔术师助理，帮助他完成"箱子魔术"的表演。凯文练习的是最纯粹的魔术：误导的艺术加熟练的手法。他教导人们如何教导自己的狗。培训师的工作是训练牵犬师，而牵犬师的工作是激励狗。但是，牵犬师只有在自己的热情被激发之后，才能够激励他们的狗。"任何傻子都能训练出优秀的狗，并且让它更优秀。"凯文说道。

为了训练人们去激励他们的狗，凯文先让人们在箱子里面思考。在西雅图那个炎热的秋日，凯文坐在很小的一片荫凉里，而我听从他的要求。我知道自己不会被锯成两截，也不会有刀子飞向我。凯文的魔术表演所需要的，只是一些狗和牵犬师，以及在草坪上平行放置的5个板箱，纸箱之间的间隔为3到4英尺。我往纸箱里看，四下摸索。它们是空的，任何一个里面都没有气味源。

作为魔术师的助理，我或许不应该泄露魔术师的秘密，但我确实得到了凯文的允许。作为魔术师助理，我的工作是，在放好箱子之后，站在那里牵着狗，像个男管家一样面无表情。每一只狗——从失明的史宾格犬到那只疑似哈巴小猎犬（巴哥犬和小猎犬的混血种）的矮胖小狗，再到一只相当小巧、名为"松露"（Truffle）的乞沙比克猎犬——都成为凯文·乔治的"五纸箱猜赌游戏"中轻信的受骗者。

凯文，一位身材矮小、充满幽默感、满头白发且身材宽大的帕夏*，引导着牵犬师们大出洋相。"如果你不能像疯子一样，那你就无法成为一个好的训犬师。不要害怕做那些会让狗觉得你很有趣的事情。"凯文对他们说道。

我牵着第一只狗，那个牵犬师开始做出疯狂的举动。她扮演着纸牌猜赌游戏里骗子的角色。她在那只狗的鼻子前面摇晃着它最喜欢的玩具，然后跑开，尖叫，用力甩着玩具，似乎要把玩具的小脖子拧断。她十分费力地拿着那个玩具，就像抓着一只活兔子的耳朵把它提起来

---

* 奥斯曼帝国行政系统里的高级官员，通常是总督、将军及高官。

一样，跑向一个板箱。那只狗作为此次骗局里的受骗者，正专注地盯着——它忍不住这么做——玩具消失在板箱里，就像一只兔子逃进自己的洞穴。牵犬师随后回到狗的身边，狗已经疯了似的拉着我的手臂。我不为所动地站着，努力不显出畏缩的神色。我把兴奋的狗交给牵犬师，而她马上解开了皮带。狗飞快地跑到箱子里，牵犬师跟在它后面。噢耶! 玩具找回来了! 好开心，好高兴。

我们把同样的事情又做了一遍。作为游戏里的受骗者，狗很有自信，认为自己不会失败。他看着，知道玩具的确切位置。多么冷静，多么简单。愚蠢的牵犬师。愚蠢的牵犬师帮手。到了第三回合，游戏变了。牵犬师跑到第一个箱子处，假装把玩具放到箱子里。接着她走到第二个箱子旁边，把玩具悄悄地放了进去。她又走回第一个箱子，显得很兴奋，似乎玩具就放在里面。她骗过了自己的狗。完美的误导。

凯文再一次向所有人指出，关键的一点是要表现得像这位牵犬师一样愚蠢，并且显而易见，就像一出糟糕的情节剧。

放开皮带之后，那只狗跑向了第一个箱子。当然，他什么也没发现。那个箱子里有狗的气味，有主人的气味，甚至有玩具的气味，但就是没有玩具。背叛。迷惑。愤怒。这只狗把箱子翻过来，还是什么都没有。然后，他向四周看了看，发现几英尺外还有另一个箱子。或许他嗅到了一丝玩具的气味，此时的风刚好帮了一下忙。他跑向那个箱子。哇喔! 看! 我的玩具!

所有人都欢呼起来，仿佛在观看布朗克斯区街角的一场"三张纸牌猜赌游戏"。那只狗欢呼雀跃，使劲摇晃着他的玩具。他上钩了。

"当人们感兴趣时，他们会被钓得死死的。他们不喜欢无法成功的感觉，"凯文指出，"他们会投入更多的钱，然后是更多的钱。"那只狗没有很多钱，于是他投入了越来越多的"干劲"。有趣的是，他的牵犬师和其他观看者同样如此。所有观看的人都很投入。那只狗被骗到了。这就是你首先想要得到的效果。

凯文把双手交叉放在腰上，微笑着。骗局中他最喜爱的部分要上演了。相对人类，狗有着巨大的优势。没错，狗也长着眼睛和耳朵，但它们还有鼻子。尝试寻找玩具的狗很快意识到，不能相信自己的眼睛和耳朵，于是他就不再使用这两种感官。他不去听牵犬师如何尖叫，不看她如何不可靠地调换箱子，也不会向她询问怎么解决谜题：妈咪，帮帮我吧，我的玩具呢？相反，随着游戏的进行，他开始利用远古哺乳动物祖先——外形类似鼩鼱的吴氏巨颅兽——留给他的宝贵遗产：他开始自己思考和嗅探。所有的狗都会这么做。一开始它们轻易就被牵犬师和自己的眼睛欺骗，接着开始使用鼻子，靠自己来解决问题。很快，这些狗就有条不紊地快速搜索完草坪上横向排开的 8 个箱子，用鼻子把它们翻了个遍。不管牵犬师怎么做，他们都要靠自己来找回玩具。他们不再是容易受骗的笨蛋。凯文已经教会牵犬师们如何激励他们的狗，使它们对搜索产生越来越高的兴趣。

关键的一点是，工作犬应该具备领导能力，能够独立决定去哪里搜索以及怎样搜索，而不是畏畏缩缩地望着牵犬师寻求提示。大多数训练员都会提到，这种关系与我们平常和家养宠物之间的关系是截然相反的。

那天我目睹了大约 20 只各种形状、体形和个性的狗的表现。它们都上钩了；它们都想要同样的东西。有一只体形硕大、对其他狗很凶的巧克力色拉布拉多寻回犬意识到可能会在箱子里找到更好的东西，它甚至踩到了其他狗的口套上。狗？什么狗？我的玩具呢？

"狗本身总是处于兴致高昂的状态，"凯文指出，"它们非常清楚身边发生的事情。如果足够有趣，即使最简单的东西也会使它们沉浸其中。"

随着增加的箱子越来越多，"看起来就会像把纸牌扇形展开"，凯文一边说道，一边松开拳头，手指波浪式地一根一根展开。这些狗在箱子之间跑动，像专家一样鉴别气味时，它们体验到的是一种理解力的连续进阶。凯文的灵活手势显示了两个重要含义，一是学习中要循序渐进，二是要记得使一切保持魔力。

🐾 🐾 🐾

在和索罗相处的初期，我不知道如何使事情保持魔力。我尝试遵循基础的指导。就在我开始掌握搜索过程的节奏——猛冲过去，得到奖赏；猛冲过去，又得到奖赏——时，索罗开始感到厌倦了。很快他就不再理会肝脏狗粮。重复的事情很快就会变得无聊。打个比方，从本质上说，当索罗想要解析段落的时候却还在学习语音部分。当然，我也一样。但是，我所阅读的已经远远超出《寻尸犬手册》一书的内容。我知道，我们的要求——在索罗的基础还没有完全巩固之前就越过机械性的气味铭记——并不总能称心如意。

南希也参与了我们无聊的训练。我们没有放弃用桶，但她增加了另一些东西。她从宽大的帆布裤子口袋里掏出了比肝脏狗粮更有意思的

东西。我小心翼翼地拿过来。这是一根聚氯乙烯（PVC）管，直径大概
2英寸（约合5厘米），长9英寸（约合23厘米），上面钻了许多小孔，
两端用"紫色水管工"（purple plumber）胶水粘牢。管子里放着用布片
包起来的一小块尸体碎片，尸体的气味缓慢地从小孔渗透出来。我闻了
闻，部分是为了再次确认自己能做到南希所做到的事情：把它放在裤袋
里而不会有丝毫的犹豫。一位年老、独居的阿拉巴契亚山区女性，由于
痴呆症而越来越意识不清，从自己的小屋里走了出来。家属们找到她的
尸体时，她已经死了12天。我认为自己知道人类腐烂的气味，因为青
少年时期我一直在护理院工作。但是，这根管子里的气味与我记得的那
种腻人的甜味完全不同。这是一种轻微的干燥霉味，像橘子表面的霉
菌，而不是蔬菜格里土豆腐烂到流出液体时的味道。只要一缕带有干
燥体液的衣物材料，就足够用来训练索罗了。

在管子里的有可能是任何一个人。尸体气味在化学上是有共性的，
与个体无关。无论如何，我还是情愿相信：将索罗和我引入寻尸犬工作
的是一场温和的死亡。事实也可能并非如此。南希对此无所谓。她不
是一个多愁善感的人。她希望将自己的遗体捐赠给田纳西大学的人类
学研究中心，最好是在所谓的"尸体农场"*。这样她就能躺在某个山坡
上，慢慢分解腐烂。如果是在露天空气中就更好了，既不要用防水布盖
着，也不要赤身裸体。如果不能这样的话，她说，她更愿意把自己的遗
体分享给不同的搜索队，供他们进行训练。

索罗开始明白这根管子是条"大鱼"。这意味着乐趣，并将最终教

---

* Body Farm，研究人类尸体在不同条件下分解及腐烂的场所。

会索罗——甚至比用桶的效果更好——气味才是他要寻找的东西。南希把管子拿到索罗面前。"好鱼。"她说道。

他嗅了嗅。没错。随便吧。有点意思，但不像"威士忌"那么有意思。接着，南希开始跳来跳去，既夸张又灵活又愚蠢。她四处挥动着管子，使其看起来似乎有不可抗拒的魔力。她鼓励他来咬管子，然后又把管子拿走。他追过去，咬住管子，用力地拉过去，她放开手，把管子给了他。他赢了。我的天，你是一只多么强壮、多么魁梧的狗啊！

在工作犬的世界中，当你为后续工作打好基础时，狗就必须不断赢得胜利。它们得到想要的一切，它们被鼓励去追逐、去抢夺、去噬咬、去摇晃、去杀戮。有个问题是，人们往往害怕跳来跳去，甚至更害怕会输。达勒姆警察局警犬队的迈克·贝克（Mike Baker）警官经常对那些新来的牵犬师——他们动作僵硬，显得很紧张——说，得把深沉的声音提高起来，显得愚蠢一些："拜托！能不能比在树上撒尿更兴奋一点啊！"

对索罗来说，那根PVC管子比"威士忌"更令他兴奋。到了不再需要这根管子作为开始训练的工具时，我们把它送给了另一只正在训练的寻尸犬。它已经完全达到了目的——将玩乐的概念与人类尸体的概念永远绑定在一起，铭刻进索罗的大脑。

这期间经历了许许多多次重复的训练。一开始，"鱼"就是那个被扔出去的玩具，索罗寻回它，跟它玩耍。后来，玩具被藏在院子里或者屋里某处很显眼的地方，"去找到那条鱼！"再后来，我会拿出一个玩具，假装要把它扔出去，然后悄悄地藏到腋下或裤子后面的袋里，我伸出空空如也的双手，叫他去其他地方把"鱼"找回来。最初几次，他紧紧地盯着我。我知道它在哪。你的手并不干净。接着他就进入了游戏状态，在跳着跑开之前发出嚎叫。毕竟，这比起在树上撒尿要刺激多了。我正在慢慢地引导索罗，使他明白，他有时候必须自己解决问题，而不是望着我来猜答案。

在他发展自己独立性的同时，我也开始告诉自己，一只在搜索气味时用牙齿把梅森瓶从桶里拖出来的狗，算不上是一只坏狗。他只是一个混蛋。

马西娅·凯尼格的德国牧羊犬"郊狼"是一只出色的寻尸犬，找到过几十个人。她依然记得她这只出生于愚人节、喜欢恶作剧的狗在参加联邦紧急事务管理局（FEMA）的测试时让她窘迫不堪的情景。这项测试要求犬只具备敏捷性和服从性。然而，这只小小的青黑色牧羊犬对测试感到很无聊，于是拖起为考试准备的锥形路障，跑了。郊狼没有通过考试。马西娅叹叹气，又从头开始艰苦的任务：训练郊狼学会服从。

9 天之后，郊狼发现了一位凶杀案受害者脱节的骨头。这是她的第一次发现，但远远不是最后一次。

有一天，南希开始让索罗与我用桶进行训练后不到两个月，有情况了。索罗疏导了他的能量。在一片混乱中，事情终于开始有点像样了。

我给琼发邮件，兴高采烈地写道："他当时直接跑过那个藏好的、用薄纱棉布盖着的梅森瓶。气味缓慢地从瓶口渗出来。他从狂奔状态来了个紧急刹车。他竖起尾巴，身体僵住，然后转了过来。当时的场面很可爱——再明显不过，他的鼻子告诉他，'就是那个气味！'正是他的鼻子让他停了下来，虽然那时他的脚还想继续往前跑。"

第六章　升华

那种气味……最为接近的便是麝香，然而嗅觉器官感知到的却更加微妙，更加难以捉摸。

——A. B. 艾沙姆（A. B. Isham），医学博士，药物学教授，1875 年

一个人从死去的那一刻起，身体就开始腐烂，而不同细胞腐烂的速率不尽相同。片刻之前，数以万亿计的细胞还在身体里不停忙碌着，心无旁骛地尽着自己的职责，完成有意识和无意识的身体功能，然后，突然之间就放弃了，全部失去了活力。研究者认为，这一过程是从心脏停止跳动的那一刻开始的。某种轻得难以置信的东西离开了身体，几乎在刹那间就消散不见。

在此之后，一些事情发展迅速，另一些则缓慢进行。甚至各个器官死亡和腐烂的速率也各不相同。头发是最后分解的东西之一，然后是骨头，还有牙齿，在我们活着的时候它们似乎异常脆弱，但却一直保留着。这一过程被称为"埋藏学过程"。用可能最恰当的术语来说，尸体变得"少了组织性，而对外界的影响更加易感"。

这里面都包含某种复杂的自体消化和细胞间屏障崩溃，以及各种不受抑制的酶。苍蝇知道这些。它们在死亡发生几分钟之后就能找到尸体。训练有素的寻尸犬知道这是最佳时机。

一具正在腐烂的尸体，特别是在户外条件下，并不会自动变得很难闻。这取决于人体出现在那里的天数和月份；周围的温度多高，盛行风向如何，还有湿度等因素的作用；此外，在尸体归于尘土的过程中，昆虫和其他动物又可能扮演着什么角色。我曾经在一家研究人体腐烂的机构，站在离一具搁了两个月的尸体仅数英尺远的地方，一种甜丝丝的气味飘到我鼻子里，让人联想到皮革和培根。有些具有通感能力的人恰如其分地称这种气味是"黄橙色的"。在下一瞬间，气流轻微地变化了一下，我就闻不到任何东西了。

人体的腐烂要比人们宣称的更加复杂，更加多样。美国最高法院前大法官波特·斯图尔特（Potter Stewart）在谈到色情出版物的时候说："我一看就知道。"不过，在人体腐烂的问题上，我们却不能"一闻就知道"。

除了食物、酒和植物，我不会对其他东西的气味沉溺太久。这并不是在假装自己有男子气概，恰恰相反，这是某种接近人类本性的东西：我们的大脑固执地想避开腐烂，哪怕是韩国泡菜或其他发酵的美味。因此，尽管我在处理训练用的样品时不能有一丝害怕，我也不会把它们的气味扬到鼻子下，花时间去分辨其特殊的气味组成。当然，气味会不可避免地钻到我的鼻子里。我已经闻过足够多样的人体腐烂气味了，或者可以这么说，我其实什么都没闻出来。如果要更准确地描述这种气味，我会觉得很为难：它并不是"明确无误"和"令人难忘"的。这些都是在情感上令人欣慰的形容词；我们希望人体的腐烂是特别的，独一无二的。我们希望在自己死去的时候，不单是某种腐烂的生物体。

但是，还有许许多多"假冒"人体腐烂的情况存在，这不仅仅是在动物界中。在苏门答腊的森林中，在世界各地的专类植物园中，有一种在气味上能以假乱真的植物——尸花。这是世界上最大、最丑和最难闻的花朵之一，每六年开一次花。它的学名是 *Amorphophallustitanum**，意思是"巨大的畸形阴茎"。我很想看一下这种花，但不想闻它的味道。尸花通过释放腐胺和尸胺来吸引昆虫，包括丽蝇、麻蝇和食腐甲虫。在寻尸犬的训练中，也经常用到腐胺和尸胺等腐烂过程中产生的化学物质，尽管许多研究者已经指出，尸体被埋葬时并不会挥发出这些化学

---

* 中文名是巨花魔芋，又称尸花、泰坦魔芋。

物质。此外,这些物质十分常见。一旦你开始嗅闻,这些气味就会到处都是。北卡罗来纳州的红黏土中,有些矿物质也会散发出类似死尸的气味。我经历过不止一次劳而无功的挖掘,犯罪现场的调查员说,他们清晰地闻到了人体腐烂的气味,但就是没有任何发现。

虽然自人类诞生以来,人体死亡的气味就一直伴随着我们,但很少有研究者深入了解过这种气味。相比法医剧集《识骨寻踪》(Bones)所受到的追捧,相比法医学家对蛆虫、皮肤滑脱(skin slippage)和腐败物质热力学性质的了解,对人体腐烂散发的挥发性化合物的研究才刚刚开始。尽管早期医学中已经有一些人着迷于死亡的气味,并以此来进行医学训练,但对于今天的大多数科学家和化学家而言,"死亡气味"(odor mortis)是新的研究前沿。法医人类学家阿帕德·瓦斯(Arpad Vass)和他的同事们已经鉴别出将近 480 种来自腐烂尸体的挥发性化合物。阿帕德认为,当他们完成 DOA 数据库——DOA 指代"腐烂气味分析"(decomposition odor analysis),而不是指"死神来了"(dead on arrival)——时候,将会鉴别出接近 1000 种有机化合物(不过并不都是挥发性的)。正如阿帕德用他那略微变调的德国口音所说的,正在腐烂的人体就是"一堆污染物"。

为什么要费力地分辨出这堆乱糟糟的污染物里含有的化合物呢?原因在于,这些知识最终将帮助我们制造出一种能探测死亡气息的仪器;或者帮助科学家开发出更多有效的模拟气味来用于犬类的训练。

如果这一新领域是为了搞清楚空气中哪些化合物来自腐烂的人体,那么,了解狗的鼻子从空气中采集到什么物质,以及如何将这些物质翻译成关于人类遗体的信息,就将是另一个巨大跨越。没有人知道狗到底在嗅什么。我们不能问它们。最可能的情况是，它们嗅的是许多混合在一起的东西。

"这是比任何法医学样品都要复杂得多的化学混合物。"佛罗里达国际大学的分析化学家肯尼思·富顿（Kenneth Furton）说道。他和一个由科学家、训练师以及执法机构代表组成的小组正尝试开发一套全国性的最佳嗅探犬训练方法。创造一套最好的训练方法已经是不小的挑战，而团队面临的最大挑战之一，是了解狗在参与嗅探腐烂尸体的训练时能达到多好的表现。"人类遗体探测中的知识空白比其他任何领域都要多。"富顿说道。

相比人类的遗体，我们发明的东西——炸弹、加工好的毒品、地雷等——在化学上都很简单。不过，腐烂的人体并不完全像黑洞一样难以理解。还没有人能完美地解释为什么优秀的寻尸犬觉得人类尸体独一无二或者很有意思——例如跟郊区住房里的垃圾相比。但是，我们知道，一只训练有素的狗能分辨出死人、死鹿和过期的山羊奶酪，或者其他同样腐败恶臭的东西之间的区别。阿帕德指出，寻尸犬对死去的绵羊比对其他物种更为警觉；他认为，有些狗会被绵羊死去之后散发的大剂量的硫迷惑。我们也会散发出硫。

阿帕德还指出，尽管绵羊在化学成分上可能与人体很接近，但二者之间还是有若干显著的差别。我们摄入的化学物质可能扮演着重要角色。阿帕德的实验室和另外一两个实验室发现了一些似是而非的证据，表明我们吞入或吸入的化合物——从加了少量氟的水到哮喘吸入剂——可能在一定程度上影响了我们死后独特的气味。不难联想到，我们正在腐烂的身体或许能透露出我们生前一直接触的许多化合物的神秘信息。但是尚未解答的问题是，这些化学物质是否转变成了对狗意义重大的挥发性化合物，虽然当阿帕德对人体腐烂释放出的气体进行测量时，似乎还发现了致癌的四氯化碳。"我们吸收了比所需剂量多得多的化学物质。"阿帕德说道。

我们已经有了相当多的证据，表明狗在搜寻已有几百年历史的人类遗体时表现也很出色。这些遗体的年代，远在碳氟化合物、氟利昂、氟化合物、有机溶剂、有毒清洁剂和抗生素等物质出现之前。在饮用水中不含氟的乡村地区，狗能找到那些一生中大部分时间都饮用井水的人。家养宠物也会摄入大量含氟的城市饮用水以及其他化学物质，而训练有素的狗并不会对它们的尸体发出警报。

阿帕德相信，他们即将揭开狗觉得人类尸体既重要又独一无二的原因所在。掩埋的尸体具有更为模糊的化学"肖像"，可能释放出与地面尸体不同的挥发性化合物。阿帕德觉得，自己已经知道狗在掩埋现场会对哪些挥发性化合物发出警报——可能只有区区 30 种化合物——但他还没有进行验证。这些气态化合物必须存在于土壤表面，使狗的鼻子能够采集到。即使是骨头，也具有 12 种可探测的挥发性化合物。

可能存在某种独特的挥发性化合物——当阿帕德及其同事在尸体周围开展研究时，这种化合物几乎不会被气相色谱仪分析出来——在被狗的鼻子嗅到之后，会立刻激活狗的大脑，就像一台弹球机一样。或者，也可能是少数几种化合物，或者是好几种化合物以各种有趣的方式组合在一起。当你把狗发现人类遗体时的各种状况——从刚刚死亡的新鲜尸体到数百年前的干尸——都考虑到的时候，可能性就变得令人眼花缭乱。举个例子，阿帕德指出，一具有着完整消化系统、内部有无数微生物在不停忙碌的尸体，其散发的气味特征就与散落的残肢非常不同。

　　尽管我们不知道狗嗅到的到底是哪些化合物，但它们就是能找到人类尸体。这其中必定有什么原因。并不能仅仅因为没有一种说得通的科学理论解释，或者缺乏某种可控的简易测试方法，就认为这种情况不存在。

　　寻尸犬发现人类尸体的能力或许类似于人类识别面孔的能力。研究者对面孔识别的机制还没有很清晰的认识，但这几乎是所有人都可以毫不费力做到的事情——无论从什么角度，即使是在光线很糟糕的时候。尝试将这种识别分解到部分（就是那些大块的颧骨！）是行不通的。必须是整个脸庞。在人脸识别上机器都还没有人这么熟练。

　　因此与人体腐烂有关的挥发性化合物有哪些，比例如何；哪些化合物会被狗识别为尸体气味，这两个科学问题在很大程度上可能是重叠的。当然也可能不是，谁在乎呢？好吧，我们总喜欢知道些什么。这两个问题的答案，或许会帮助我们找出为什么有些狗会被腐烂的树（比如悬铃木）吸引，或者跑到沼泽地里寻找腐烂植物。将狗所嗅到的与人体腐烂显著相关的气体成分分离出来，或许有助于牵犬师和训练师确定哪些训练辅助用品最好用，并找出保存这些材料的最佳方法。最终，这些知识或许将带来比目前使用的模拟气味或其他化学物质更加接近现实的合法、安全的训练辅助手段。

　　这一新的研究领域已经开始颠覆旧观点了。一些训练师和牵犬师——以往持该观点的人更多，但现在还有少数——宣称，猪肉样品是仅次于人体样品的寻尸犬训练材料。这一说法有很大的吸引力。猪肉的量很大，而且是一种法医学备用品，是研究人体死亡和腐烂的模型。用猪肉来做训练材料不会引起任何伦理上的争议或混乱：你只要从杂货铺的猪肉柜台买几块带肉猪排骨就可以了。不过，正如阿帕德指出的，人的尸体和猪的尸体在化学成分上有着非常大的区别，"猪的气味与人类的很不一样，我们对此有详细记录。"

南希·胡克对那些在训练一开始就用猪肉作为训练材料的牵犬师很不屑。对她来说非常简单："猪不是人。"

玛丽·科布克（Mary Cablk）是内华达州沙漠研究所的助理教授，她既自己训练寻尸犬，也从事有关侦察犬可靠性的研究，并且将"猪肉问题"做了进一步扩展。她和身为分析化学家的丈夫，内华达大学雷诺分校的约翰·扎格比尔（John Sagebiel），对鸡、牛和猪身上的挥发性有机化合物与人类尸体进行了比较。他们的结果应该可以对几十年来许多训练师和牵犬师宣称的"猪肉样品是仅次于人体样品的最好的训练材料"盖棺论定。研究显示，我们人类腐烂时的气味更像鸡肉而不是猪肉。或许换个说法会让人好受一点，我们闻起来就像全食超市（Whole Foods）里卖的有机鸡肉。

……突然间，伴随着死亡降临，横杆末端掉下来碰到下端线（lower limiting bar），发出清晰的声音……损失的重量很确定就是四分之三盎司。

——邓肯·麦克杜格尔（Duncan McDougall），医学博士，"关于灵魂物质的假说"，《美国心理研究学会杂志》（*Journal of the American Society for Psychical Research*，1907 年）

几十年来，寻尸犬牵犬师和训练员已经目睹自己的狗找到了无数人类尸体。尽管如此，并没有任何严格的科学研究显示狗在这项工作上能做到多好。它们确实能找到：犬类一直在告诉我们它们嗅到了腐烂的人体。没有人知道它们因为什么而发出警报，除非有一具尸体，或者尸体的一部分作为无可辩驳的证据出现在那儿。不过，让它们发出警报的是尸体的哪一部分呢？人体死亡多久后狗才会探测到某些东西呢？那种气味在人体死亡之后能持续多久呢？而且，对狗而言，那种"气味"是什么呢？

尽管有许多研究分析了工作犬嗅探毒品和炸弹的可靠性，但几乎没有科学研究涉及寻尸犬。这是一项很麻烦的工作，而且在寻找结论性数据的过程中现实情况方面的因素也会让科学家感到苦恼。搞清楚一只缉毒犬如何发现纯海洛因已经足够困难；弄明白寻尸犬如何找到近乎含有无限变量的死尸似乎就更不可能了。

科学上的不确定性并没有妨碍世界各地的人们用狗来帮助确定死亡的气味配方，从一颗牙齿散发出的最微弱的气息，到整个尸体发出的令人窒息的恶臭。零散地出现了少数小规模的研究，比如1999年德布拉·科玛（Debra Komar）对寻尸犬在加拿大搜寻人类尸体能力的研究，另一项发表于2003年的研究，涉及犬类在美国东南部搜寻埋藏尸体的过程。2003年的这项研究非常准确地指出，"牵犬师会影响寻尸犬工作结果的可靠性"。

经过很长时间，在21世纪刚开始的时候，终于有人针对寻尸犬探测最微弱的死亡气味的能力进行了一次可控的科学研究。当时一系列不幸的事件——涉及寻尸犬的几乎总是这类事情——创造了一个完美的时机，使一个小型、别致的科学研究设想得以实现。

德国汉堡市的一位女士，在 2005 年的一次游艇航行中失踪了。显然，她与丈夫的这次出游并不是很开心。丈夫报告了她的失踪。他说，她肯定是掉下船了。汉堡警方派了一只寻尸犬到船上，这是一只比利时玛连莱犬，它激烈地跟牵犬师交流，提示在游艇卧室的床垫上发生过一些很不好的事情。

床上并没有尸体。没有血液。没有组织。肯定有什么气味痕迹进入了这只比利时玛连莱犬的鼻子。谁知道呢？床垫可能是气味很糟糕的地方，哪怕是在最豪华的游艇上。无论如何，没有尸体、组织或血液，就无法立案。

然而，检察官却愿意相信狗的鼻子。他联系了法医病理学家拉斯·欧斯特赫维格（Lars Oesterhelweg），后者当时在汉堡的法律医学研究所任职。检察官请求欧斯特赫维格进行一项研究，不是复制整个游艇，而是提供更加确实的证据，证明狗能在没有特定的法医学证据——如血液、组织或骨头等——的情况下，还能够嗅出曾经发生过的死亡。

为了这项研究，欧斯特赫维格和他的同事们使用了两个去世不久的人的尸体，暂且以 A 和 B 代称，其年龄分别是 60 岁和 63 岁。他们都是在汉堡市街头昏倒并死亡的。他们去世前都曾同意将遗体捐赠出来用于医学研究。A 和 B 可能从未想到，他们的遗体会被人以如此令人愉快，而且毫无损伤的方式派上用场。在死亡之后，他们的遗体马上就被用棉毯包裹起来，送到当地医院的内院。在露天庭院中，事先放了一张新的桌子，盖上全新的方形地毯，然后遗体被放在地毯上分别放置 2 分钟和 10 分钟。欧斯特赫维格不希望有任何来自医院的污染。方形地毯收集到的只有死亡时间仅两小时的尸体所间接暴露出来的东西：没有组织、体液、血液、细胞和脱氧核糖核酸（DNA）。我头脑中浪漫主义和不干预主义的一面喜欢将这一切想象为 A 和 B 献身医学的开始和结束：他们的遗体被温柔地包裹住，短暂地放置在方形地毯上。但是，这种良好的尸体利用方式或回收方式，在现实中是不存在的。

接下来两个月里，汉堡警局的三只寻尸犬被要求在一堆方形地毯中，向牵犬师指出含有尸体气味的那张地毯。世上最神秘的气味对这些狗来说毫无神秘感。其中两只狗，简称为 B 和 L，几乎达到 100% 的准确率。另一只被称为 K 的狗也达到了90% 的准确率。这就是工作犬的现实状态。少数非常优秀，有些称得上非常好（其他的就很糟糕了，这一部分并没有在研究中呈现出来）。这项小型研究的结果是：即使死亡不久的尸体只在地毯上放了很短时间，训练有素的寻尸犬也可以从小块地毯样品中嗅出微弱的残余死亡气味。

欧斯特赫维格以一种科学化的强烈情感写道，研究显示，训练有素的寻尸犬是"一种可用于执法的卓越工具"。我尝试查明那位检察官是否继续追踪这一案件，但一无所获。我从未如此强烈地希望自己能够用德语与人交流。

每项研究都有局限性。这一研究也未能解答如下问题：狗在那些方形地毯里究竟嗅到了什么？根据研究，它们可以做出可靠的警报，但是刚死亡的人体发出的气味里究竟有什么呢？

阿帕德带着渴望的神情问我，那位德国法医学家是否对那种死亡早期的气味做过顶空实验（headspace study）？他们是否对地毯下方空间里的挥发性物质做过测量？我对此很怀疑，但我可以看出阿帕德为什么想要得到这一信息。当捐赠的遗体被运到田纳西大学人类学研究中心时，腐烂情况已经非常严重。阿帕德认为，在死亡后几秒、几分钟内，一些气体包括氨气、氢气、二氧化碳和甲烷等的分子，是有可能从尸体中逃逸出来的。这类气体不会占太多重量。

它们比空气还轻。

🐾 🐾 🐾

人们花了更多时间去为训练的细微差别担忧，而很少走到外面去训练他们该死的狗。我们的狗非常宽容，所以你要尝试使用一些线索。看看你的狗能做什么吧。这并不是一个可恶的未解之谜。

——安迪·雷布曼，2012 年

针对每种工作犬的训练辅助方法都各有挑战。如果你在训练一只能嗅探臭虫的狗，你就必须找到一种喂饱臭虫的方法，使它们自在地生活（又受到控制）。如果你在训练一只嗅弹犬，你就必须能淡定地在汽车后备箱里放上硝化甘油和火药。

如果你有一只寻尸犬，你就会遇到各种各样的补给和储存问题。多样化的训练材料很关键，而这些被称为"decomp"（与腐烂尸体有关的）的材料有各种各样的来源：从手术纱布上的新鲜血液，到从内战墓地上满怀深情地取来的泥土，再到密西西比三角洲已有 600 年历史的骨头。

对索罗来说有利的一点是，北卡罗来纳州涉及寻尸犬训练材料的法律还相当合理。南希前夫的那颗智齿只是开始，索罗还需要更多样的材料来进行训练，从新鲜的到老旧的再到古代的。尽管是在规模较小的水平上，但这些材料都能模拟他在树林、埋藏地或者废弃建筑里可能找到的东西。因此，当我在大学办公室里回复一位学生的电子邮件时，我发现自己分心了，向加利福尼亚州伯克利的"骨头屋"*邮购了一个搜救犬训练包——事先我还给州法医部门的一个人打电话询问是否合法，没错，是合法的。当订购的东西寄到时，我感到十分开心：这是一个很小的盒子，里面放着一根象牙色的胫骨和一些趾骨。这些趾骨看起来与包裹它们的小块泡沫塑料太像了。

　　不到一年之后，有证据显示，在公共博物馆里进行的"人体塑化尸体展"（Bodies: The Exhibition）有部分展品来自中国的监狱。我怀着好奇心，开始对自己从"骨头屋"订购的商品可能的来源进行研究。虽然结果不是很确定，但我意识到，需要寻找其他来源了。很明显，骨头屋也在这么做，他们的网页上这样写道："我们很遗憾地通知您，我们库存中损坏和褪色的骨头，原本要用来制成搜救犬训练包，现在已经全部销毁了，我们将有一段时间不能提供这些产品。遗憾的是，目前完全没有人体骨骼流入美国。虽然我们也在寻找可能包括更多这种'犬类性质'的标本货源，但尚未联系到可能的进口商。"

　　在清洁牙齿之后，我与牙医交谈了一会，询问是否能拿走几颗臼齿用于训练。他高兴地提供了几颗臼齿，并体贴地暂时借给我一块下颌骨，想看看索罗会有什么样的表现。这块骨头来自一个解剖教学用的头

---

* Bone Room，一家礼品店。

骨，放在他办公室里已经好几十年了。索罗有所反应，但当他把鼻子凑过去的时候还是明显吃了一惊。他对这个气味源提不起热情：就这个？我要对这么点气味做出反应？我呢，反而十分激动，并且在归还下颌骨的时候向牙医报告了结果。

　　附近城市的一位警犬队警官给了我一块毛毯，这东西来自一个处理过的自杀现场。一个温暖的夏夜，我和一位友好的死亡案件探员在一起，他以前也带过寻尸犬。我们在警犬队总部的停车场里剪切用于训练的材料：一张旧床单，在某个公寓里一具无人发觉的尸体下已经放了好几天。床单散发着恶臭，但还不致使人作呕，而且我们也不需要一整张，只要 6 英寸（约合 15 厘米）见方即可，这样我们可以把它放进梅森瓶。剪刀要用袋子装起来扔掉。我们跪在这张床单前，小心翼翼地剪裁，起身时靠脚后跟的力量往后倒。我们必须保证自己的双层乳胶手套不触碰训练材料。我们微笑着，而索罗在车里发出哀怨声，等待进行训练。那真是一个美好的夜晚。

　　我总是借用大卫的各种厨房储物容器，他在家做饭的习惯给我提供了许多好处：梅森瓶、蜂蜜瓶和果酱瓶、较大的乐柏美（Rubbermaid）和金宝（Cambro）保鲜盒，还有 1 加仑的玻璃瓶用来存放较小的瓶子，所有这些都被拿来储存索罗的训练材料。我还买了另外一些新用具。通过多种多样的搭配，可以避免索罗将任何一种容器的气味与尸体的气味联系在一起。如果被叫去法庭作证，我肯定不会被律师带进陷阱，即承认我的狗会被训练得对塑料储物容器、密保诺（Ziploc）塑料袋或者棉床单发出警报，而不是对我原本要训练他的人类尸体发出警报。

当狗找到你使用的储存材料而不是你要他寻找的训练材料，或者当它们对你布置样品时所用的手套发出警报时，是不是应该附带着给予奖赏呢？关于这个问题存在着巨大争议。一些培训师和牵犬师主张，训练材料只应该储存在有金属盖的玻璃瓶里，否则会被污染，而且你要不经意地用塑料袋训练你的狗。其他人则坚持认为，训练材料应该储存在各种物件中并放在各处：牙齿放进保鲜袋再放入冷藏室，干掉的血液放在瓶子里再放入冰箱，骨头则放在食品柜里。

几乎所有人都相信，如果你所在的州法律允许，那你可以用人体完全分解之前不同阶段的样品进行训练。这是最为理想的，从新鲜的组织和血液到所谓的"油腻骨"或"湿骨"，再到尸蜡、沙漠里的干燥人骨，甚至是火葬场的骨灰。

所有人都同意，给狗提供处于不同腐烂阶段的多种完整尸体，是非常好的训练方式。寻尸犬牵犬师对天堂的想象就隐藏在北卡罗来纳州的西部角落。西卡罗来纳大学将那里称为"FOREST"，即"法医骨骼学研究站"（Forensic Osteology Research Station）的缩写。千万不要——即使是充满喜爱之情——在这个地方的创始人面前称呼这里为"尸体农场"。这个研究站位于一座树林茂密的山上，只有一条砂砾路通到那里，其周围被巨大的带刺铁丝网包围着。

保罗·马丁（Paul Martin）刚刚从西卡罗来纳大学毕业，获得了人类学学位。他的研究工作越来越接近他的犬类工作。他曾经是一位警长兼警犬队牵犬师，后来成为了寻尸犬牵犬师。保罗·马丁还没毕业的时候就意识到，新成立的FOREST不仅可以帮助法医人类学家和他们的学生进行训练和研究，而且能帮助寻尸犬及其牵犬师。尽管保罗现在已经到密西西比大学继续研究生学业，但他还是在西卡罗来纳大学协助组织了寻尸犬研讨会，并一直持续至今。狗和牵犬师们获得了在一块 58 英尺（约合 17.68 米）见方的土地上进行训练的机会。举办这样的研讨会似乎有些古怪，但严肃的牵犬师都知道，他们和他们的狗要让自己习惯于外部世界中可能遇到的任何情况，这一点极为关键。

那些习惯于用小块样品——大部分样品即是如此——训练的狗，在面对整个尸体散发出来的浓重气味时可能会不知所措。放在地上的尸体，甚至是活人——那些躺在地上与大狗小狗玩耍过的人都知道——都可能吓到它们。我在 FOREST 观看过许多狗的反应。有些狗在面对尸体时非常犹豫，会很警觉地嗅着，然后开始往后退。苍蝇或蛆虫在膨胀尸体中活动时发出的声音能把它们吓得不轻。有几只狗咆哮起来；有些则蹲伏下来，慢慢爬向尸体；少数几只狗很愉快地靠近尸体。这很不错，但一位牵犬师担心它扑向那具油滑尸体时的激情一跃会猛拽皮带，因此迅速地矫正她的狗，而那只狗本应该因为无所畏惧而得到奖励——当然还是要防止它造成任何损失。

保罗平静地和所有人交谈，同时留意每只狗及其牵犬师，确保没有哪只狗肚皮向下跳到尸体上，同时没有一只狗会因为太过严厉的约束带矫正而气馁。他抚慰着牵犬师和狗，协商如何使用这一小片放着 10 具尸体的土地。这些尸体处于各个腐烂阶段，有的膨胀到宛如米其林轮胎广告里的卡通人物，有的只剩下骨架，还有的被埋了起来。狗的反应或者热烈，或者恐惧，它们把牵犬师往各种方向拉，牵犬师则忙着控制他们的狗，表扬它们，同时保持自己的平衡。

“她做得很好。”保罗对一位牵犬师说道。当这只边境牧羊犬最终觉得可能会很有趣，摇起尾巴直接走向尸体的时候，保罗突然低声连说几声：“好样的！好样的！好样的！”

这种非常正面的经验能让一只狗建立起寻找死者的快乐体验。

🐾 🐾 🐾

就我自己对死亡气味的了解，索罗在接触整具尸体之前还需要一段时间。这便是我们训练的最初时光。索罗当时 10 个月大。5 个月之前，我们开始与南希一起训练。那时是 2005 年 1 月，我开始去哪里都带着一个小型野餐冰箱，里面放着训练用的尸体材料。

大卫和我，还有一群朋友和狗挤进一辆租来的越野车，准备前往一个沙滩。我没有日落时分在海滩散步的浪漫梦想。我已经开始将北卡罗来纳州的各种景观视为对索罗不断进行训练的机会。大卫开着车，我望向窗外，看着火炬松人造林和废弃的预制板建筑。我们是不是能在那里训练？那片长长的、已经收割的大豆田看起来相当适合隐藏一具尸体。沙土、令人难以忍受的狂风，以及斩魔山（Kill Devil Hills）的仙人掌，一切似乎都是让索罗挑战新环境的绝佳选择。

索罗在许多地方学习过寻找他的“隐藏目标”，包括沙滩上，我们所租的房子车道末端的垃圾桶里，后院的沙地里，还有一片仙人掌里。在写训练报告的时候我十分得意。来到沙滩上的第二个晚上，我打电话到俄勒冈州，与老爸谈论了我们这次即兴的假期。我告诉他，我会给他发梅根的照片，她在海滩上兴高采烈地上下“漂浮”，就像冬雾里一只栗色的幽灵。爸爸的声音听起来很可怕，既厚重又缓慢。在他来北卡罗来纳州拜访我们之后不久，过去 6 个月里，他的臀部一直都有伤痛。虽然我们以为这是服用立普妥*的副作用，但情况并没有好转。爸爸说，只有上好的威士忌才能使他感觉好受一点。我放下电话，哭了起来。

我从未过多地跟爸爸说起我和索罗做的事情；确切地说，我不知道为什么。我无法跟他说尸体和犯罪——并非是生物学的原因，而是感觉太低微了。一部分是因为他是一位学者。我与索罗做的并不是学术，我可能坚持认为这一切是在解读气流，理解腐烂及其气味模式。另一部分原因，是他并没有完全理解我对像索罗这样的狗那份奇怪的爱。他更习惯那些会把身子挂在他身上的雌性爱尔兰塞特犬，它们会把爪子放在他那件旧羊毛衫的袖子上，用它们未经修剪的指甲温柔而又固执地把羊毛线扯出来。

再或许是某些更深层次的原因，我知道的。几天之后，当他打电话过来的时候，我们已经从沙滩回到家里。对于他终于去做了诊断的消息，我居然奇怪地毫不吃惊。我震惊的是诊断的结果如此之严重。那个时候我才知道，癌症专家总是会对第四期患者说同样的话：你还有 6 个月到 1 年的时间。即使你并没有。

索罗的训练停止了。我无法忍受一直想着死亡。无论如何，已经没有时间了。我抛下大卫一个人照顾索罗和梅根，辗转飞行，前往俄勒冈州，在剩下几周宝贵的时间里陪伴爸爸。

---

* Lipitor，一种降低血液胆固醇水平的常见药物。

那次电话之后仅过了7周，他就去世了。他穿着那件深爱的 Pendleton 羊毛浴袍进行了火化。在俄勒冈州卡斯克德山脉，他所住的房子附近的牧场上，我们把他的骨灰抛撒在风中。

第七章　一块排骨

当男人醒来后，他说："野狗在这里干什么？"而那个女人说道，"他的名字再也不是野狗了，而是'第一个朋友'，因为他将是我们的朋友，而且一直是一直是一直是。"

——鲁德亚德·吉卜林（Rudyard Kipling），《原来如此》（*Just So Stories*，

1902 年）

　狗知道答案——工作犬背后的科学和奇迹

一开始我并没有梦到爸爸。不过在半梦半醒的模糊界限中，我会回忆起他最后几星期的时光，然后坐起来，深深地吸一口气。

在那几个月里，一切都变了，一切也都没有变。索罗现在看起来像一只强有力的伶盗龙——他的头相对身子依然太大，尾巴就像一只巨大的自动舵。在我离开的这段时间里，他很想念我；他用大叫大嚷来让我知道这种想念，然后迅速跑开，叼来一个玩具，直往我衣服下摆上推：快来玩吧。他不是一只会消沉的狗。如果我神情茫然地望着他，那对他来说就是一个玩取回游戏的提示，而不是要来安慰我。在我从东海岸飞到西海岸的这段时间里，索罗与大卫的关系更加紧密。尽管我不在的时候，索罗的所谓服从训练可能会遭遇小小的挫折，但现在他和梅根却成了同伴。他们把时间花在一种歌舞伎剧场版的犬类戏剧上：全程都是在表演、舞蹈和戏弄。梅根并不热衷接触性的体育活动。我不在的时候，她已经训练索罗以一种我想象不到的方式与其他狗进行互动：既爱嬉戏又很细心，而且脚发力很轻。他还是会虚张声势，但已经对她展现出某种幽默感。他需要更多的户外时间，可以奔跑、嗅探，而且不用跟我正面冲突。和我在一起的时候，他觉得身体相接触的运动是必需的。

我考虑了一下眼前的选择。我可以继续忧郁下去。我也可以打电话给南希·胡克。我选择了打电话。父母的去世会造成一种空虚，她说道。无论你对他们的看法是怎样的。而且你是真的喜欢你父亲。走出来吧，带索罗来训练。我也这么做了。

我已经有一整个季节没去过南希位于泽比伦的农场了。上次离开的时候，那里是一片古铜色、灰色和棕色的初冬景象，尽管在北卡罗来纳州，一年四季都可能出现对色彩亮度的错误判断。南希已经将冬天的

Carhartts 工作服换成了轻便的迷彩裤，裤管收进高筒的橡胶靴。她一头金红色的头发上是一顶棒球帽，而不是羊毛针织帽。她已经成了我衡量正常状态的标准之一——她的笑声，她对世界的安逸态度，她能够同时给予指导和安慰的能力。她有能力给我当头棒喝，却不会伤害太深。她很理智，而她清醒的头脑也感染了我。

一位好心的朋友问我："你的哀伤是适度的吗？"可能不是。北卡罗来纳州 4 月中旬温和的天气很难让人有哀伤的感觉。穿过笼罩着雾气的泥泞的淡黄绿色野地，周围是无数的牛粪饼。还有牛。当我必须注意脚下并控制索罗的时候，我很难哀伤，我得让他远离"威士忌"的围栏；远离那些忽动忽停、忙着啄食昆虫的鸡；远离"洛奇"（Rocky）——南希的摩根马，他对愚蠢的狗并无好感；远离那些看起来阴沉沉、沉默不语的海福特牛。

"把你那种又高又惊慌失措的音调改一改。"南希说道。当时索罗正放低身子，目不转睛，准备悄悄靠近母牛群和它们的幼崽。我把音调降了一挡，换成了低声的"大女孩"声音。奏效了。索罗不情愿地走回我身边，我用绳套把他套住，直到我们远离那群牛之后才给他自由。他想要申明自己是这场"狗和牛"争论的赢家，因此在开始搜索之前，他跑到一处带电的围栏旁，抬起了腿。我们在 20 码外都听到了"滋滋"的电流声。他没有退缩。南希告诉我，这正是你想要在一只寻尸犬身上看到的特质。如果他能够无视那种电击，以他的解剖结构而言，那就没有什么可以击倒他了。

我也没有击倒索罗。我一周训练他好几次，为他找了几处新的训练场所。在我们当地的饲料和种子仓库里，鸽子粪和到处跑的老鼠使索罗短暂地分了一下心。在我们家街对面的商场里，新的建筑材料——包括货盘、混凝土砖和管子等——创造出一个我们进行早期基础工作的放大版现场。嗅这里，嗅这里，嗅这里。

索罗给我提出了需要好好考虑的新问题。他是一只野性十足的狗。我的训练笔记里写满了问题：他需要更好地发出警报；他注意力不集中。我们尝试转为一种"俯身—鸣叫"的警报形式，但他不会鸣叫。而且他也不会放低身子。当我们改用Kong橡胶玩具作为奖励的时候，他还不愿意把它还给我们。如果威士忌在场的话，他就不愿意在犬舍旁边进行搜索，否则他们两个就会隔着围栏打斗起来。他会一边盯着牛群，一边想着：有什么开心的事情可以做呢？南希提醒我，声音一定要保持低沉、有力。

作为单胎儿，索罗的成长问题正如他那难看的头一样越来越严重。有一天，在我们训练的时候，一只随和顺从的流浪狗——雌性的黄色拉布拉多犬——跑了过来，一边摇着尾巴，一边慢慢走过野地。索罗亮出了牙齿，把她推倒，使她不断翻滚。后来他攻击了沃尔菲（Wolfie）——一只进行搜救工作的德国牧羊犬，原本是他的合作伙伴。除了梅根和邻近的两三只狗外，他仇恨一切跟他体形差不多的狗。还有体形比他小的狗。他们是一种痛苦。南希救助了一些波士顿狸犬，而我必须把其中一只从索罗的攻击中拯救出来。草地很湿，我的脚打滑，摔倒了，我的声音急速提高到了女高声部。这些事情都让我忍不住哭出来，南希也只能耸耸肩。索罗没有杀死"北方佬"（Yankee）；他只是有这么考虑过。

"爆发，爆发，爆发，"在听我描述完另一桩不当行为事件后，琼回复我道，"侵略性和犬类心灵是如此地有趣……当它是你的狗时，也很令人伤心。我能确定的一件事是，如果他想要伤害谁，他就有可能这么做，并且也会这么做。因此，虽然这些事件非常恶劣，但他似乎并不会在身体上伤害其他狗。"

琼是对的。他亮出了所有的牙齿，颈毛竖立，发出吓人的咆哮，却从来不造成流血。尽管如此，大卫和我还是做了一个艰难的决定，给他做了绝育，希望睾丸激素的减少可以使他不那么冲动。在那之后，我把他丢到一个服从训练班里。我学会了适时地介入，在他盯着另一只狗的时候用身体挡在它们中间，降低冲突的可能性，同时传递出一个明确的信息：无条件地服从，你这个小混蛋。

我们安然无恙地度过了"扑咬㹴犬之夜"（the Night of the Snapping Terrier），索罗自己甚至没有发出一声怒吠。我们经历了一次"未成年比特犬开心地爬到牧羊犬背上"的事件，但没有出现牙齿咬到皮肤的情况。我们意识到，索罗可能永远不能和其他狗正常相处，但他对我们的反应变得越来越敏感。他还是那么精力充沛，但正在成为我们的朋友。他会用他那双深栗色的眼睛坚定地看着我们，偶尔甚至会把他那沉重的、形如蝌蚪一样的头放在我们腿上，就那么睡过去，而不要求立刻玩游戏来获得满足。他喜爱人类，包括婴儿和儿童。

南希尝试着让我们进行越来越难的训练。这一切是在我不知不觉中发生的，那是盛夏时节，距离我父亲去世还不到 4 个月。索罗当时 15 个月大。对我来说，同时追溯索罗的生活和父亲的逝世并不困难：二者存在于平行线上，以相同的速度行进着，但方向截然相反。索罗的第一个生日和父亲去世的日子相差 5 天。接着，我就会迎来索罗的第二个生日和父亲的第一个忌日。就这么延续下去。

索罗和我站在南希家北面的一座大型牧牛场上。大蓝蜻蜓和普通白尾蜻蜓*看起来就像风中飘荡的粉笔，嗡嗡地飞过切割下来的草堆，落在牛粪饼上。牧场底部有一片沼泽地和水塘，一些奶牛在那里走来走去。我拉紧索罗，他发出呜呜的叫声。在放他出去之前，我试图确定哪个方向有风吹来；潮湿的空气中几乎没有任何气流。

"找到那条鱼！"在索罗从我手里挣脱出去之后，南希眯起眼睛看着我，用国际通行的眼色告诉我，闭上嘴巴，让他去吧。她扔掉了那把看不见的钥匙。好的，老师。没有紧张的喃喃自语，从里到外。我切换到了李小龙频道，"一场好的搏斗应该像一个小游戏，但是要玩得认真。一个好的武术家不会变得紧张，而是随时做好准备。不要思考，也不要幻想。为可能到来的一切做好准备。"

场地很大。我曾经和索罗在这里训练过，而南希恰好已经开始忘记她放置训练材料的地点了。她还教我如何选取地平线上的固定点来画一幅搜寻路线草图。我告诉她，我会用山上那棵很大的落叶树作为其中一个标记。她嘲笑我是在卖弄植物学词汇。索罗无视了我设计的路线。他扬起头跑向山下，冲向堆满牛粪的沼泽地。他的脚步慢了下来，尾巴上翘形成圈状，告诉我他正在靠近尸体材料，然后他蹲在粪肥之中，望着我，很安静。这是新的警报方式。我们放弃了两个月前的"呜叫警报"，因为南希越来越清楚地发现，索罗的生活本身就充满了"呜呜"的哀叫。我们放弃了用狗粮作为奖励，因为拴在绳子上的 Kong 橡

---

* 暂译名，该蜻蜓学名为 *Plathemis lydia*。

胶玩具能给他带来更多的乐趣。

"扔出去。快点!"

我听从了她的话,显得很狼狈。

南希把训练用品搜集起来。野地里还有更多。她抬起手眺望了一下牧场。那里任何地方都有可能。户外天气很热。索罗气喘吁吁,没有嗅到任何东西。南希批评了我的路线。太多的右急转,左急转却不够。我想从自己的新水袋里取一点水给索罗,而南希提醒我,我们才工作了不到20分钟,而且外面并没有那么热。我还是给了索罗一点水喝,同时也让自己有机会歇一口气。

我让索罗重新开始搜索。他埋下头,脚步更加缓慢,他把鼻子伸到草丛深处,沿着一处高高的草垄行进。接着他拉开了与我们的距离,沿着草垄,距离我大约有30英尺(约为9米)。他转了个圈,尾巴翘起来,然后坐下,脚趾尖用力地刺入地面。搞定!他转过头来,栗色的眼睛定定地望着我。这一次我决定相信他。他已经表达得很清楚了。我快速跑过去,挥舞着 Kong 玩具。索罗高声地叫了起来,狂喜地把 Kong 玩具抛来抛去,就算砸在他鼻子上也毫不在乎。

南希走了过来,拿起那块干牛粪——有两个餐盘那么大——把奖品展示给我看:一块几英寸长的干燥骨头,看上去像是一小块带肉牛肋骨。这是一位朋友兼训犬师同事捐赠的他自己身上的肋骨,在一次手术中取出来的。

她看看索罗,又看看我。"该死的。"她说道。

❤ ❤ ❤

名字并不总像它们看起来那样。常见的威尔士名字 Bzjxxllwcp 就读作"杰克逊"。

——马克·吐温，1897 年

"纳普，"牵犬师温柔地对那只巨大的寻血猎犬说道，"找到纳普。"这是一只姜黄色的寻血猎犬，闲庭信步一般在灌木丛里走着，同时摆动着耳朵和身体，眉头紧锁。

我开始和一群牵犬师一起训练，地点选择在北卡罗来纳州的丘陵地带。早上四点半起床，六点上路，地平线远处才刚蒙蒙亮。我开车穿过梅宾（Mebane）的乡村道路，前往里兹维尔（Reidsville），那里直到 20 世纪 80 年代中期还是美国烟草公司的中心。我学着品味乡村火腿和饼干，以及黎明时分"唐恩都乐"（Dunkin's Donuts）的咖啡。我周围是不断吠叫的寻血猎犬，穿着迷彩服的男人们或者在吃东西，或者吸烟。我很喜欢他们。他们也包容我，不吝于教导我。在近一年时间里，即使是在"金科拉"* 一块吃饭的时候，我也没有跟这些牵犬师提及自己的教授职务，或是我的政治学。我也没有跟大多数大学同事提起过自己的周末之旅。

肯·扬（Ken Young）经营着一家花店。他有着军人的举止，留着好看的胡子，时常带着一丝狡黠的微笑；他还总戴着一顶橄榄绿色的军帽，身子一侧绑着一支手枪。周末的时候，他会带着狗和人一块奔

---

* Golden Corral，美国一家连锁自助餐馆。

跑。在消防局里，他会站在一群无精打采的牵犬师——许多人嘴里还嚼着烟草——面前，像电视剧《希尔街的布鲁斯》*里的警官菲尔·埃泽特哈斯（Phil Esterhaus）给日班集合训话一样，只是"在外面小心一点"换成了"现在让我们去外面找一些乐子"。

我们确实找到了乐子。南希和我很早就把索罗的指令固定为"找到那只鱼"，而来自皮埃蒙特丘陵地区的寻尸犬牵犬师则告诉他们的狗去寻找"纳普"（Napoo）。他们告诉我，这是一个纳瓦霍语单词，意思是死者。这个词的流传范围似乎已经远远超出了美国西南部，北至加拿大，东至北卡罗来纳州，都可以听到这个词。这是一个富有感召力又十分神秘的指令。一些牵犬师还在这个词前面加上了"卡－哈"（ka-ha），变成了"卡－哈纳普"。

牵犬师们说，这个非同寻常的指令能避免让失踪现场的家属们感到更加悲痛。如果有记者在场，也不会让他们知道这些狗正在寻找一具尸体。这两个说法都有点牵强，特别是对媒体来说，他们似乎很清楚发生了什么，而家属们虽然没有放弃希望，但他们并不是笨蛋。

这可能是个美洲原住民的指令，一位宾夕法尼亚州的记者解释道："这个指令来自一种外来语言，因此不会与其他话语产生混淆。"

"一位教导员出于审美的原因，使用了一个印第安词语。"另一位报社记者在描写寻尸犬训练时写道。

实际上，这个词并不是来自美洲原住民，它的使用也不是出于审美的原因。"纳普"是第一次世界大战期间英国人和澳大利亚人使用的俚

---

* *Hill Street Blues*，又译为《山街蓝调》。

语，是法语中"Il n'y en a plus"的变种 ny-an-a-pu。意思是没别的了，都没了，完蛋了，什么也没有了。英国和澳大利亚士兵在法国习惯于两件事情：一件是商店货架上没有货物，另一件就是死亡。他们使用"纳普"一词来指代任何事物，从高卢店主耸着肩说"对不起，我们没有啤酒了"，到泥泞壕沟中发生的一场场死亡，"半个排的人昨晚上都纳普了。"

作为人类，我们喜爱词语和某些词语告诉我们的与之相关的故事。故事是不是真的并不重要。那些愿意追问犬类指令出处的人都很肯定这些词语的来源。

"你可以根据这些来判断跟你一起训练的人，"东北部一位经验丰富的牵犬师说道，"'去找弗雷德*'，那是安迪的指令。"来自另一地区的一位牵犬师摇着头，说她总以为这是安迪·雷布曼最喜欢用的指令。"去找弗雷德"，其实相当缺乏对他人感受的考虑，特别是有家庭成员在场的时候。

关于安迪·雷布曼所用的指令，唯一的问题在于，这个故事似乎不是真的，就像"纳普"一词的起源一样。安迪摇摇头，尽管他眼睛里闪着讥讽的神色。他说道，他从未让一只狗去"寻找弗雷德"。

"我一直用的是'去找它'。"他说道。

该死的。"去找它"，这是个多么散文式的词语。它也没有像"去找弗雷德"那样体现现实得残酷且政治上不正确的安迪的精髓。

"Mor-te"，北卡罗来纳州一位牵犬师如此指示她的德国牧羊犬，并把重音放在字母"T"上，因此这个词有了两个音节。

---

* Fred，可能与《死人头弗雷德》(*Dead Head Fred*) 系列游戏相关。

"莫蒂默（Mortimer）在哪里？"另一位牵犬师催促道，"莫特
（Mort）在哪？"

"恰奇（Chucky）在哪里？"一位牵犬师如此指示她的边境牧羊犬。

"去找骨头。"这是安迪·雷布曼的妻子马西娅·凯尼格给她那些
德国牧羊犬的指令。这个指令似乎效果还不错。过去20年里，马西娅
的狗已经发现了几十块骨头。

然而，最好的指令属于苏兹·古德霍普（Suzi Goodhope）。"霍法"
（Hoffa），她用这个词来指挥她的比利时玛连莱犬之一——希拉兹（Shiraz）。

不单是索罗在学习，而我也不单是在学习如何训练索罗，我还要学
习一张全新的词汇表，倾听可能出现的争论：我们应该把那种行为称
为"警报"，还是"最终信号"？只要在你的记录中是清晰的，那就没有
关系。

安迪在手机上与吉姆·萨福克交谈，他们正一起追忆过往。"我们
以前叫它们'尸体犬'，"安迪抱怨道，"现在他们叫它们HRD犬，也
就是人体尸骨搜寻（human remains detection）犬。"实际上，安迪漏掉
了美国联邦调查局最新认可的术语："受害者寻回犬"（victim-recovery
canine），或者更隐晦一点，"VR犬"。

语言似乎总是朝着一个确切性逐渐消失的方向变化。尸体，以及死
亡本身，开始消失在这些词语的压力之下，这是一种附带损失。

来自田纳西州塞维尔维尔（Sevierville）的罗伊·弗格森（Roy
Ferguson），从他的第一只寻尸犬"切罗基"（Cherokee）开始，就一直
在进行一种安静的仪式。他现在的狗名叫"阿帕切"（Apache），是一只
浅黑红色的德国牧羊犬。罗伊让阿帕切坐在自己身边，给他啜饮一小口

水。这一过程可以清洁他的鼻子和心灵。对一只目标单一的狗来说，这些仪式比任何指令都更加重要。当罗伊说出 "Zuk Morte" 的时候，阿帕切已经知道要做什么。

索罗学习的速度很快。他现在已经能从我训练时穿的裤子、靴子甚至袜子中得到通知，当我把这些东西从烘干机里拖出来时，他就开始跃跃欲试。他会拽着这些东西，然后被绊倒在楼下。在大卫煮着咖啡、我把报纸拿进来的时候，索罗会从卧室冲到前门，从后院冲到汽车旁边，再跑回屋里。灰色的黎明即将变得透亮；太阳很快就将升起。别再悲伤。别再偷懒。户外比屋里好多了。我们走！

第八章　扑咬训练的安慰

"是这样的，女士，"餐厅领班继续说道，"您超出了您的边界。"他斜下身来，语带胁迫地低声说道："你知道你的边界是什么吗？"

　　——露丝·雷舒尔（Ruth Reichl），《用苹果安慰我：在餐桌上的更多冒险》（*Comfort Me with Apples: More Adventures at the Table*，2001年）

　　　　　狗知道答案——工作犬背后的科学和奇迹

为好朋友们做饭是我们生活中最愉快的时光之一，也是大卫和我熟悉的一种饮食方式。父亲的忌日来了又去，而我即将年满50岁，习惯的力量再一次主宰了我们的生活。我们回到了常态，但这种状态却不像以前那么令人安慰。是时候烤面包了。是时候把消息跟朋友们说了。我本应该深深地感恩，但我并没有。食物和朋友是必要条件而不是充分条件。

我已经不再因为苹果，或者酒瓶里的红酒而得到安慰。我厌倦了例行公事的生活，无论是在大学还是在家里。我不想再假装对学术生涯有着不息的热忱，尽管这项工作确实有许多好处，尽管我热爱教书——并且担心同事们可能会察觉我带着狗闲逛，担心他们对此感到疑惑。在父亲过世之后，我就不再需要假装理性世界是我的天然家园了。

我已经活了半个世纪。大卫和我，如果我们足够幸运的话，或许还能有几十年在一起的时光。如果他没有对我失去耐心的话。

"我只是想要更快乐一些。"我对他说道。我可以听出这个要求里蕴含的自我纵容和心灰意懒。这个抱怨还可以往前回拨。几年前，一位朋友兼大学同事问我："你为什么就不能快乐一点呢？"我试着诚实地回答她。快乐并不是我追求的某种东西。我有一个好男人，一份好工作，以及一只想要变得更好的狗——而我自己却还想要更多。我想要接受挑战，想要忙碌，想要把六个气缸全都点燃。我想做一些让我忘却时间的事情。我想穷尽我的极限。大卫是一位烹饪大师，一位烤面包大师，曾经接受过巴黎最好的面包匠之一的指点。他常常与厨师们聚在一起，思考食物，描写食物。而我，想要成为操纵嗅探犬的大师。

训练索罗进行搜索工作，研究气味科学，以及和工作犬领域的人士交流，这些都是我十多年来梦寐以求的那种专心沉浸的状态。在刚开始恋爱的几年里，大卫和我都沉浸在彼此的生活中，而现在，我们的婚姻又给了我发挥的空间。我一直被北卡罗来纳的森林和荒野吸引着，被生活在那里的狗以及与狗有关的人吸引着。我开始向自己坦承，这份嗅探和搜索的工作正让我着魔，它比学术研究和写作项目更能使我全神贯注。我想要在业余时间里做一些实际的工作，一些能让我生命中两个被忽视的部分——我的心灵和双手——参与进来的事情。另外两个部分——我的头脑和健康——已经得到了太多关注。

在我的生日之夜，当朋友们离开之后，大卫和我又谈了一会，两只狗已经睡着了。他们在招待客人时极力卖弄，现在已经筋疲力尽。我明白，如果要让我和索罗的训练在接下来一年里提高到新的层次，那我们舒适的常规生活就将被抛出窗外了。我的中年危机可不会因为买了一辆跑车而得到缓和。大卫，喜爱常规生活的大卫，他也明白这些，然而他还是愿意陪我们迎接一段注定不可预知的旅程。

如果我打算让索罗投入真正的搜索工作，那么是时候跨出新的一步了：让我们获得从事这份工作的认证。对索罗的认证意味着，我会被推回到参加考试的学生年代，而不是给别人出考题。南希·胡克明确地指出，认证是不够的。我需要找一些有经验的训练师一起工作，这些人要比她和皮埃蒙特地区的寻血猎犬队的水平都要高。如果我打算让索罗真正发挥作用，我需要更进一步的升级，与"戴徽章的联系在一起"，也就是说，找到一种与执法机构合作的方式。如果第一个雄心壮志——给索罗认证——都不能确定的话，那第二个目标——进入执法机构的世界——就无异于买彩票中大奖了。

警察和法院对我来说并不陌生。作为报社记者，我做过许多年的罪案和法律报道。有几位警探曾经问我是否考虑过加入执法部门。我考虑过法律学校，但我不确定自己会立足于哪一边：起诉还是辩护。不过，在我与许多机构打交道的过程中，这种举棋不定一直存在着，包括那些削减我每月薪水的地方。我就是会单纯地变得更加矛盾。这其实是双向的。执法机构理所当然会对志愿牵犬师感到猜疑，他们这方面的名声也确实很差。我们可能会过分热情，兴奋多于理智，对狗倾注的感情较多，却对法律的复杂性知之甚少。

莉萨·梅休（Lisa Mayhew）负责为州法医办公室调查州境内的儿童死亡案件，她希望我也能迈出下一步。她自己也有寻尸犬，并且知道有一位不错的警犬训练师和我就在同一个城市。我花了一个小时完成了一份电子邮件，收件人是达勒姆警察局警犬队的负责人迈克·贝克警官（Sergeant Mike Baker）。我问他能否见个面。当时距离我生日时的顿悟还不到一个月。

"贝克警司"，我的电子邮件开头写道。学术圈里的职称制度使我对这些抬头驾轻就熟。准军事组织对高等教育并没有太大影响。尽管一般认为英语系是左翼激进人士的堡垒，但我们也有非常多的等级，甚至有更多的表格和报告要填写；对于谁拥有话语权，谁没有话语权，从兼职讲师到副教务长，都有着更严格的定义。我让语调显得正式，充满尊敬。没有幽默。不提及我的学术生活。没错，我的确是一所赠地大学*

---

* land-grant university，美国国会分别于 1862 年和 1890 年两次通过《莫雷尔法案》，目的是使联邦政府能够通过土地赠予、使用出售联邦政府所属土地而获得的资产或是直接拨款等形式资助每个州至少创建一所以农业和机械工程教育为主的高等学校，从中受益而发展建立起来的高校被称为"赠地大学／学院"。

的副教授，但在一个我想要进入的新世界里，没有人在乎这些。相反的，我最好还是不要提及这点。

我继续写道，索罗和我"从他 8 个月大时就已经开始进行相当稳定的训练"。"相当稳定"，这个词相当准确。在父亲去世的时候，我把索罗的训练放在一边也仅只 3 个月。当时感觉比 3 个月长多了。

我等待着。5 天。

迈克·贝克回复了我的邮件，对他的延迟表示了歉意，因为他当时不在市里。"嗨，凯特。我的专长在于执法机构用犬，但其中许多理论和原则都可以应用在你做的事情上。如果没其他问题的话，我肯定，我们可以把索罗放到新的训练场地里，让他面对新的挑战。"他在末尾写道："保重。迈克。"

等级的问题不再多说。索罗并不是唯一即将面临训练新挑战的那个。很快我也要把自己作为负面人物来介绍："我是凯特·沃伦。我是'非 LE'人员。"即，我不是执法机构的。

不要把自己定义为某种感觉上有巨大提升的东西。

🐾 🐾 🐾

北卡罗来纳州的达勒姆市，虽然有种种优点，但也有着相对较高的谋杀案和过失杀人案发生率——城市领导者在宣传广告里都会避开这一事实。"达勒姆，伟大事件发生之地。"我们的城市格言如是写道。这确实是一座伟大的城市。大卫和我热爱达勒姆。居住在闹市区是安全的，比如我们——特别是屋里还养着一只威风凛凛的德国牧羊犬和一只吵闹的爱尔兰塞特犬。达勒姆已经发生过足够多可怕的事情了，大部分都在我住的社区之外，因此偶尔也需要用到寻尸犬。

迈克·贝克履行了他的承诺，让索罗体验到了新的训练内容。"晚上八点在旧的自由烟草仓库与我们会合。"他说道。那么，不用在下午三点95华氏度（约合35摄氏度）的高温下训练了？那可是北卡罗来纳州最理想的训练天气。另一方面，连续好几天的空气质量橙色预警会让我的哮喘发作。我还想在十点钟上床睡觉。尽管有如此种种，那天晚上我还是出现在达勒姆黑暗的街道上，寻找指向自由烟草仓库的斑驳路牌。我走过那些黑白相间的福特Crown Vics汽车，那些车子引擎还在嘎嘎响个不停，车内开着冷气，使那些长着皮毛的乘客保持凉爽。尖厉、密集的吠叫声，以及爪子狠狠打在车后门的声音，吓得我往后跳了几步，摇晃了几下才站定。

我出门之前穿好衣服又换了一身；把白色T恤塞到Costco工作裤里，然后又抽出来，试了试T恤在裤子外面的效果。我把涂了摩丝的短发拨乱，以前还从未这么努力地要让自己看起来随意一点：强悍，但不是男人那种强悍。我化了很淡的妆，但实际上却是大汗淋漓。流汗还不是问题。摩丝融化了，使我的眼睛感到刺痛。我走进仓库，这是还在拍卖的最后几处散装烟叶——达勒姆市曾经的经济支柱——仓库之一。一栋无人管顾、越来越破旧的建筑，如今盖上了金属护墙板，曾经可以让买家观察淡色烟草品质的天窗如今也用木板钉了起来。从前让烟农们驾驶四轮马车开下来的倾斜地板还保留着，而巨大的仓库横梁直直地伸向一片漆黑。

在我面前，站着一群穿着海军T恤和工作裤的男人。他们把手臂交叉放在胸前，看着一只狗。这只狗看起来像是一只短毛、尖鼻、长着鼠尾状尾巴的德国牧羊犬。这个品种我以前见过几次：一只比利时玛连莱犬。我又仔细看了他们的 T 恤和体形。有两位女士，谢天谢地。那只淡黄褐色的狗尾巴直挺着，正活蹦乱跳地绕着一辆停在仓库门内的皮卡来回走动。他一边走一边嗅，检查着皮卡的侧面、车下和轮胎缝隙。他在车后部短暂停住，鼻子凑到了车牌近前。然后他像猫一样跳进皮卡车厢，翻滚起来，同时他的鼻子固定在一个点上，就像那里有一个无形的磁铁一样，而身体的其他部分继续在空中翻腾。我听到一阵低沉、温和的咯咯笑声，有人慢慢地呼出一口气：好样的，好样的！一只网球飞过空中，落在那个固定住的鼻子前方，然后弹开。游戏开始了。当那只狗在破碎的烟叶和尘土中追逐网球的时候，可以听到他的趾尖划过混凝土地面的声音。

迈克·贝克还是双手交叉站在那。中等身材，中度棕色的短发，中度的爱尔兰－英国人特征——在一群吵闹的狗和粗壮的警察中间，这样的人或许不那么引人注目。但是，正如一位从别的机构过来训练的牵犬师所说，"迈克是有魔力的。"

达勒姆市警犬队拥有 10 到 12 支警犬－牵犬师团队，他们的作用并不只是在城市活动上表演，或者到学校里展示和讲故事。这些狗，以及带领他们的警官，都在切切实实地工作。我终于习惯了无线电噼啪作响的背景噪音；大部分情况下，当巡逻车被派出去执行任务，比如短途追踪入室盗窃者或伤人者、搜寻遗失的枪支、搜索一辆涉嫌携带毒品而被拦在 85 号州际公路上的汽车等时，我都能忽略这种噪音。如果有关于小孩没有按时回家的呼叫进来，所有人都会聚精会神地听。

对警局而言，失踪以及假定死亡的人数还不足以让他们投入金钱和时间来训练他们的狗进行人类遗体搜索工作。这完全是一个资源分配的问题——达勒姆市的巡逻犬一直很忙，不断应付着各种呼叫。到处都是这种情况：绝大多数执法机构既没有资金来养一只专门的寻尸犬，也没有这方面的紧迫需要。然而，如果我能提供一只具有法定资格的寻尸犬，就能填补这一空白。安迪·雷布曼工作的年代，恰好是工作犬和执法机构都经验不足的时期。他在康涅狄格州警察局开始了第一个寻尸犬项目。该项目一直延续至今，目前拥有 6 只犬和 6 位牵犬师。受到安迪的创始人效应影响而设立的项目——罗德岛、马萨诸塞州、新罕布什尔州、佛蒙特州和缅因州——都拥有执法的寻尸犬。纽约和芝加哥，还有佛罗里达州的布里瓦德县也拥有寻尸犬。

不过，大部分寻尸犬还是属于志愿者团队，在大多数严肃的执法机构的训练员和牵犬师看来并不理想。这不是势利之见，而是现实。如果你依赖某种事业为生，那你就会花时间完善和应用你的技艺。我理解这些，但还是走上了这条不归路，想要成为这些没有得到完全尊重，既是多面手，又什么都不精通的志愿者中的一分子。好消息是，我已经学习了大量有关犬类训练的知识。我还从未与男性培训师有如此深的接触——女性主导着犬类服从的世界，以及搜救犬研讨会的圈子（尽管是在较为次要的水平）；男性则主导着执法的警犬世界。这个世界比服从世界更加粗犷，服从世界现在流行的是发声器和狗粮。在警犬世界里，方形锁链紧缩项圈随处可见，所有人都不会大惊小怪，肝脏狗粮则很少看到。不过，如果有牵犬师在狗准备开始工作时既没有把项圈取下来，也没调成紧固状态，或者是把脾气撒在狗身上，那他就得面临一场悲剧了。

不管是从男性的还是女性的训练员和牵犬师那里，工作犬需要得到的都是同样基本的东西。在得到奖赏的同时，狗喜欢听到响亮、快乐的声音。它们需要在合适的时机获得奖赏。而且，它们需要快乐。

"使他感受到乐趣。"迈克对一位太过严肃、有着男高音声调的牵犬师建议道。他示范了一下——"给他打气。好小子，好小子，好小子！"——从低声开始逐渐提高声音。

索罗和我有机会在九点半的时候进行训练。外面的温度已经降到了90华氏度（约合32摄氏度）以下，但室内温度还是有100华氏度（约合38摄氏度）左右。最终，迈克转向我，缓慢、平静地说出了那句后来将会常常听到的话："你为什么不去把你的狗牵过来？"

我几乎看不到索罗那类似蝙蝠的耳朵轮廓。我把他放在车里，为了保持凉爽，我把空调开着，使他笼罩在车窗内壁的雾气之中。在走进仓库之前，我没忘记带他走一走，让他撒尿，但也正因为此，他有机会意识到即将面临的威胁。在石块上方和下方的杂草上，覆盖着巡逻犬的尿液。索罗走入巨大而黑暗的仓库，四肢僵硬，颈毛竖立。所有的比利时玛连莱犬和荷兰牧羊犬都兴奋异常，空气中弥漫着它们的气息。

我们的表现非常糟糕。我没有搜索方案。我还有点发抖。到最后，索罗终于不再四处张望，不再观察其他狗是否在偷偷靠近他。他开始埋头工作，沿着仓库后方一排排叠放着的厚木板搜索起来。他轻而易举地找到了迈克放置的东西。我看出了他行为的变化。迈克也看到了。索罗走向每一件藏匿品，嗅了嗅，然后继续往前走。没有发出警报。真是悲剧。我记不清自己有没有找借口了。可能吧。迈克很有同情心，他称赞了索罗的"职业道德"，但解释说，他想要一种缉毒犬式的警报：鼻子准确无误地指向藏匿品，即使眼睛在疯狂地向上和向后转动，期待着后面牵犬师奖赏的玩具。他说，索罗在搜索中有太多的注意力投在了"妈妈"身上。对索罗而言，这很不寻常；我自身的恐惧气息肯定如同波浪一样散发出来，使他分心，无法沉浸在嗅探工作中。

把索罗塞回车里后，我又走回去，观看那些狗如何寻找藏匿在仓库巨大椽子之间的牵犬师和模拟嫌疑人，这种感觉还真不错。狗发出深沉的、警告性的吠叫声，与牵犬师标准的警告交相回响。"房子里的嫌疑人，这里是达勒姆警犬队。把你们的双手举起来，走出房子。这是最后一次警告。举起双手，走出来，否则我要派出警犬了。"

派警犬去追捕某人，用职业术语来说就是"嫌疑人拘捕"（suspect apprehension），非正式用语则是"咬人的活"（bite work）。在被放出之后，巡逻犬会追踪并找到嫌疑人，然后发出刺耳的吠叫。有时候，伪装的嫌疑人会扔给巡逻犬一个 Kong 玩具或网球作为奖赏，而这就意味着训练的结束。其他时候，嫌疑人会穿着一个黄麻制成的扑咬袖套从椽子上走下来，做出威胁的姿态。狗会马上冲上去，张开大嘴，四肢腾空，直接扑向厚重的袖套。训练员会鼓励狗咬住不放，随着嫌疑人的挣扎，汗液、灰尘以及狗的唾液混合在一起。

"好好表扬他。"迈克指导着一位牵犬师，后者赞许地把手伸到正在扑咬的狗的口鼻上方，让他在冷静下来的同时牢牢咬住袖套，直到得到松口的指令或者伪装者得以将袖套像一片滑动的皮肤一样安全地脱下。此时，完成任务的狗会得到最终的奖赏：一个大大的啃咬玩具。

看到这么多牙齿，我没有被吓到，反而被迷住了。过人的胆量、镇定的神经和完美的时间把握，这些都是参与其中的三方——狗、牵犬师和伪装者——需要具备的品质。我完全没有做到这些，肾上腺素的分泌，以及在旧仓库里吸入过多富含尼古丁的烟草尘埃，使我有种迷醉的感觉。

"我觉得你有些神经紧张，让索罗有点不安，"南希·胡克在不久后的电子邮件中写道，"不过，听起来你做得相当不错，并且足以让迈克知道索罗是可靠的。我知道你能从这些人身上学到很多。"

迈克的批评非常准确。一步一步来，他在一封电子邮件里这样说道。一次只担心一块砖头，不要试图控制一切。让索罗自己开始游戏。

我当然想控制一切。在前世里我是一只边境牧羊犬。现在，有两个人跟我说了同样的事情：放手吧。我读了一遍又一遍迈克和南希的邮件。我现在不只有南希一个导师，而是有两个。我可以观察类型完全不同的狗如何训练。我认识了许多经验丰富的警犬牵犬师，也认识了一些经验没那么丰富的牵犬师。虽然一直伴随着焦虑、犹豫和明显的局外人状态，但能够重新开始令我非常高兴。我可以花一部分时间找回过去的状态，投入学习之中。我又一次成了学生，成为工作犬世界里的"新手"牵犬师。做新手应该不难，除了必须在迈克面前让索罗工作的时候。其他牵犬师也站在我们面前，他们的手臂交叉放在胸前，看着我们。

尽管我有明显的缺点，但我意识到，索罗在这里有一个在本地犬类俱乐部里所没有的优势。执法机构的牵犬师不期待他们的狗会融洽相处。大部分的狗都有某种边界。所有的狗进场和离场时都有人拴着；每只狗都独立工作。我将会习惯于仓库中回响的另一种警告声："狗进来！"或"狗出去！"，后来我也习以为常。

对我而言，这种警告会让我放下心来。一场标准化的练习会让我受益良多。与索罗一起工作的时候，我不再需要时刻监视他，防止他突然挣脱绳带。很快地，索罗也意识到这一点：当周围有警察和福特Crown Vics汽车的时候，他开始不理会尖锐的狂吠和咆哮声，对空气中弥漫的犬类气息也无动于衷。我不需要为他的个性道歉。在警犬队的牵犬师眼中，索罗还算不上反社会者。他甚至还没资格被称为"混蛋"。

最重要的是，迈克的训练哲学丝毫不差地切合了索罗那种"君临天下"的气概。"记住，"迈克在电子邮件中写道，"我们只是他们用来系皮带的锚。"

🐾 🐾 🐾

我采访过数百位面对过警犬的犯罪嫌疑人，而他们只是一遍又一遍地说着同样的话："咳，我宁愿与警察搏斗，也不想与那只狗搏斗。"

——特里·弗莱克（Terry Fleck），犬类法律专家，2012年

我曾经受邀前往佛罗里达州的劳德代尔堡，观看新手训练（包括3只新手犬和3名新手牵犬师）第十二周最后三个晚上的情况。在那之后，不管是否做好准备，这些牵犬师和他们的狗都将走上街头。作为布劳沃德县警察局警犬巡逻部门的训练师，史蒂夫·斯普劳斯（Steve Sprouse）当然更希望他们已经做好了准备。

在每次练习结束的时候，史蒂夫都会带着些许的忧虑，说一番同样的话："记住，伙计们，一切会完全不同。"训练和实践是两个世界。他的面前，站着一位紧张、热切的牵犬师，而皮带末端拴着的那只狗，

简直就是一台有皮毛的麦克货车；另一位牵犬师的狗，看起来还需要再增加一点骨气；最后那位牵犬师似乎什么都具备了，一只稳重的狗和与之相称的操作手法。

史蒂夫的肤色棕黄，身形瘦削，留着稍微有点下垂的小胡子。他展现出既放松又机警、既热情又谨慎的神态。在 50 多岁的年纪，他已经当了几十年的牵犬师和牵犬师训练员。他知道，在这个 11 月下旬的夜晚温和的空气中，他那些干巴巴的训诫虽然不至于被人充耳不闻，但幼稚的听者肯定不会将其当回事。

史蒂夫和那三位新手牵犬师正在准备一场"马戏表演"：两天之后，这几支警犬团队需要在一群上级长官面前表演他们刚学到的技能。史蒂夫和三位牵犬师讨论了如何分配戏份，每只狗都有自身的长处。

在那三只德国牧羊犬中，有一只遵循着一套完美的服从程序。布劳沃德县的副警长皮特·赛珀特（Pete Sepot）的新狗叫作"迪赛尔"*，很擅长"吠叫箱"（bark-box）的工作。皮特让这只大狗面向训练场上散放的 6 个有人体大小的箱子。迪赛尔就像青黑色的水银一样，从这个夹板箱流动到下一个夹板箱，直到他嗅到隐藏的诱饵。"流动的水银"停了下来，迪赛尔拱起身子，对着其中一个箱子发出有些过分的警告吠叫，两只前爪在确定无疑的力量支配下从地面上高举起来。他在这里，他在这里，他在这里。迪赛尔刚刚过青春期，但从头到尾已经长满了肌肉；他的叫声听起来像一只年纪大得多的狗。这是一个重要的警报：采取更极端行动的前奏。这种吠叫会让许多犯罪嫌疑人举着双手走出来。这

---

* Diesel，原意指柴油机。

也是为什么巡逻犬要被训练得在发现嫌疑人时显得非常吵闹；吠叫警报能防止更加糟糕的事情发生：他们的扑咬比吠叫可怕得多。

卢加尔（Lughar）也是一只青黑色的牧羊犬，他的牵犬师戴夫·洛佩兹（Dave Lopez）曾经被要求示范如何平静地进行逮捕工作，以及牵犬师如何在狗扑咬之前命令它停住。这是一个标准的训练作业，也非常重要：如果嫌疑人放弃抵抗，或者牵犬师意识到狗正冲向错误的对象，他必须让狗回来。如果来不及，狗已经扑到了嫌疑人身上，那么至少，牵犬师必须能够让狗听到"Los！"（荷兰语，意思是"放开"）的命令，并让他服从自己。一只真正敬业的狗在飞奔着冲向嫌疑人的时候，很难服从这些指令；这是在对抗它自身的本能。

然而，卢加尔让一切看起来很简单。他擅长掉头跑回戴夫身边，然后，当他再一次被放出去时，他会跑回诱饵那里，结结实实地咬上一口，听到指令后马上松口。他干劲十足，但同样也十分听话。戴夫，就像卢加尔一样，拥有能使他成功的一切——除了经验。他是一位思想丰富、十分认真的牵犬师。

今晚的问题是，戴夫的孩子们得了流感。他们一整夜都发着高烧。除了狗之外，所有人都生病了。但是，这项工作必须要两个要素——狗和牵犬师——才能完成。戴夫已经筋疲力尽，他的紧张情绪也通过皮带传给了卢加尔。"我完美的卢加尔怎么了？"斯普劳斯看着他的优等生飞奔到训练场中，在钠蒸气灯的逆光下，跳入皮特——扮演着诱饵的角色——所在的阴影里，悲凉地说道。如果戴夫没有厉声喊叫的话，一切可能会很完美。他原本想让卢加尔回到自己身边，不理会皮特，然而徒劳无功。相反，卢加尔无视了戴夫：皮特的扑咬套装太有吸引力了。

卢加尔跳过去，张开大口，咬在皮特举起的手臂上。史蒂夫可以想象毕业表演时的情景了，位高权重的官员们看着张开大嘴的卢加尔不停冲锋，后面是喊个不停却毫无办法的戴夫。

🐾 🐾 🐾

没有任何警犬的职能比巡逻犬的扑咬更不为人理解、更恐怖。在公民权利运动时期，当阿拉巴马州伯明翰市警察署署长、外号"公牛"的尤金·康纳（Eugene "Bull" Connor）打开高压消防水龙头，同时放出德国牧羊犬扑向和平抗议者时，警犬队和民众之间还保持着相当的距离。现在，当富裕的中产阶级想到警犬时，他们脑海里呈现的是温暖的、毛茸茸的可爱形象。时下媒体对警犬的描述是"四足的社区警官"，语出自佛罗里达海湾海岸大学的查理·莫斯勒（Charlie Mesloh）。作为前警犬牵犬师，查理现在是一位犯罪学教授，主要研究武力的使用，包括巡逻犬的使用。

尽管许多爱狗人士将警犬视为人格化的英雄，认为它们会抓坏人，从武装分子和危险的嫌疑人手中拯救出人类伙伴，但我们并不喜欢过多思考狗是怎么做到这些的。它们没有对生的手指；它们有速度和牙齿。与其他武力的使用一样，狗的扑咬能带来严重的损伤。如果一位牵犬师，或者整个警犬队过度热心，那警察局也有一定责任。任何武力的使用都是如此，但是对狗的滥用，会引发一种发自肺腑的恐惧。不过，这种"找到并扑咬"，或者"咬住不松口"的巡逻犬已经成为美国最常见的巡逻犬。

这种犬的首要工作是进行威吓，这样嫌疑人就会在警方使用狗或者其他武器之前投降。特里·弗莱克是警犬使用方面的法律专家，他说得很清楚：他认为警犬是一种"用于消除武力的工具"。

如果嫌疑人不投降，那狗的工作就是冲进去，找到那个人，咬住他——极少数情况下是她。与枪械甚至泰瑟枪*不同，美国国内的警犬极少会杀死嫌疑人，迄今在重大案件中只有一次例外。作为对比，宠物狗和流浪狗造成的损失更大：它们在2011年杀死了31个人。过去10年里，泰瑟枪致使大约500人死亡。正如查理·莫斯勒所指出的，当一种特定的武力使用方法变得流行的时候，滥用所引发的事件也会增加。

虽然如此，偶发的巡逻犬滥用事件还是会产生巨大的恶劣影响，进而可能引发诉讼，带来反应过度并且缺乏足够调查的建议和法令，从而波及相关部门。这些"坏"案件具有多重后果。2001年，媒体曝光了分处美国两端的两支警犬队，称负责警犬队的警官已经失去控制。美国司法部决定最好还是扭转一下局势，他们推荐警犬队使用一种所谓的"吠着不放"而不是"咬着不放"的训练方式。换句话说，巡逻犬应该只是围绕着嫌疑人，或者站立起来对着嫌疑人吠叫，直到对方尝试用武力对付警犬或警察。这个时候，警犬才被允许扑咬。在推出建议之前，美国司法部并没有多少证据来证明"吠着不放"的有效性。另一方面，美国境内数以千计的警犬队都已经在训练"咬着不放"。

查理·莫斯勒决定研究一下这个问题。毕竟，美国司法部提出的建议是一项巨大的变动，而且几乎没有事先进行研究。佛罗里达州3/4的

---

* 通过发射一束带电镖箭使人暂时不能动弹的武器。

警犬队使用的都是"咬着不放"的训练法。

"吠着不放"的概念听起来很棒。不用牙齿。狗通过吠叫恐吓嫌疑人，使对方无法脱身又不致受到伤害，直到警察将嫌疑人用手铐铐上带走。这是最完美的一种情况。唯一的问题是什么？查理·莫斯勒在佛罗里达州进行了一次细致的研究，他发现，"吠着不放"的方法只是一种"好的营销工具"——仅此而已。实际上，以这种方法训练的警犬扑咬嫌疑人的次数要比按"咬着不放"训练的警犬多得多。这种方法不可避免给了嫌疑人更多时间，使他们能用武器对付牵犬师或警犬。美国没有全国性的巡逻犬伤亡跟踪系统，无法了解被犯罪嫌疑人伤害或杀死的警犬数量，但毫无疑问，数字是很可观的。

逮捕过程中有许多使用警犬的正当理由。如果狗经过了良好的训练，那么牵犬师就能以一些不同于控制任何其他武器的方式来控制它。警察无法在子弹出膛之后把子弹收回来。当一名警察扣下泰瑟枪的扳机之后，他就无法再改变主意。狗就不一样了——至少在原则上可以这么说。这是因为，好的巡逻犬并非一开始身上就安装着开关。把狗训练到看起来像一种机器般运转良好的程度，确实是一件美好的事情，但是要让一只充满激情和干劲的狗停下来不去扑咬，则需要充满技巧的训练和操纵方法。卢加尔的"选择性失聪"并不是最理想的情况；但这也是可以理解和改正的。

🐾 🐾 🐾

史蒂夫·斯普劳斯和我开车前往下一个训练场，老旧的巡逻车巨大的引擎一直震动着汽车底板。我们交谈起来，但没有谈及为什么执法机构要以这种方式来使用警犬。这个国家是在几十年前做出这一决定的。理想情况下，巡逻犬的作用是阻止危险的嫌疑人，而史蒂夫希望它们在这方面做到最好。警犬应当毫不迟疑地把嘴巴张到最大，结结实实地咬住嫌疑人，不让嫌疑人挣脱，也不让嫌疑人有机会用枪或其他武器攻击警犬、警察或者旁观者。不多不少，恰到好处，尽管这一点也取决于混乱环境里发生的情况。一口咬得好的狗，比围着别人胳膊嗥叫、像发疯的打字员一样咬来咬去的狗，带来的伤害要小得多。换言之，疯狂地咬或根本不咬，两种方式都会带来更多的问题。在训练中，任何在接近诱饵之前犹豫的巡逻犬都需要进一步做工作。

退回到 1989 年，史蒂夫本人还是一个新手牵犬师。他有一只新手犬，一只帅气、勇敢的德国牧羊犬，名字叫作"里克"（Rick）。里克是一个"护卫犬"（Schutzhund）冠军。护卫犬竞赛就像进阶版的服从犬赛，是一项复杂而艰难的竞赛，其中就包括扑咬项目。

有一天晚上八点左右，有呼叫进来：有人在某处商业区持枪抢劫了一家便利店。史蒂夫回应了呼叫，很快他和里克开始追捕嫌疑人。

里克冲过去咬嫌疑人，但没有紧紧咬住。他只是不熟悉街头的环境。在里克曾经参加的护卫犬比赛中，一切都是一成不变的：规范的场地、规定的目标和规范的扑咬。眼前的情况却与规则截然相反。里克熟悉的是穿着扑咬袖套的人。嫌疑人不会像护卫犬竞赛里的诱饵一样穿着袖套并把手臂依照完美的角度移动。里克并不蠢；没有可以咬的东西。那个携带武器的嫌疑人，因为嗑药而行动极猛烈迅速，很容易从里克不够坚定的嘴里逃脱。里克觉得自己一晚上咬得已经够多了。史蒂夫必须阻止嫌疑人，因为里克做不到。当支援的警官赶到的时候——并没有等太久——他看到有个人正拿着一把枪朝史蒂夫挥舞。这位警官开了六枪，嫌疑人才倒下。一片混乱之中，史蒂夫也被警官的子弹击中。9毫米的子弹击碎史蒂夫的肱骨，切断他的桡神经，破坏了他的外三头肌。史蒂夫的手臂只依靠一条肌肉组织悬挂着。

这个时候，里克觉得是时候回来"重新加入战斗"了。

"我看到狗咬住了那个人的大腿。这很好，"史蒂夫以他那种深思熟虑的方式说道，"我们成功了。成功来之不易，但我们做到了。"

嫌疑人活了下来，史蒂夫也活了下来。但是，当史蒂夫躺在医院病床上，手臂缝合好时，他感到很焦虑。支援警官做了他必须做的，而如果里克能够称职地完成自己的工作，史蒂夫——可能还有那个嫌疑人——当时或许就不会被子弹击中了。

史蒂夫重返巡逻工作要等到一年半以后。里克没有被踢出警犬队。那不是他的过错。相反，史蒂夫开始重新训练里克，此时他的手臂上还裹着石膏。他让里克"戒"了对训练器材的依赖，从而不会想着一定要有个袖套才能去咬。不仅是参加护卫犬竞赛的狗；所有的警犬都很容易对袖套产生依赖。正如一位警犬训练员所指出的，袖套上应该加一个警告标语："为了取得最好的效果，请节制使用。"

裹在史蒂夫手臂上的石膏中装有一个骨骼生长刺激器，能在手臂恢复过程中给予定期的电磁刺激。这就像一种供人类使用的伊丽莎白项圈*，时刻提醒着史蒂夫最首要的工作：训练那只狗，训练那只狗。

---

* e-collar，像反过来的灯罩一样戴在颈上，防止猫狗和各种小动物在手术后或患病期间抓挠伤口和患处。类似于伊丽莎白时期的英式脖套，故名伊丽莎白项圈。

1990年，史蒂夫和里克重新开始工作。再次巡逻的那个夜晚，史蒂夫接到一个呼叫：嫌疑人袭击了一名警官。史蒂夫应答之后，派出了里克。里克咬了嫌疑人，并且咬住不放。他完成了自己的工作。而且，他在后来的许多年里一直很好地完成了这份工作，直到退休。

多亏了里克最初的失败，史蒂夫·斯普劳斯现在成了一位犬类扑咬的专家，他被认为是美国西南部，或许是整个美国最顶尖的犬类攻击训练师之一。比起获得的各种国家级奖项，更重要的是，史蒂夫带着他的那些巡逻犬参与了数百次逮捕行动，没有再被子弹击中，也再没有使用过骨骼生长刺激器。

史蒂夫将自己艰难获得的犬类知识传授给了其他人。他训练了布劳沃德县及附近警察局的警察同事。他还在美国和世界各地旅行，教巡逻犬进行情景训练、追踪和扑咬训练，以及至关重要的服从训练。

🐾 🐾 🐾

那天晚上，当史蒂夫·斯普劳斯和我到达最终训练地点的时候，自动铁丝网大门发出吱吱呀呀的声响。这里是佛罗里达州奥克兰公园 * 的一处废弃水处理工厂，有拉毛粉饰的巨大建筑和大型的污水处理池。一盏街灯发出蓝色的光，照在一棵绞杀榕上。树叶掩映着一个污水处理池，数百根疏松的树根钻入了每一道缝隙。这棵树看起来像一只植物大章鱼，与柬埔寨吴哥窟那些将石头神庙撑开的榕树属于同一

---

* Oakland Park，佛罗里达州下属的一座城市。

个种。

我们脚下不是佛教的废墟，而是一个20世纪40年代污水处理厂的阴影。野猫和浣熊在这片阴影里窜来窜去。蕨类植物从铸铁管道的开口处钻出来，这些管道曾经将处理过的水输送到劳德代尔堡，重新进入水循环。在处理池的上方，也就是搅拌桨曾经对城市的污泥进行搅拌的地方，尘土累积起来，形成了"快乐绿巨人"大小的植被群，高达40英尺，简直就是一片丛林。"那上面非常凉爽。"史蒂夫说道。我们面前是一座巨大的建筑物，门开着一条缝，老旧的设备到处都是。我们两侧几英亩的地上放满了各种东西：推土机、预制板和巨大的垃圾桶——以及更多的阴影。

戴夫·洛佩兹的孩子差不多已经从流感中痊愈，他也不那么缺觉了。卢加尔又回到了几乎完美的水平，尽管他的咬劲比起史蒂夫最终的预期还有点不足。

史蒂夫让新手牵犬师和他们的狗先离开一会，等待召唤。我给史蒂夫搭了把手，和他一起为牵犬师们设置了一个模拟场景，让他们能够学习如何信任狗的鼻子。

处理厂旁边有一座小山，山脚的杂草长到了大腿的高度。沙质的山丘很陡峭，差不多是45度斜角。夜色中，我和史蒂夫爬上山，我几乎是手和膝盖并用爬上去的。我想到了佛罗里达州的珊瑚蛇。我从未在野外见过这种蛇，但它们标志性的条纹——"红配黄，使人亡"——在这样漆黑的夜里恐怕也看不到吧。

我们只花了45分钟就设置好了场景，尽管感觉上漫长得多。在夜晚温和的空气中，我们都汗流浃背。我从公共设施的另一边拖来了三个大垃圾桶，并把它们拉到山上，很随意地分散摆放，使它们看起来就像是被外星人从不明飞行物里随手丢出来的一样。史蒂夫找到了两年前挖的一个训练用洞坑。他清除掉洞里的树根和杂草，然后我们把垃圾桶放进去，用脚踩，直到桶盖与地面平齐。史蒂夫用小刀在桶盖上开了一个小孔。借助手电筒微弱的光线，我终于在一座建筑的地板上找到了一条毕业典礼上用的坚韧的金色流苏，这东西应该能用；我们把流苏打结，然后从桶盖的小孔穿过去，这样当狗找到躲在里面的牵犬师并准备把他挖出来的时候，牵犬师就能盖紧桶盖了。我们反复测试，用力拉那条流苏，然后又打了一个结进行加固。我们拖了一些树枝盖在桶上，退后几步，欣赏自己的手工劳动成果。埋好的垃圾桶甚至只隔几英尺远都看不出来。

我们让一位牵犬师作为诱饵，帮助他钻到垃圾桶里藏起来。史蒂夫交给他一只乳胶手臂。史蒂夫以儿子的手臂做模，用液态橡胶制作了这只手臂。这是一件艺术品——既柔韧又有点吓人——同时也是非常"可口"的奖赏，以备狗和牵犬师在成功破解难题之后派上用场。我们站在山脚下，一边抬头望，哀叹年纪渐长，抱怨着关节的老化。

史蒂夫用无线电发出了指令。第一位牵犬师戴夫·洛佩兹开着他的巡逻车，在刚进大门的地方急停下来。史蒂夫向他简要介绍了现场情况——可能有一个，或者两个家伙在实施抢劫之后朝这个方向跑了过去。他提醒戴夫，野猫和浣熊在这里无处不在；那些家伙很危险；越过这座山，还有一群人正在进行午夜烧烤。"小心点。"史蒂夫提醒道。

考虑到西北风向，戴夫没有从他本应该开始的地方进行搜索。这是新手常犯的错误，但也使他获得了巨大的优势。卢加尔拖着他，跑到蘑菇状的污水处理厂附近，史蒂夫和我先前正是从那里折返，他们沿着我们的踪迹一路跑到山脚下。然后，卢加尔整个儿蹦了起来，他不到一分钟就发现了从山上一侧扩散下来的诱饵气味。

史蒂夫和我怀着赞赏和些许沮丧，看着恢复完美状态的卢加尔这么快就破解了难题。他跃起来冲入灌木丛中，用牙齿、口鼻和爪子敲打着桶盖，使里面的牵犬师发出痛苦的号叫——牵犬师的手指因为用力拉着桶盖而被夹得生疼。史蒂夫没有时间与戴夫开玩笑，比如告诉他卢加尔其实是在追逐一只浣熊。那一声号叫完全就是人类的。

整个过程大约只有两到三分钟。史蒂夫虽然对如此快的节奏感到气馁，但他决心更充分地利用我们戏剧性的场景设置。

紧接着上场的是皮特和他庞大的黑色牧羊犬迪赛尔。史蒂夫已经不像之前那么确信这种场景能像他预想的那样减缓他们的速度。这一次，史蒂夫确保皮特把车子开进院子里面，远离卢加尔那条聪明的回溯路线。

"嗨，迪赛尔，好小子。"史蒂夫说道。迪赛尔已经开始凝视暗处，无视史蒂夫的存在。史蒂夫转向皮特，蹙眉说道："建筑物北边有很多猫和浣熊，还有人，所以，小心一点。给你提个醒。"

史蒂夫望着被放出去的迪赛尔建立起一种很扎实的搜索模式，在平地上废弃的"山猫"推土机、堆叠的板材和混凝土涵管之间穿行，自然地转变方向。"他的结构非常不错。"不知道史蒂夫说的是迪赛尔那有力、光滑的外形，还是指他的搜索模式。可能二者皆有吧。迪赛尔在场地里就像一位年长的职业选手，毫不在意一只从他身旁经过的野猫，很轻松地搜索完半英亩的区域。迪赛尔和皮特有条不紊；他们也让我们看到了一点希望，觉得他们可能不会像卢加尔和戴夫那么快就解决问题。

"你难道就不喜欢钻进一只狗的脑子里吗？"史蒂夫平静地问道。他手臂交叉放在瘦削的身体前方，看着迪赛尔摆动巨大的口鼻，调整身体，以跟上大鼻子搜索的节奏。微风有点起来了，带着气味。我能听到从山的另一边传来微弱的拉丁音乐和人们交谈的声音。

"围栏的另一边有很多人在烧烤，小心点。"史蒂夫呼叫了一下皮特。这些告诫就像风中的口哨声。迪赛尔，这台马克卡车，捕捉到了诱饵的气味。他向山上移动，先是以一挡的速度，然后是以二挡，冲向灌木丛和隐藏的垃圾桶。皮特就在他的后面，手脚并用地爬上山。

史蒂夫试图分散皮特的注意力，但皮特一直跟随着迪赛尔，后者跑进了隐藏的垃圾桶旁边的灌木丛里。"你发现了什么人没有？"史蒂夫急不可耐地问道，"我们现在要把这里清理干净。"

迪赛尔粗砺的吠叫声传到山下。他找到人了。他想把诱饵从垃圾桶里揪出来。我们能听到他的趾甲划擦桶盖的声音。

史蒂夫叹了口气，耸耸肩，呼叫皮特把迪赛尔套起来，同时有点挫败地叫藏着的牵犬师打开垃圾桶并挥舞橡胶手臂。

迪赛尔叼着沉重的橡胶手臂返回车里，这是他的奖赏，尽管他激烈的咆哮和甩头动作很可能把这只宝贵的手臂咬出洞来。看来史蒂夫必须再做一个新的了。这就是奖励扎实的攻击行动所要付出的代价。

或许是因为风，或许是因为湿度，或许只是新手的好运。无论是什么，史蒂夫都不希望这项训练让他们变得骄傲自大。他看着那三位新手牵犬师。

"记住，当你们走上街头的时候，不要觉得事情就是这样。你们有三个人，这些狗已经闻了你们 12 周时间，所以他们知道你们的气味。他们非常自信。而当你们到街上去，一切就完全不同了。人们在大声喊叫，音乐在播放，还有各种不同的气味。你们都穿着同样款式的靴子和制服。所有这些都考虑进来，情况会完全不同。"

牵犬师们顺从而愉快地点着头。他们显然很尊重史蒂夫，但我不确定他们是否相信他的告诫。这是一个温柔可爱的夜晚。风很温和，湿度很低。真是神奇。史蒂夫和我走回他的巡逻车。在这些新手警犬和牵犬师毕业并走上街头岗位之前，还有最后一次场景训练。不过，在这之前还得先吃顿晚饭，简单休息一下。

"在正确的环境下，"史蒂夫的语气中带着一丝忧郁，"那会是一次非常艰难的搜寻。"

后来史蒂夫告诉我，在那些高级官员面前，这些警犬和牵犬师的毕业表演非常完美。卢加尔的召回很完美；迪赛尔在箱子训练中动作流畅，令人印象深刻。不过，更重要的是在街道上的表现。12周的基础课程使牵犬师们走上了正确的轨道。他们会继续训练和学习，无论是在街头实践，还是在训练场上。现在，这些警犬正履行着它们的职责，牵犬师们也是如此。

史蒂夫很满意，而且与往常一样，他轻描淡写地说道："这些狗做得很成功。牵犬师也是。"

第九章　进入沼泽

但是，没有什么办法能够减弱过度恐惧或喜悦。因此，我跑到前头，以一种尽可能粗暴的声音命令他，让他停止无理取闹，因为我们还有很长的路要走，而天马上就要黑了。

——约翰·缪尔（John Muir），《斯蒂金：一只狗的故事》

（*Stickeen: The Story of a Dog*，1909 年）

巡逻车乱七八糟地停着，无线电噼啪作响，笔记本电脑屏幕的光亮从深色的玻璃窗中透出来。几个警察分散在公寓楼前荒凉的草坪上，抬起头看我把丰田凯美瑞慢慢开进来。我降下后车窗，这样索罗就能接受身份查验，他还提供了自己的肖像——把像熊一样雄壮的头和前胸伸出了车窗。一位警官猛地一拉枪带，头也猛甩了一下。工作犬的信息已经确认。

这是一个天气不错的午后，很适合进行搜索。上午的风已经平静下来，晚春的空气还很沉闷，带着不可理喻的热气。如果有气味存在，那气味就会被沼泽捕获。它会像隐形的苔藓一样覆盖在植物上，飘浮在水洼上方，等待狗鼻子的嗅探。

在索罗和我参与的搜索工作中，这不是第一次以毒贩为主要目标人物。我推测，在我下车并从车后备箱里取出最少量的必要装备时，有些人可能就在混凝土柱子后面看着我们。警察在与失踪者的女友交谈。我听到了哭泣声。我把身子往后备箱里面又靠了靠，把背包拿出来，同时不让自己去看他们。这与我无关。

这可能是气候变化第一次在我们的搜索中扮演间接角色。这不会是最后一次。持续的干旱过后，一场猛烈的暴风雨引发了洪水。滂沱的雨水取代了干燥的空气，坚硬的土壤变成了满溢的排水沟。水、淤泥和垃圾倾泻而下，进入已经受到污染的三叠纪盆地残余的湿地和林地。

根据报告，嫌疑人的逃亡开始于一个报警电话。报警者告诉警察，一群人正在一辆汽车外面兜售毒品。警方到达现场。他们发现，其中一名男子因为违反假释规定而受到通缉。当警察要逮捕他的时候，他破门而出，逃进树林之中。洪水和黑暗使搜索变得异常危险。一只巡逻犬在试图追踪嫌疑人时差点淹死，警察不得不中止了搜索。此时，嫌疑人已经逃出很远，进入了森林和沼泽深处。那个晚上，他从沼泽的腹地给女友打电话。她告诉警察，那是她最后一次听到他的声音。而现在他的手机已经关机。女友和他的家人等了两三天之后才给警方打电话，说他可能再也回不了家了。

一小时之前，在警察局里，调查人员和我仔细看了一张卫星地图。这片地区有好几英亩。有些地方可能会很泥泞；有些地方可能被水淹没。我尝试冷静下来，给自己一点信心，但心脏还是在胸腔里怦怦乱跳。

在警察局里，在帮忙决定如何进行搜索时，我试图让自己听起来就好像身经百战一样。不过，我已经向站在桌子周围的各位承认了自己的新手状态，希望能降低他们——以及我的期望。我已经和迈克·贝克一起训练了将近两年时间，与南希·胡克训练了超过 3 年。感觉还是毫无底气。我放慢语速，这样听起来不那么像一个热切的业余爱好者。我只是一位志愿者，我说道。狗并不是完美的，我说道。它们只是众多工具中的一种。我把所有这些都说了，而我也相信我所说的一切。

但是，当警察叫来一位志愿者时，他们要的是结果。我也知道这点。几十个警察正在待命，准备在沼泽里进行一场横线排查。除非索罗和我能找到他。

尽管我是一个"北方佬"，但北卡罗来纳的森林对我来说并不陌生。因此，当警察问我有什么需要的时候，我请求找两个人陪伴索罗和我，如果可以的话。即使在市区范围内，几英亩洪水泛滥的地方也可能存在排水口，一些溪流边上受到侵蚀的沙质河岸也可能在你脚下崩塌。

如果我们陷入困境，两个人可以把我们拉出来。这些还只是自然灾害。我不想独自跑到那里，与我们正在寻找的那种人见面。

有两位探员很高兴地自愿加入我们，并与我同时到达现场。他们身上的衣服显然让他们更适合在铺着油毡地毯的走廊上散步，而不是在沼泽中穿行。其中一位穿着设计精巧、带有穗饰的休闲皮鞋和熨烫妥帖的裤子，另一位也好不到哪去，他穿着办公室的职业装，稍微合适一点点。衣裳鲜亮的那位还开起棉口蛇和铜头蛇的玩笑，不过他没有笑得太大声。皮德蒙特三角地区的几位寻血猎犬牵犬师跟我说过，只有那些有恐惧症的人才会见到毒蛇。我没有恐惧症，但我知道事实并非如此。

我没有穿带有穗饰的休闲皮鞋。我匆忙换掉了可爱的亚麻职业套装，现在看起来就像一艘老旧的外航船。南希应该会为我感到骄傲。我脚上穿着徒步靴，系着越野滑雪绑腿，以防止被携带着立克次体或莱姆病细菌的蜱虫叮咬；这些装备甚至能抵挡爬行动物的毒牙。没有戴帽子：我不想自己看起来像个十足的蠢货。结束搜索之后，一把九齿蚤梳应该可以将我短发里面的蜱虫都清理干净。

与往常一样，索罗提供了额外的声音效果——喵喵地叫着，低声哼着，听上去更像塞伦盖蒂草原上的一只大猫，而不是一只德国牧羊犬。甚至他的胡须也抽动着。他身上穿着坚实的尼龙套具，在必要的时候可以作为把手，把他从沼泽之中拉出来。他讨厌套具，因为这意味着在他原本以为无拘无束的生命中要承受些许约束，也意味着他可能要进行一次长线工作。

我在脑子里进行了最后一次确认：水、水袋、驱虫喷雾；用来奖励狗狗的牵拉玩具；在冲出屋子的时候我没有忘记这些。它们跟水一样都是必需品。我们已经从一个硬橡胶 Kong 玩具发展到了两个绳索牵拉玩具。其中一个可以直接扔到他嘴里，另一个则抓在主人手上。索罗依然是一个混蛋，对牵拉玩具有着过分的占有欲，特别是在完成一次困难的训练之后。用两个玩具就解决了这一问题。我手里总是拿着更有意思的那个玩具：它可以扔得很远而不会被一只顽固的德国牧羊犬咬在嘴里不放。当索罗和我都对他的工作感到满意的时候，我们就不再互相较劲。

经过负责指挥的警官允许，我还在远离搜索区域的地方埋了一个梅森瓶，里面装有气味训练中所用的泥土。这并不表明我们自信能在搜索中有所发现。为了让索罗一天的工作能以一种满意的方式结束，关键得让他找到一些与死亡有关的东西。迈克·贝克曾经在索罗最初的一次长距离搜索结束后，给我上了温柔的一课。我们当时没有找到任何东西，而我也没有带任何能够对索罗的辛勤工作给予奖赏的训练材料。迈克指出，索罗的工作也需要获得"薪水"，就像我一样。这一次，我没忘记给索罗的"支票"。

在确认清单时我稍微有些分心，一系列搜索设备很容易就滑过我的脑海。令索罗分心的事物更加实在一些。树林中残留的生锈的体操设施，以及草地上的狗尿，都会使他的尾巴卷曲起来摆出防御姿态。当我们朝树林里走去的时候，公寓区的小孩——刚开始站得比较靠后，远远地看着——围拢在我们周围，像嘲鸫一样叽叽喳喳地说着。当索罗朝着他们晃动巨大的头部，并且皱起眉头的时候，他们马上往后跳开，尖叫着，带着夸张的恐惧。他们不是狗，他们只是很小的人。他放松尾巴，摇得既慢又低，所有的僵硬感都消失了。在孩子们周围，他收敛了自己的冲劲和"修辞技巧"。"别担心，他很可爱。"我对他们说道。

他对我并不总是那么可爱，但对其他人总是。"他很大，是吧？他不会伤害你。他喜欢小孩。"不过，他毕竟不是一只疗养犬，因此我们整个过程中一直在走，没有停下来。

皮德蒙特山脉这些山林的边缘，已经被含羞草、接骨木和参天的大树覆盖。在进入植被的阴影之前，索罗停下脚步，最后吸了一口来自一根腐蚀钢柱表面的、充满忿恨的狗尿气息。紧接着，两位探员，狗，我，一起俯下身穿过黄色警戒胶带，从铁丝网栅栏上一个剪开的缺口走了进去。

我们径直朝着另一端走去。我把其中一个绳索牵拉玩具从训练袋里拿出来，故意炫耀式地放进口袋里。索罗发出低吼，兴奋地打转，同时用他巨大的肩膀撞击着我的膝盖。我往后退了退，把他从我疼痛的手臂上推开。我很想给他数数，但我再次提醒自己，搜索并不是上礼仪课的好时机。我不希望他坐着或紧跟着我，或者以一种仰慕的神态望着我。我希望他找到人体。

解开绳索后的索罗反而变得更加服从，他定定地站着，等着。他的眼睛先是固定在远处，然后瞟向我的口袋，又转回山脚下。那里散落着空饮料瓶、婴儿尿布、一个大转轮和一台生锈的洗衣机。

他不需要听命令行动，但那些词语一直盘旋在我脑海里，提醒我，我们研究这种"舞蹈"已经有两年了。我最低限度能做的，就是让这一切开始。

"索罗？去找你的鱼。"

他绕着我跳了最后一支塔兰泰拉舞*，用敞开着的口鼻套敲打我藏

---

* 一种快速旋转的意大利传统舞蹈。

着玩具的口袋。没有咬我，但还是会疼。小混蛋。然后他猛地叫了一下，消失在茂密的灌木丛中。

索罗跳跃着，沿"之"字形跑下山坡，把可怕的公寓楼留在后面，毫不在意警方的无线电对话、狗尿、孩童、破碎的玻璃和扭曲的金属，这些分心的东西让我脚步变慢，他却无动于衷。我们已经突破了第一拨小蜡树，并且避开大部分——但不是全部——菝葜，后者的藤蔓常常会钩到厚厚的牧羊犬皮毛，而且刚好在胸口的高度。现在，我们身处森林的林下层，周围是幼龄的七叶树和较大的橡树，长满茸毛的有毒藤蔓环绕在树干上。

接着，索罗从视线里消失了。他完成了第一次出色的跳跃，当脚下的沙质陡坡塌陷时，他迅速跳下来，重重地落在下方溪流的河床上。他为自己的机智而激动不已。两位探员暂时放下关于在依然较高的水位之下是否存在流沙的争论，困惑地看着索罗，他正在对他们的观点进行检验。他跑到溪流河床上，低下头，用下颌舀起水和沙子，就像一把疏浚用的铲子。他拱起背部，如同一头鼠海豚，同时尾巴夹在后腿中间，把沙子唾出来，然后转个身，把这一切重新做一遍。那里并不是流沙。

我对探员解释说，这种特别的行为并不代表索罗最守纪律的状态。我向他们保证，他的目的性、毅力和专注很快就会出现。我们正在寻找一个受害者，而不是在玩游戏。

索罗已经开始了下一步。把嘴里的沙子甩完之后，他把鼻子凑到河床上，放慢脚步，徐徐爬行，同时把活泼的长尾巴直直地竖着。他正在工作。尾巴的状态表明他正在嗅探的不是动物，否则尾巴就会呈现卷曲的防御姿态，立在背部上方。这也不是嗅闻人类遗骸时的形态，因为那种情况下，尾巴虽然也会挺直，但位置较低，差不多与背部平行，而且末端有类似猪尾巴的古怪卷曲。是的，这是闻到活人气味时的尾巴。他冲到溪流的另一侧，我现在只能看到那里有一小块峭崖，这是从道路和建筑物上冲刷下来的沙质沉积物堆积之后倒塌的结果。周围的苔草被压倒了。

我知道警犬还没有去过那么远的地方，警察也没有。鹿、浣熊、河狸和狐狸——能在这些受污染的林地沼泽中生存下来的食草动物和中型掠食动物只有这几种——并不会制造这么大的混乱。那里肯定有人活动过。

索罗没有接受过追踪活人的训练，我也从来没有鼓励它去做，除了有时我叫他去屋里或者庭院里寻找大卫。如果把尸体气味形象化为圆锥形，那索罗的工作就是先接近圆锥形的边缘，然后确定参数值，来回旋转，直到到达圆锥形的尖端：理想情况下，尖端代表着气味的来源。但是，在一个范围如此之大的沼泽和森林中，接近气味需要一定的时间——如果他嗅到的话。因此，让索罗从嫌疑人最可能的逃亡点——即最后看到他的地方开始搜索，并不是愚蠢的决定。

索罗并不在意我让他从哪里开始。他正在玩他最喜欢的游戏。尽管他没有意识到他最喜欢的游戏已经升级了。他现在寻找的是整个尸体，一具可能已经在温暖、湿润环境中放置了4天的尸体，其气味圆锥形可能会十分巨大。我们的工作才刚刚开始。索罗之前没有进行过对整具尸体的搜索，他甚至还没遇见过整具尸体，即使是在训练中。

如果尸体在这儿，索罗应该很容易就能找到。他习惯于寻找百万分之几的部分——这里一颗牙齿，那里一片带血的衣物。在南希的农场中，虽然索罗和我已经在许多英亩的土地上搜索过，我也曾目睹他在数百码之外就嗅到训练材料发出的气味，但我还是不知道他在这个案件中会怎么做。就在这场搜索一年前，我们用一个大纸板箱对索罗进行过训练，箱子里有从搁了一段时间的尸体下面取来的泥土和一条毯子。那股气味完全笼罩了他：在这里，不，在那里，不，到处都是。他在浓重的气味中晕头转向，像喝醉了酒一样。最终，他在气味最重的位置停了下来，站在中央，一脸困惑。对于这种情况，我应该怎么办？

至少有一位经验丰富的培训师兼牵犬师认为，狗的这种头晕目眩的反应也可能发生在长距离任务中，并打乱狗和牵犬师的计划。德博拉·帕尔曼（Deborah Palman）是缅因州一位退休的狩猎监督官。1978年，她打破了性别壁垒，成为该州第一位女性狩猎监督官。她完全符合我心目中一位退休狩猎监督官应该有的模样：她有一头剪短的灰色头发，安静、干练的举止，以及狡黠的幽默感。她不会故作姿态。她不会吹嘘自己或自己的狗，但如果我在缅因州失踪，我将很有可能被德博拉以及她手下的狗找到，无论是死是活。由于工作原因，德博拉已经在缅因州行走过漫长的距离，从遍地都是驼鹿的沼泽，到遍地都是驼鹿的山地，再到遍地都是驼鹿——和熊——的荒野。她甚至训练了能探测鱼气味的狗，以追踪那些违反捕鱼法规的钓鱼者。

德博拉和她的德国牧羊犬已经找到了20多位失踪者，有些活着，大部分死了。多年以来，德博拉已经参与了成百上千次搜索，由于身处地形多变的荒野环境，也由于团队工作、协助搜索、阅读报告和训练犬只，她思考了许多有关人类尸体气味甚至是活人气味的问题：气味能移动到哪里，有多远，以及狗在哪里能探测到这些气味。气味如何在树上和小山上停留，然后往下移动，被篱笆或一片空旷地捕获或累积起来，"就像溪流里的碎屑一样"。有时候，气味移动的距离能超过一英里。

"我这只年轻的狗在发现迹象的时候能非常快地启动开关。当她冲入一大片气味当中时，她会变得很激动，"德博拉以一种尖细的声音模仿她那只充满激情的母狗，"'在这里！我还没有真正找到它，但它就在这里。'"

德博拉说，经常会发生这样的情况，即在气味出现的地方和尸体所在地之间存在"一个巨大的间断"。气体播散的方向会对搜索造成混乱，不管是对活人还是死尸而言。在新罕布什尔州的一起案件中，尽管一直没有结果，但德博拉就是不肯放弃，他们记录了不同的狗发出的12次警报。数百位志愿者已经搜索了10天，覆盖了整片区域，同时收到了经过山谷的人们发来的零星报告，那些人在一天中不同的时间嗅到了一些东西。那天早些时候，德博拉自己的狗表现得有些奇怪。然而，她是在十分偶然的情况下发现死者尸体的。当时，德博拉经过一条她之前没有搜索过的路径，想要去寻找当天早些时候掉落的一条皮带。"我们正开着全地形车进入镇里，作为一名狩猎监督官，我忍不住望向森林深处，然后就在树林的小径上发现了她的尸体。找到她纯粹是偶然的运气。"

死者就躺在幽暗峡谷内一条健行步道旁边。德博拉说，这是一堂意义重大的课——她马上返回，开始研究地图和报告，并思考她的狗在这几天搜索中表现出来的行为，甚至还有其他搜索犬的行为。"你的狗会变得很疯狂，看来看去，看来看去，就是什么都找不到。"她在一次研讨会中对其他牵犬师告诫道。

因此，你必须知道如何读懂你的狗。还有风，多日来的温度，以及水和地形。所有一切，真的。最后，事情可能会因为某些意想不到的东西而出现转机，比如不小心掉了一条皮带。

德博拉停顿了一下，"那么，是谁让我把皮带放那儿的呢？"

🐾 🐾 🐾

在北卡罗来纳州，索罗，我，还有那两位探员走过树林线，进入沼泽区。目之所及，只有齐腰高的亮绿色有毒藤蔓。成百上千株未成熟的毒漆藤，叶子跟学步孩童的手掌一般大，在微风中轻轻晃动。它们长得实在太密集了，我知道自己怎么也不可能在穿过这些叶片的时候不碰到它们。索罗也不可避免地被毒漆藤淹没。我几乎看不到他。他大约就在一百英尺之外，一边走，一边在毒漆藤中踩出活泼的康加舞舞步。他像犁一样穿了过去，沾上了许多藤蔓的汁液，这样在下次我摸他的时候，这些汁液就会擦到我身上了。过去 10 年里，这一地区的毒漆藤变得越来越大，生长越来越快，毒性也变得更强。毒漆藤喜爱全球变暖。在这里开阔的沼泽中，它们没有机会让自己长成多毛的绳索状，就像我们在树上看到的那样，而是变成了更加恼人的形态——柔软的未成熟藤蔓。我必须提醒自己，尽管我觉得毒漆藤非常有害，但它依然是一种原生植物，是当地生物的食物来源：从灰猫嘲鸫到卡罗来纳鹪鹩等鸣禽，再到蜜蜂、鹿和麝鼠等，都受益于它的小花、叶子和浆果。

毒漆藤的海洋里可能还藏匿着一具尸体：在一个下着倾盆大雨的黑

夜，那个人在没有手电筒的情况下从警察的追捕中逃脱。他应该没有想到毒漆藤；黑夜和雨水的遮蔽会让他认不出这些藤蔓。他的尸体可能就在这片毒漆藤之中。诸多不便，但我没有太多选择：我把袖管拉下来，扣上纽扣，然后把手臂举到藤蔓上方，紧跟着领路的索罗。两位探员跟在我们后面，穿过沼泽。他们的休闲皮鞋弄湿了，但我没有听到任何怨言。

在清理了一部分沼泽之后，我提议短暂地休息一下，让狗凉快一会。索罗一直在勇敢地来回奔跑，但已经不在某条路线上，而只是单纯地想要抓住气味"圆锥"的边缘，就像他接受过的训练一样。还是没有。好的一面是，我们都没有陷入沼泽或者受伤。我们出来已经差不多20分钟了，但气温依然是80华氏度（约合26.7摄氏度）。索罗穿着双层外套猛冲，虽然还没有出现呼吸过度的情况，但也已经差不多了。他的身体条件非常棒，但无论如何，一只工作中的嗅探犬或追踪犬，要比外出散步的宠物犬更容易疲劳——嗅探犬并不只是在呼吸，而是有意地吸进更多的空气，然后以不同的方向把空气从鼻子呼出去，以鉴别其中的气味。一只狗在嗅探气味时一分钟能呼吸140到200次，相比之下，一只出门散步的狗每分钟呼吸的次数仅为30次。索罗，不愧是索罗，一直在奔跑和嗅探。

我们没有迷路，但显然是盲目地徘徊在目标边缘。是时候重新部署了。索罗发现了一片泥泞的沼泽，并重重地摔在上面，他目光呆滞，头向上猛甩，深色的嘴唇向后缩着，以吸入更多的氧气。我从背包里拿出淡水，泼在他身上——没必要让他在之前暴雨留下的积水中沾上大剂量的油脂、化学物质和杀虫剂等。

我们三个人重新确定方向，拿出地图，一边斜眼看着，一边用手指着地图上各种地标，找出与我们身边的溪流河床和电力塔对应的位置，寻找距离最近的街道。嫌疑人有可能会从那里逃走。我们的讨论是建立在嫌疑人的行为有相当合理性的基础上，而这并不是理所当然的事情。另一方面，如果他确实了解这片区域，他很可能会朝着他告诉女友的那个方向逃走。水已经退去很多了；到处都能看到水位高时留下的泥水印记。无论如何，我们还是很难确切知道那晚的水位曾经有多高，以及哪些地方曾经被水淹没。

我意识到，我们应该从沼泽的另一边开始搜索。在搜索开始的时候，索罗或许一直在追踪一条人类踪迹，但有一个明显的可能性是，我们可能一直在受害者的上风方向进行搜索。这不是好事。我们应该从下风方向开始搜索。我对这两位探员的准军事化服从，已经削弱了我曾经拥有的良好感觉。在恐惧感的支配下，我心里那种身为一无所知的新手的感觉又出现了。但是，坚持下去才是此时最好的选择。我捡起索罗的饮水碗，把里面剩下的口水和水倒干净，然后把背包固定在满是汗水的背上。

当时感觉过了很久，但可能只是 5 分钟后，我看见索罗稳定的跳跃慢了下来。他抬起头。他已经开始在吸入的空气中有所发现。他把头抬得更高，从飘浮的气流中获取更多信息。我们正走出沼泽，靠近一片杂树林和茂盛的灌木丛。索罗朝那里移动，步伐变得更慢。他把两只前爪抬起来，像熊一样，几乎两足站立。他似乎想攀登一座隐形的山峰，或者是要从一块禁锢着他的铅块上挣脱出去。他靠近树林边缘，那里生长着小无花果树、榆树和北美枫香树。他紧张地卷起尾巴，朝几根树干走过去，带着疑虑望着那些树枝。我知道尾巴的这种卷曲意味着什么。索罗身处尸体的气味之中。

尽管我推测这位受害者并不在某棵树上，但还是对索罗的怀疑精神闪过一丝自豪。狗往往会过分沉迷于地面搜索，仿佛那里是所有气味的来源。我们的训练标准之一，便是把训练材料挂在树上或灌木丛里，迫使索罗把鼻子抬起来。死者出现在树上的概率比一般人想象的大得多，无论是在自杀案还是凶杀案中，或者是大规模洪水过后，都常会出现这种情况。即使是在死亡问题上，世界也是三维立体的，而不只是一个平面。

我感到有点眩晕。我知道这是因为我的肾上腺素正在飙升。这不是训练，而且索罗嗅到的不是沼泽的气体。警察就在我们后面，我不确定具体在哪里。我太过关注索罗了。

索罗继续追随他的鼻子，我则继续追随他。现在，我们进入了沼泽远端树林的阴影之中。我转动眼睛，看到索罗停了下来。他就站在那里。一具尸体躺在他面前阴暗的小树丛中。遇害者距离我 30 英尺，距离狗不到 10 英尺，同时呈现出灰白色（由于风干的泥土）和黑色。他的脸朝下，没有穿上衣，身体陷在泥土里。我什么都没有闻到。不过，这些树和灌木使气味集中起来，帮助索罗找到了他。

索罗回头看向我，接下来做什么？

我摸索着，把牵拉玩具从口袋里拉出来，感觉到它的弹性。我逐渐提高声调，使每一句话都听起来愈加欢快。好小子。好小子。好小子！真是个好小子！好鱼！耶！

索罗欢快地跑向我，想要拿他的奖赏，而我往后一退，接着他和我就像在泥土轨道里环绕的两颗行星一样，彼此之间通过牵拉玩具的绳索连着，一起旋转起来。我拉着他，逐渐远离那具陷在淤泥里的尸体。我转过头，尽可能大声并不带感情地喊道："找到他了。"

在索罗快乐的噑叫声中，我听到探员轻轻地发出吃惊的声音。他们听起来还很远，但其中一位正不断自言自语，当他们向我们跑过来的时候我听得更加清楚："你开玩笑。你开玩笑。你开玩笑。"

索罗的工作完成了。我把牵拉玩具交给了他，这是他应得的。我拴好他，然后一起转身走出树荫，回到阳光和散发着荧光绿色的沼泽地中。

第十章　聪明和轻信

大部分人都对自己识别扯淡以及避免被这些扯淡牵着鼻子走的能力相当自信。

——哈里·G.法兰克福（Harry G. Frankfurt），《论扯淡》

（*On Bullshit*，2005 年）

"聪明的汉斯"（Clever Hans）是生活在 19 世纪到 20 世纪之交的一匹聪明的德国挽马。他对许多问题都能做出令人惊叹的回答，吸引了众多观众。他会用马蹄踏地面来做加法和减法运算。他的主人是一位数学老师，长着一把壮观的白色胡须，就像他那匹爱马的尾巴一样。他会这样问"聪明的汉斯"："如果一个月的第 8 天是星期二，那下一周的星期五是几号？"

　　"聪明的汉斯"会踏着马蹄，正确地给出答案，而感到不可思议的观众们会爆发出热烈的掌声。

　　我们已经知道汉斯是如何做到这些，这部分归功于德国心理学家奥斯卡·芬斯特（Oskar Pfungst）在 1907 年发表的冗长报告：汉斯会一直踏着马蹄，直到他从训练师或观众那里获得一种微妙的、往往是无意识的暗示。随着时间推移，这种"三联性精神妄想"会逐渐增强；马、训练师和观众之间的反馈环随着汉斯的声名鹊起而不断增长。汉斯的主人对他的虚妄信念也不断增强。当汉斯在踏步回答问题中犯错时，他的训练师也不再放在心上。

　　芬斯特写道："有一天还传出消息说这匹马甚至懂法语，而那位老绅士，他使徒般的外形总是给仰慕者施加一种高水平的暗示，反过来，他也受到群体暗示反馈作用的诱导。他不再对那些最引人注目的失败感到不安。"

　　当我第一次读到关于"聪明的汉斯"与他那受迷惑的主人和观众的故事时，我把整个事件视为 19 世纪到 20 世纪之交的某种时代错误。但是，在索罗训练期间，"聪明的汉斯"又萦绕在我脑海中。最初，我以为这是个关于马的故事，与人无关；与索罗有关，但与我无关。现在我了解得更多。人们用动物进行各种各样基于信念的活动。一旦你开始将期望放到马的身上，你就会认为它能够承载所有的意识形态和理论。达尔文主义者从汉斯身上找到了人类与动物在思维上具有相似性的清晰证据。笛卡尔主义者称，汉斯仅仅是一头牲畜。当然，汉斯既不是天才，也不仅仅是牲畜，而是一匹聪明而专注的马。

索罗同样既聪明又专注。也就是说，他完全具备撒谎的能力——在狗的层面上。作为他的牵犬师，我的工作就是避免他这么做。我的表现并不总是很完美。这里举一个索罗训练时的例子，但这不是唯一的例子。

几年前，我们在达勒姆一个废弃的仓库里。一位巡逻犬牵犬师已经按照命令，为索罗放好一些训练用的材料。它们已经被"烹制"——有人将这个词用于所有的气味训练材料（不仅是尸体）——了差不多半小时。时间够长了，在北卡罗来纳那个温暖的夜晚，已经足以释放出气味。接着我放出索罗，让他开始搜索。另一位牵犬师悠闲地跟在我们后面，监督我们，但没有靠得太近。索罗飞驰过那栋建筑，疯狂地加速，试图用爪子挖开光滑的混凝土，得到额外的收获。

他扭着头，几乎蹦到了半空，又向后跳向一个垃圾桶，然后靠拢过去深深嗅了一口，努力地追寻气味。真是经典。我追上他，慢慢停下来，欣赏着他的技术。索罗看着我，而我站在那里，愚蠢地与他的目光接触。接着，他坐下来，很高兴地盯着我，做出他特有的警报姿势。这种感觉不对。我转过头看另一位牵犬师，他花了好几秒钟才进入状态，快速摇了摇头。不是。那里没有藏尸体。

我对时机的把握太糟糕了。当我减慢速度并望着索罗的时候，恰好触发了一个错误的警报。我无意中鼓励他做了一些他不应该做的事情。在特定的训练阶段，即使一毫秒的犹豫都能导致差别。如果受到鼓励，索罗的行为可能会变成习惯。我犯了一个草率的、新手才会犯的错误。在那个垃圾桶旁边，我唯一没有犯的错误是奖励他的小诡计。我避开他的目光，重新发出指令："去找你的鱼。"我的声音可能有些尖锐，虽然原本不应该如此。索罗继续搜寻，找到了几处真的藏有训练材料的地点。

"这就是为什么我们称之为训练。"迈克·贝克在我把索罗放进车里之后失望地说道。他有点恼火我允许索罗玩花招，也有点恼火另一位牵犬师没能阻止这一诡计。

我们两个物种之间的协同演化带来了显而易见的适应优势，而正是这样的联系，在你想让狗的鼻子成为独立而公平的证据时，也会变成实实在在的劣势。

必须诚实对待假警报，否则它们会变成训练或搜索任务中的大包袱。与酗酒问题一样，这种情况比我们所知的常见得多。少数牵犬师发誓称，他们的狗从不会发出假警报，那里肯定有什么东西，即使可能只是气味残留。这种抚慰性的循环叙事——那里肯定有什么东西，因为我信任我的狗，而它是完美的，永远不会搞错——最终反过来会伤害你。哲学家哈里·法兰克福（Harry Frankfurt）称之为"扯淡"。法兰克福在他著名的论著中指出，扯淡要比谎言更具有潜在的危险性。有些人可能意识不到自己在扯淡，而且这种扯淡也不一定总是假的，因此就会产生更大的问题：对事实普遍地不重视。在政治事务中我们总是会看到这种情况——在狗的世界里也是，尽管不一样，但还是相似的。这也正是法兰克福认为扯淡比说谎更有破坏性的原因。与扯淡者不同，撒谎者清楚地知道他正在把自己放到他所认为的事实的对立面。撒谎需要多一些努力，需要稍微尊重一下存在于某个地方的真相。

我永远也无法确切知道，当索罗发出假警报时，他能否区分撒谎和扯淡。我相信索罗是想诚实的。迈克·贝克曾经称索罗是他所知的最诚实的狗，部分是因为在警报之前读出他的身体语言太容易了。

尽管如此，索罗还是会发出假警报。虽然不是很经常，但在我的训练和搜索记录中确实出现过。每一次警报都有记录。这多数发生在他身处气味之中，但没有像他应该做到的那样尽可能靠近，而他自己却觉得已经足够好了的时候。或者，如果我操控得很糟糕，就会像那次在仓库里的情形一样。有些情况我可能永远也不知道为什么。有时我能推测他发出警报的原因。并不是所有的警报都是假的。如果我们在一个废弃汽车堆积场里搜索时，索罗在气垫已经展开或挡风玻璃已经破碎的地方对一个前排座椅发出警报呢？我会给他奖励，即使车里面没有尸体。血液能在座椅上黏附很多年。

如果有五六位警察站在周围，盯着地上某种散发气味的东西，比如一个装着死狗的袋子呢？索罗也会盯着它，望一下周围，看看每个人的表情，同时思考着：嗨，那可能是某种值得发出警报的东西。他们都对它有兴趣，是吧？如果是这种情况，他就得不到奖赏。工作还要继续。在搜索当中，如果有人让我去察看一些看起来很可疑的垃圾袋，或者特定的骨头，我会礼貌地询问他们是否能保持一段距离。在近期的一次搜索中，我让索罗对一堆沙子进行了查验。我很确定那是不久前一次溪流洪水遗留下来的沙丘，而一位细心的探员认为它看起来像是坟

狗知道答案——工作犬背后的科学和奇迹

墓。在带着索罗穿过那片区域的时候，我简单地要求探员们站远一些。他们都服从地退后并转过身去，但还是忍不住转头观察索罗会做什么。索罗嗅了嗅，继续往前走。这么多年来，他对死亡的动物已经越来越不以为意。更重要的是，他对人们的目光也越来越不以为意。

很难说这是狗的缺点：我们人类通过选育，已经使它们在骨子里对我们的反应绝对地敏感。对工作犬而言，我们走得更远一些。我们要求它们不仅要与自己的牵犬师紧密联系，而且需要能独立行动。它们需要同时具备服从性和独立思考的能力。我们训练它们无视我们，完成它们的工作。推开那扇门，别看我，去做。打开那扇门，找到那具尸体。别看我，做你的事。这个游戏就是既要在一起又要分开，既要结合又要独立。某些品种和某些狗会更加容易做到这点。

在高级服从训练中，"出去"之所以是最难的练习之一，部分原因正在于此。一只服从的狗习惯于跟前跑后，用充满爱意和感激的眼神望着牵犬师来换取狗粮。然后，牵犬师要求这只狗充满热情地径直跑开。如果没有恰当的狗粮和奖赏训练，你会见到一只很服从的狗缓慢地、闷闷不乐地走开，同时回头凝视它的主人：你不再爱我了；你想让我走开。

我们人类在骨子里也同样如此。我们与我们的狗是紧密联系的。在培养独立性、希望狗成功的时候，牵犬师，甚至是过分热心的培训师，会下意识地扮演一个无益的角色。这就是为什么在训练嗅探犬时，牵犬师应该从单盲问题开始。这样他们就不知道训练材料隐藏的地点，也就无法帮狗作弊。接着，牵犬师应该继续解决双盲问题，此时培训师会表示他也不知道藏东西的地点。这也是为什么在索罗训练初期，南希·胡克忘记了训练材料在野地和森林中的放置位置却反倒带来了好处。她无意中为我们三个提供了双盲训练。她帮助我们避免了扯淡。

🐾　🐾　🐾

那么，如果在一场研讨会中，某位寻尸犬牵犬师一直带着炫耀的口吻对朋友们说，她的狗从来不会发出假警报呢？或者，某位寻血猎犬牵犬师吹嘘他的狗能追踪一条 2 个月之前的路线，或者某个开车行驶了数英里的人呢？这些难道跟大鱼传说一样无害吗？

不。吹嘘你的狗会稍稍助长传播有关工作犬的扯淡。这会创造一种充满渴望的盲目，不仅会最终伤害一只特定的工作犬的训练，而且还会在总体上促成关于工作犬的一种朦胧的虚构——某种模糊的、焦点不清的形象，使我们产生"英雄狗崇拜"。

正如追踪训练师特雷西·鲍林（Tracy Bowling）所指出的，错误的宣传在重复足够多次之后就会变得很合理。这个时候，你就可以追溯这些谎言所造成的真实而明显的伤害。它们损害了那些真诚的、不会夸大其词的牵犬师；它们阻止了人们把狗训练到必要的水平；它们会使一只好狗所能胜任的工作看起来既明显又简单，而事实上，这些工作极为困难。

夸张的说法会让媒体对狗的奇迹失去理智，而当有告诫意义的故事不可避免地发生时，他们又会陷入另一种混乱。臭虫事件的反转就是个好例子。《纽约时报》与臭虫探测犬的蜜月期不到一年时间就结束了。2010 年 3 月，该报在第一篇相关文章中对犬类探测臭虫的有效性没有丝毫怀疑："臭虫嗅探犬很可爱，却又具有惊人的准确性——佛罗里达大学的昆虫学研究者报告称，训练有素的狗能够探测到单只活着的臭虫或虫卵，准确率高达96%——在一场逐渐升级和节节败退的居家战争中，它们是一道崭新的、长着毛皮的防线。"在这些记录中，狗似乎是单独工作的，没有牵犬师。它们似乎自己就能坐出租车，去曼哈顿上东区的酒店里进行调查。

8个月之后，《纽约时报》的腔调有所改变，在"对臭虫嗅探犬的质疑骤起"一文中写道："但是，在（臭虫）出没的报告越来越多，以及对狗的需求急剧增加的同时，那些声称狗无法准确嗅探到臭虫的人也不断提出意见。"

警诫性的科学研究开始出现，引起一些牵犬师和犬类组织的极大惊愕，有时甚至是充满恶意的反对。他们寻找研究漏洞的速度快过白蚁大军，并且宣称发现工作犬的神奇世界中有任何错误都让他们"震惊、很震惊"。这种做作的震惊也是法兰克福所谓的"扯淡"的又一个绝佳例子。不过，这是无法避免的，某种程度上也是可以理解的。涉及犬类的法律事务已经变得极其复杂，并且充满争议——美国最高法院于2013年首次接手了佛罗里达州两件有关犬类嗅闻的案子。这两个案子都是基于美国宪法第四修正案针对无理搜查的保护。尽管在其中一个案子中，法庭支持了在交通中断期间进行搜查的工作犬和牵犬师，但在另一个涉及私宅种植大麻的案件中，法庭给出了不一样的结果。当时警方利用缉毒犬在房屋门口进行嗅探，确定此处可能涉嫌犯罪，从而得到了搜查令。多数票裁决结果是，警犬的鼻子与政府窥探个人隐私的眼睛并没有太多不同。你的隐私权包括让警犬的鼻子远离你的住宅。这一决定将会影响到未来嗅探犬的使用方式。

所以，当有科学研究对工作犬的"战无不胜"提出任何质疑的时候，牵犬师和培训师都很乐意做出回应。2011 年发表在《动物认知》(*Animal Cognition*) 上的一项研究正好说明了这点。该论文的作者是前嗅探犬牵犬师丽莎·利特（Lisa Lit）和她在加州大学戴维斯分校的两位同事。研究显示，当执法部门的警犬牵犬师期待从特定地点找出弹药或大麻时，他们要么会声称，要么会真的相信他们的狗已经找到了目标——即使那里什么都没有。

某种程度上这是个简单的研究：任何地方都没有放置毒品或炸药，但是研究者放置了一些小块的红色图画纸，并告诉牵犬师这些标记指示着毒品或爆炸物。当牵犬师看到一小片指示着错误气味地点的红纸时，他们更倾向于称自己的狗已经发出了警报信号。有意？无意？可能二者兼而有之。有趣的是，牵犬师因为这些红纸片的误导而分心的程度，远胜过他们的狗因为各种角落里藏着的 Slim Jims 零食和网球而分心的程度。利特和她的同事们记录了数百次实实在在的假警报。

利特的研究并不是关于狗的研究，而是一个关于"人性与狗相互关系"的研究，并且强调了一个强化的训练制度的必要性。该研究还指出了期望值的问题。如果我们期待发现什么，那么有所收获的机会就会更高。我们都具有确认偏误*。当我们能用狗来确认这种偏误时，情况又会好多少呢？

读完利特的研究，我开始在索罗的训练中加入更多的无效搜索。最初几次是在一处完全废弃的民航建筑里，没有放置任何训练材料。

---

* confirmation bias，指个人选择性地回忆、搜集有利细节，忽略不利或矛盾的信息，来支持自己已有的想法。

索罗嚎叫着发出抗议，试图从我口袋里把牵拉玩具弄出来。他抓狂了。在那里，他周围是警犬和穿着制服的警方人员，而且都很喜欢玩牵拉玩具。没有藏匿品？我的口袋上沾满了忿恨的口水，我的大腿也受了点伤。他没有发出假警报。这是个好的开始。

第二次无效搜索必须是单盲的：我不能知道是否有放置训练材料。然后是双盲训练，跟我一起训练的人也不知道是否有训练材料。在某个时刻，如果我对那些相当于红色画纸的东西熟视无睹，不下意识地做出反应，那就修成正果了。循序渐进，一步一步来。离开训练场的时候我会给家里打电话。大卫会在院子里放一块尸体材料，这样当索罗和我从车里出来，朝屋子走去的时候，索罗就会抬起头来。他直接跑向气味。看！还是有尸体的！快给我玩具。他高兴了。我也很高兴不必给他特别的指令去寻找藏匿品。在训练初期，迈克·贝克已经告诉过我，索罗应该随时准备参与游戏，而不是等待我发出特别的命令。

丽莎·利特及其同事的研究表明有关犬类探测的结果并不那么惊人，而且指出有必要强化培训制度。无独有偶，奥本大学的拉里·迈尔斯对 12 组全职进行探测的狗和牵犬师团队做了一次尚未发表的延伸研究。

"这是个简单的测试，"迈尔斯直截了当地说，"我担心它太过简单了。"他在全新的比萨盒里随机放了气味样品，盒子放在房间里，他自己待在外面，这样就不会无意中提示牵犬师。狗和牵犬师团队中表现最差的准确率只有30%，而另一位准确率最高的牵犬师达到了97%。迈尔斯指出，这位获得最高分的牵犬师是一位经验丰富的训练者，他经常进行双盲训练。

大部分团队的准确率介于 60% 到 85% 之间。85% 已经相当不错。60% 没那么出色，已经开始更接近碰运气了。30% 的准确率则需要你改变那只狗、那位牵犬师，或者整个训练方法。

"看到许多自认为了不起的人表现如此糟糕，实在很有意思，"迈尔斯评论道，"人们认为自己所做的事情真的是对的，而且会达到自我陶醉的程度，对此我已经不再感到惊奇了。"

🐾 🐾 🐾

举例来说，他已经发誓作证，即使他没有对自己的活动做详细的记录，他也知道他的狗几乎从不会犯错。根据皮克特（基思·皮克特，Keith Pikett）所说，在 2009 年，他的狗"克鲁"（Clue）在 1659 次任务中只出了一次错；"詹姆斯·邦德"（James Bond）在 2266 次任务中出了一次错；而"昆西"（Quincy）在 2831 次任务中仅仅有三次被证明是错的。

——《德克萨斯清白专案报告》（*Innocence Project of Texas Report*，2009 年）

尽管很罕见，但美国法庭上确实出现过犬类版"聪明的汉斯"的极端例子，并且是作为判决有罪和清白的关键。娱乐大众的数学把戏变成狗的把戏，呈现在容易受骗的陪审团面前，并将无辜的人送入监狱。当牵犬师在宣誓之后撒谎或夸大狗的能力时，这不仅损害了牵犬师证词的可靠性，也使人们对犬类嗅觉的信任蒙上了阴影。

令美国全国警用寻血猎犬协会的副主席罗杰·泰特斯（Roger Titus）烦恼的正是这类证词。过去几十年里，他与手下许多令他自豪的寻血猎犬进行了大量追踪工作。这项工作帮助执法者将罪犯投入监狱。如果他的狗能够追踪到三到四天前的踪迹，他就会异常高兴。破坏这项工作的，是他在训练中和在证人席上听到的谎言。对于那些有责任心的训练者和牵犬师，这些故事会变成让人烦恼的负担。"有时候，说法会变得荒谬无比，"罗杰谈到牵犬师们的言论时说，"4 个月以前？不可能。到处都是这样的说法，人在 1 月份留下的踪迹到 5 月份还能追踪到。"

罗杰指出，危险的信号显而易见。"（问题）在于那些内心想成为传说的牵犬师。"然而，这些传说最终会成为法庭上的誓言证据，以及法律期刊上有告诫意味的故事内容。气味证据，或者说狗的嗅觉，应该是案件中众多证据的一部分，但有时会成为最主要的证据。这就是问题所在。

已故的宾夕法尼亚州骑警约翰·普雷斯顿（John Preston）就是这样一位传说人物。"清白专案"* 组织声称，普雷斯顿对他的狗的气味追踪能力的虚夸，导致多达 60 人仅因他的错误证词或部分因此而被判有罪。在追踪犬专家看来，普雷斯顿所宣称的事情——他的狗能在地面或者交通繁忙的街道上嗅出嫌疑人数月或数年前走过时留下的气味——是不可能的。2009 年，一名男子在监狱中度过 26 年后终于获得自由。20 世纪 80 年代中期，在普雷斯顿被揭发是骗子之后，佛罗里达州的检察官并没有费心重审他的案子。2008 年，佛罗里达州检察官诺曼·沃尔芬格（Norman Wolfinger）下令对普雷斯顿参与作证的谋杀和性暴力案件进行复审。尽管当地报纸评论指出，有必要进行一次独立

---

* Innocence Project，美国、加拿大、英国、澳大利亚和新西兰的一个非营利性法律组织。

调查，但并没有发生。普雷斯顿于 2008 年去世。

基思·皮克特是年代更近并且依然活着的"传说"。他曾经担任过德克萨斯州本德堡（Fort Bend County）警长的副手。德克萨斯州"清白专案"组织告诉《纽约时报》，皮克特关于自己那些寻血猎犬嗅觉能力的证词，导致多达 15 到 20 人"本质上完全基于皮克特的证词"而入狱。

在全国范围内，皮克特参与帮助指控超过 1000 名嫌疑人。他的专长是通过气味辨识嫌疑人。"气味列队辨认"一开始要采集犯罪现场的气味，然后采集某个嫌疑人的气味。狗的工作就是将犯罪现场和嫌疑人的气味进行"配对"。为了使配对结果更加可信，这一过程需要在纯净的环境中进行，并采用双盲和细致的保存方法。荷兰的法院接受气味辨认，但只是作为辅助证据，而他们使用的狗也不止一只。辨认工作在一个经过消毒的房间内进行，没有牵犬师在场。换句话说，不能有交叉污染，也不可能出现"聪明的汉斯"。这与基思·皮克特在德克萨斯州所使用的方法截然不同。

最终，警方的取证视频显示了皮克特和他的狗进行气味辨别的过程。这"使他彻底完蛋"，罗杰言简意赅地说道。我在网上看了这些视频。写着号码的油漆罐放在草地上，排成一排。一位探员从一个罐子里取出装在塑料袋中的纱布垫，然后放到另一个罐子里，没有戴手套。如果真的有一块未受污染、沾有嫌疑人气味的物体，那么现在气味很可能存在于好几个罐子之内。之后，皮克特用绳子牵着他的寻血猎犬跑向那一排油漆罐。当皮克特停下的时候，狗会向上看，发出吠叫，然后停下。它们甩着头，口水横飞，然后再次吠叫起来。他们避开了一些罐子。皮克特拉着绳子让一只狗停在一个罐子前面，那只狗就会站在那里。另一只狗不偏不倚地停在两个罐子中间，皮克特说，这只狗已经对其中一个罐子发出了警报。一只狗吠叫着经过两个油漆罐，而皮克特说它对其中一只罐子发出了警报。皮克特称，甩头、吠叫和停留，这些都是警报。这些寻血猎犬正表现出这三种举动。

"这是我见过的最原始的警方取证程序，"英国某警犬队前负责人罗伯特·库特（Robert Coote）在看完视频后作证说，"如果不是因为这是一件严肃的事，我会觉得是在看一出喜剧。"

问题在于，数年来德克萨斯州的警察、检察官和陪审团买这出喜剧账。一名男子被控杀了三个人，证据大部分来自皮克特的寻血猎犬，而这名男子是一位部分失明、患有糖尿病和骨刺的残障人士，就身体条件而言完全无法犯下皮克特所宣称的谋杀案。他在监狱中度过了7个月，直到有人承认犯下了这些罪行。

迈克尔·布察尼克（Michael Buchanek）是一位已经退休的执法警监，他被皮克特的狗指认为一起强奸和谋杀案的头号嫌疑犯。案件受害者是他隔壁的邻居，一位社会工作者。警方推测布察尼克将尸体放在汽车后备箱内，开了5英里，然后丢弃在野外。在罪案发生24小时后，皮克特的狗据说追踪到了受害者在一辆行驶了5英里的汽车上留下的气味。国际工作犬专家蕾西·格里森（Resi Gerritsen）和鲁德·哈克（Ruud Haak）在他们的《警犬骗局》（K9 Fraud）一书中以带有强烈讽刺的口吻指出，这是"一次异乎寻常的表演，没有任何狗能够复制"。

受到指控的那位警察，布察尼克，告诉《纽约时报》："一直有人跟我说，'狗不会撒谎——我们知道你做了什么。'"接下来几个月里，他的生活都被嫌疑笼罩着，直到DNA检测结果指向另一名男子，后者对这一罪行供认不讳，布察尼克才得以洗脱罪名。

　　罗杰·泰特斯指出，陪审团尤其容易受到犬类证词的影响。"你看他们都看着彼此，"他说，"十个人当中，你会找到八个喜欢狗的。他们都是乐于接受的听众。"

　　并非只有库特和罗杰对此感到担忧。罗杰的同事道格·劳里（Doug Lowry）是美国警用寻血猎犬协会的主席，他也作证反对皮克特，称后者正在"伤害全国各地的警用寻血猎犬团队"。很少有组织或顶尖的牵犬师或培训师会作证反对其他牵犬师，但这些人认为必须阻止皮克特和他的所作所为。"皮克特已经对德克萨斯州系统内工作犬的信用造成了巨大损害。"安迪·雷布曼说道。

　　尽管皮克特已经退休，并且不再出庭作证，但他参与的案件依然会时不时出现在新闻上。2007 年，东德克萨斯地区的梅甘·温弗里（Megan Winfrey）被判处终身监禁，原因是她被控在 16 岁时犯下一场谋杀案。指证她的最主要证据是什么？基思·皮克特的列队气味辨认。在上诉中，温弗里的父亲被证明在这场谋杀案中无罪。她的兄弟被控参与了谋杀，但律师极力反对皮克特的气味辨认法，认为该方法并不具备科学有效性；陪审团经过 13 分钟的考虑之后，最终判定嫌疑人无罪。2012 年 4 月，梅甘·温弗里上诉至德克萨斯州刑事上诉法院。2013 年 2 月 27 日，法院宣告针对她的所有指控都不成立，但负责该案的检察官要求进行重审。4 月 19 日，她最终被无罪释放。

　　皮克特的律师在 2009 年告诉《纽约时报》，这位当事人与他的狗所做的工作可能看上去很神秘。"我第一次看到时，完全无法理解那些狗在做什么。"但是，他补充道，皮克特清楚地知道，"他已经做了这么长时间，他不理解我们为什么看不出来。"

🐾 🐾 🐾

在人类社会中，贪腐、妄为和欺骗无处不在。人是聪明的，狗也一样，因此他们有时也会想着走捷径，更快地获得奖赏。众多有关欺骗的实验显示，如果有机会，大多数人都会或多或少地欺骗别人。（大部分人不会不加节制地欺骗，因为骗得太多会让我们自己有罪恶感。除非你是伯尼·麦道夫*。）尽管我们在理智上能容忍一些低水平的欺骗，但是当有人把狗当作傀儡来进行杂耍表演时，我们会格外觉得受到愚弄和背叛。这些案件最终都受到了过度的关注。

每一种嗅探犬和追踪犬似乎都有一位已经成为不诚实象征的牵犬师。而且，每一位这样的牵犬师之所以如此，都是拜那些原本应该持怀疑态度的人所赐。以寻尸犬为例，联邦机构、检察官、执法部门甚至考古学家都对这场腐败负有责任。从我开始训练索罗起，有个名字就一直吸引着我的注意，我时不时会不经意间瞥见这个名字：来自密歇根州密德兰县的桑德拉·M. 安德森（Sandra M. Anderson），一位志愿寻尸犬牵犬师，跟我一样。

在训练中，甚至在搜索过程中，都有人问我是否听说过她。是的，我听说过。几乎每一位寻尸犬牵犬师都听说过她。与皮克特一样，她也伤害了所有利用狗的嗅觉开展工作的人的声誉。与皮克特一样，她本身

---

* Bernie Madoff，美国纳斯达克前主席，因为设计一种庞氏骗局，令投资者损失 500 亿美元以上。

就是一个很好的警世故事。

一位认识她的搜救犬牵犬师告诉我，安德森一开始有"一只非常好的狗"，一只杜宾犬和指示犬的混种犬，名叫"老鹰"（Eagle）。她的狗在寻人工作中做得很好，但到了某个时候，安德森渴望获得更多的关注，她开始在犯罪现场和大量墓地中放置骨头。后来的调查发现，她放置假证据的行为可以追溯到1999年。

与基思·皮克特或任何欺世盗名不止一次却安然无恙的人一样，安德森也有推手，包括认为她非常了不起的联邦调查局（FBI）。易受骗的执法机构调查人员和考古学家们宣称，她的狗具有"神秘"和"奇异"的能力。这种讲述本身就预示着危险。

2002年4月，联邦调查局的探员在密歇根州东北部的休伦国家森林公园逮捕了安德森。密歇根州居民舍里泰·托马斯（Cherita Thomas）已经失踪了超过20年，而警方还在继续搜寻她的遗骸。安德森提供了协助。她将骨头碎块和带血的毛毯纤维埋在一个树桩周围，在一段干涸的森林溪流的淤泥中也埋放了一些。一位犯罪现场调查人员和一名警察发现了她的行为之后将她逮捕。

最终，联邦调查局不得不重新审视安德森在俄亥俄州、印第安纳州、威斯康星州、路易斯安那州、密歇根州和巴拿马经手的数百起案件。从联邦调查局探员到人类学家，所有当初轻信安德森的人都感受·到了事势逆转后愤怒的冲击。在认罪答辩中，安德森承认自己曾经埋藏过一把带血的锯子、一根脚趾头、一些毛毯纤维和骨头。

安德森的行为产生的影响既复杂又简单：它使执法机构对志愿者更加猜疑。虽然可以理解，但这并不完全理性。合理的怀疑应该贯穿涉及起诉某人犯下某一罪行的全部工作。狗的鼻子应该仅仅是众多工具中的一种。它们能做得很棒，能做到其他工具无法做到的事情。它们并不神秘，而且它们并不完美。它们需要得到信赖。

🐾 🐾 🐾

要获得信赖没有捷径，必须经过持续勤勉的训练。在仓库度过那个令人沮丧的夜晚，我把索罗放回车上之后，在这栋酷热、尘土飞扬的建筑物的另一端找到迈克·贝克，他正在那里教导一位新手牵犬师如何实施"细节"。他的手在存储架旁边上下摆动，在满是灰尘的空气中画出"W"形图案，要求那只狗"查看上面""查看下面""查看这里"。那只娇小的玛连莱犬已经端着粗气，有换气过度的迹象。某个时刻，这只累坏了的狗停下脚步，开始用鼻子锁定一个盒子，但迈克在满身是汗的牵犬师身后低声说道："让他继续走。"一次假警报由此避免。

在任何阶段，时机的把握都很重要，早期阶段更是必不可少。我正在学习不要走得太慢或徘徊不定，也不要走得太快，以致索罗错过某些重要的东西。

如果毒品、弹药或骨头真的在那里，而牵犬师想要继续往前走呢？狗要学会如何"表明自己的立场"，它会倔强地固定不动，不理会牵犬师的模糊态度和缰绳的轻微拖拽——不够成熟的工作犬可能会对此有所反应——反正就是不离开那股气味。

这并不神秘。这也毫不怪异。这是一个美丽的场景，狗信任自己的鼻子——那股气味就像粘蝇纸一样把他紧紧粘住——无视牵犬师要把他拉开的努力。这样的狗会无视牵犬师投来的注视，这与它手头的任务无关。这才是真正的信念应该有的样子——艰难而又坚定。这也是工作犬和牵犬师协同成长时所应该有的样子。即使你要走开，狗也会忠实于事实。这是真正的团队合作——狗用鼻子、爪子或整个身体指向气味来源，告诉牵犬师：你这个笨蛋！在这儿！

第十一章　整个世界就是一出戏剧

这个宽广宇宙的舞台上，上演着比我们自己所演出的更悲惨的剧目。

——公爵，《皆大欢喜》(*As You Like It*)第二幕第七场，"林中"

作为一个田纳西人，罗伊·弗格森（Roy Ferguson）的身材显得很高大。过来参加练习时，他穿着一件荧光橙色运动衫和一件满是袋盖和口袋、放满了小器具和徽章的棕褐色背心。他看起来像一个典型的童子军领队：有点呆，又会冷幽默，却又足够严厉，能阻止大吵大闹的嬉戏发生。如果手头有合适的工具，他能解决一切问题。在一个雾蒙蒙的冬日早晨，他站在林线之内，向一位来自佛罗里达州的牵犬师做简要介绍。一只年轻的比特斗牛犬站在牵犬师身旁，她身上有深色的斑点，眼睛是精灵般的琥珀色，警犬背心是她纤细的身体上唯一显得膨大的东西。

我们在佐治亚州一条铺满碎石的伐木道上走了 75 码。这条路蜿蜒进入森林，然后消失不见。对于一个惊慌失措、想要寻找弃尸地点的人来说，这是一个能避开车流和住宅的地方，他可能会在晚上开车到这条路上来。

罗伊告诉那位名为本杰明·奥尔蒂斯（Benjamen Ortiz）的牵犬师，一个只有 18 个月大的幼童失踪了。据报告，那个孩子在遭到肢解后被埋了起来。执法人员已经在他们身后的那条小道上发现了一个可能的埋葬点。"让你的狗从那个区域开始工作吧，然后出来告诉我你们发现了什么。"

本杰明点点头，放出了"六月虫"（June Bug）。她像羚羊一样跳到小道上，径直奔向一座刚挖出来的腐殖质土堆，仔细地嗅了很久，然后奔向另一个土堆。她盯着本杰明，同时从地面上抢走什么东西。良好的反馈在这项工作中至关重要。

"回去工作。"本杰明轻声吼道。六月虫轻快地跑到路边，跳过一

　　　　　狗知道答案——工作犬背后的科学和奇迹

根木头，依然在咀嚼着那神秘的美味。这一举动似乎足以让她安心工作。本杰明往后站了站，一言不发地看着。狗继续工作，他也重新进入树林中。

5分钟之后——实际给人的感觉更久一点——本杰明回来向罗伊报告。他告诉罗伊，什么都没有。没有警报。两个男人都面无表情。罗伊很正式地谢过本杰明；本杰明耸耸肩，给六月虫扣上皮带，带她走回自己的越野车。她那细鞭子一样的尾巴夹在两腿之间。

罗伊一直面无表情，直到本杰明和他的狗消失在小道上。然后他大笑起来："我喜欢那只狗工作的方式。"这句话的意思还包括：他喜欢那位牵犬师在这一凶杀案现场工作的方式。本杰明没有太过纠结于搜寻并不存在的人类残骸。他的狗也是如此。

罗伊是一位来自田纳西州塞维尔维尔（Sevierville）的眼镜商，他的妻子苏西（Suzie）看起来也像典型的童子军领队，夫妻两人在佐治亚州的伊藤顿（Eatonton）从事培训牵犬师的工作。这里是《雷木斯大叔讲故事》（*Uncle Remus*）的作者乔尔·钱德勒·哈里斯（Joel Chandler Harris）的故乡。因此，当他们两人怀着愉悦和严肃的心情将与焦油娃娃*相应的东西同那些土丘集合起来，其实也完全合情合理。在牵犬师的预期中，尸体材料肯定被放在了某个地方。这个念头在他们的叙事想象（narrative imagination）中挥之不去。他们首先对自己这样说，然后让他们的狗也觉得那些土丘就是坟墓。

太多的训练，包括我自己的训练，都以相同的方式进行：我来到训

---

* 《雷木斯大叔讲故事》中一个故事的主角。

练地点，那里可能是一栋发霉的、正在赎回中的房屋，一片收获后的棉花田，或者一间空荡荡、满是灰尘的仓库；另一位牵犬师或培训师把训练材料——牙齿、骨头、带血的绷带等放置好，因为不管到哪个地方，要是没有放训练材料似乎就毫无意义了。在幼童失踪的场景中，这种无意义的感觉更甚。许多牵犬师开车或飞行数百英里，去参加一场几乎是在荒野中举行的全国搜寻犬协会研讨会。如果不是去搜寻什么东西，这样大费周折似乎很不可理喻。

幼童失踪问题只是漫长一天的开始，苏西和罗伊不断耍弄着牵犬师的心理，并挑战着他们带来的狗。用一个精心设计却没有结果的方案作为上午的开场似乎有点残忍，但训练本就应该时不时模拟一下现实。据安迪·雷布曼估计，现实搜索中十次有九次不会有任何发现。警方依据的是含糊不清的指引、监狱告密者不可靠的证词，或者仅仅是需要排除一些区域。对相关区域的排查很重要，因为这样才能说"我们认为失踪者不在这里"。

对于这些场景重现，最奇妙的地方在于你不需要去创造它们。生活本身提供了最好的材料，而重现生活场景需要投入大量的工作，发挥聪明才智，以及略有些古怪的想象力。罗伊和苏西的导师、罗恩县的警探兼警犬训练师阿特·沃尔夫（Art Wolff），为他们的搜救队设计了许多这样的现实场景。这些训练中贯穿着细心和思考，让其他许多人也受益良多。

让本杰明和六月虫表现得如此之好的幼童失踪场景，其实是改编自2007年田纳西河谷的一个案件。当时警方发现了一个新坟堆，并呼叫了田纳西州特殊反应队-A前来。罗伊与他的德国牧羊犬"切罗基"（Cherokee）赶到现场。切罗基毫不理会那个坟堆，但警察还是挖了起来。我理解他们急于了解事情真相的心情。他们找到了一只比特犬。如果这是一座更大的坟堆，或者切罗基发出警报的话，那这个故事就不会这样结束。谋杀者有时会把动物尸体放在受害者上方，以此来误导调查人员。

那天在佐治亚州重现的场景"只不过"是一场训练，但这也是为什么建立现实化场景至关重要。牵犬师们常常就像爱人，正如莎剧《皆大欢喜》中罗莎琳德所说的，"怎么会拒绝好的东西呢？"

不仅牵犬师会任由意愿和希望把自己带入麻烦之中，他们的狗，特别是那些不能适应挫败的狗，希望好结果发生的心情也同样迫切。现实生活中，假警报可能会带来灾难性的后果，比如执法部门会因此进行长达数天徒劳无功的挖掘，或者提出之后被证明有误的指控。

坟墓场景尤其具有启发意义。阿帕德·瓦斯的主实验室就在罗伊和苏西的住处附近，往南不过一个小时的车程。他指出，我们在寻找和解释环境中的异常事物时有某种天赋。狗会做出相应的反应，因为它们既很擅长寻找异常，也擅长感知我们的反应。不只牵犬师和他们的狗会这么做。地球物理学家、植物学家和地质学家，所有这些人都能看到并观察一个小土丘模样的东西、不同的植被，或者是土壤中的某种暗示性变化，从而构建出一整个冷酷却又虚假的叙事。

在观看过几只狗的工作情况之后，我意识到，六月虫进行训练的地方并非完全空白。罗伊和苏西撒了一些带有气味的马蹄碎屑，用来分散狗的注意力，同时也让牵犬师感到恼怒。这些碎屑正是狗在探索该区域时嘴里咀嚼的东西。尽管六月虫正确地做出了反应（没有发出警报），但由于啃食马蹄碎屑，她的表现还是不够好。不过，她还是比大多数狗好多了。其他狗也会受到马蹄碎屑的干扰，但它们的牵犬师会逐渐陷入焦油一样的叙事语境中，当狗犹豫不决，或在一些"诱人"的泥土堆旁嗅来嗅去的时候，他们会越来越相信一个虚假的故事。有几只狗对两个假坟墓中的一个——那个顶上洒了许多死老鼠汁液的土堆——发出了警报。

"老鼠汁"是罗伊和苏西有一次在乡间开车时的意外发现。当时他们在冰柜中装了一些袋装的冰冻老鼠，计划用作训练时误导寻尸犬的材料。天气渐热，冰块融化了，袋子一破，老鼠就泡在水里了。"我的天啊！"苏西说道，她一想起打开冰箱的那一幕，眼睛就不由得瞪圆了。这是我听她说过的语气最重的句子。那种气味肯定令人晕眩。

罗伊说："酷！"袋子里的液体甚至比原来还好。他将汁液倒到一堆泥土上。几十只绿头苍蝇立即围拢来。在精心设计的场景中，老鼠汁成为又一种必需的要素。之后，罗伊和苏西分享了他们的配方。我不需要写下来。我会记在脑子里。将死老鼠放在梅森瓶中。倒入水。等待一两周。然后将汁液洒在你想要让狗分心的任何地方。

这样的训练会让人很不舒服。如果实施顺利的话，正如在佐治亚州那样，会令许多人很不好受。正如罗伊在听取一群懊恼的牵犬师做报告时向他们解释的那样，略微掩埋的动物尸体效果会更好。"路杀的动物是不同凡响的！"罗伊宣称道。他看起来神采飞扬。这个男人和他的妻子兼搭档进行了各种实验，希望了解狗需要几个小时才能对新鲜血液发出警报，以及烧化的胎盘是否像湿胎盘一样吸引寻尸犬。

在汇报过程中，少数牵犬师试着寻找借口。罗伊和苏西怜悯地点着头，仔细听他们说，然后温和地劝告他们。即使狗在睡前能获得耐嚼的狗粮，它们也不应当在工作的时候吃东西。这是许多工作犬牵犬师放弃把食物作为奖赏喂给狗的原因之一，尽管有些品种和有些狗依然会为了食物而非玩具才更努力工作。玩具同样可能让狗分心。我曾经参加过一次巡逻犬训练，有的房间在一角放满了网球，另一角放了非法毒品，这让那些对玩具疯狂的狗彻底懵了。

食物虽然不像玩具那样是被有意放置的，但在搜寻过程中也几乎无处不在，特别是在灾难现场。如果一只狗太容易被食物吸引，就可能浪费宝贵的资源和时间。阿特·沃尔夫曾经参加过一次海外地震灾难搜索，在一座倒塌的建筑物上，他的一只狗发出了警报。搜救团队带来了重型装备，开始搬动倒塌的建筑材料。几个小时之后，他们发掘出一个装着腐烂食物的冰箱，这正是让那只狗发出警报的东西。这只狗被遣送回家。

马蹄碎屑和老鼠汁的羞辱只是那一天的开始。佐治亚州的太阳落山之前，罗伊和苏西以各种各样的方式戏弄着众多牵犬师的心智——告诉他们待在一个黄色警戒胶带围起来的区域内，而风正将隐藏在胶带之外的尸体的气味吹过来。在牵犬师将狗派出去之前，罗伊警告称该区域内有熊出没。熊因为叼食人体尸块而臭名昭著。

这些狗一直热切地把头伸向气味的方向，并一再被叫回来。"她已经把他拉回来三次了。"罗伊低声说道。他正看着一个牵犬师催促她的狗赶快回到黄色警戒胶带的范围内进行搜索。罗伊扮演的是当地执法部门的角色，限定范围正是他故意设置的结果。一只金毛寻回犬在被叫回来几次之后，终于不顾牵犬师的呼唤，跑了出去。他的尾巴在一棵山月桂树下猛烈摇动，身体在溪岸上翻滚着。那位牵犬师请求罗伊——

他表情严厉地站在一旁，手里拿着纸夹笔记本——允许他们去搜索那片区域。罗伊点点头，试着不露出如释重负的神色。请吧。在被挖掘过的溪流河床上，狗找到了装有许多尸体材料的垃圾袋。一只多么出色的"坏"狗啊！

这只不听话的金毛寻回犬所做的，与苏西的狗Schatzie和一位队友的狗在被派到田纳西州的盖特林伯去搜寻俄罗斯黑帮犯下的一桩双尸案中的遗骸时所做的事情相差无几。牵犬师被要求对某一区域进行搜索，但他们的狗对其他地方——气味的来源——更感兴趣。这种不愿意待在限定区域内搜索的行为，帮助警方从一处底部被挖掘的河床上找到了部分人体残骸。

"当你的狗显示出兴趣，你要真的相信它，真正地相信，"在完成了全部场景训练后，罗伊对佐治亚州的牵犬师们说，"你必须跟随你的狗。你的狗在那里努力尝试完成一项工作。你可以说，'不好意思，有什么理由不让我在这里搜索吗？'"接着，他马上从坏警察的角色转换为好警察，因为罗伊是个很亲切的人，扮演坏警察的时间只有这么久。"那是一项很困难的工作。"他承认道。

罗伊和苏西那天在佐治亚州呈现的场景训练强调了战胜人类本性有多么困难。如果有茂密的荆棘，有警官们设置的一些不切实际的边界，或者有陡峭的石头崖壁，为什么还要费力地抗争呢？如果你先入为主地认为尸体材料肯定在某一区域，那为什么要去别的地方呢？这就是你希望带优秀的狗前来的原因之一——它们愿意去那些很难到达的地方。犯罪现场的胶带和有毒藤蔓对它们没有任何意义，它们只追随气味。

黄色胶带场景让我想起一个老笑话，说的是一个警察发现一个醉汉手脚并用在路灯下爬着，寻找他的钱包。警察问他，钱包是不是真的掉那里了。醉汉说，钱包更可能掉在街道另一边了，"但这里的灯光更亮"。

可惜没有一只狗陪在醉汉的身边。

🐾 🐾 🐾

不过，狗也无法面面俱到。到了某一时刻，人们要做的不仅是"信任他们的狗"——这个短语非常有用和真实——而且要运用和信任他们自己的头脑。科学家不知道是什么因素使人类大脑额叶在某些特定任务上比狗的额叶功能更强，但差别并不仅在于能够阅读莎士比亚的著作。

如果整个搜索世界是一个舞台，并且所有牵犬师都只是扮演自己角色的演员，我想我们当中有些人会发现自己身处"僵尸之王"（Zombie Handler Act）那一幕。这一幕大约在戏剧中段出现，通常是在一只固执的狗结束表演之后。我在其他牵犬师和我自己身上都遇见过。这与操纵僵尸无关，而是关于变成一个僵尸的危险。

新手牵犬师一开始会表现得像婴儿一样：过度的控制欲、紧张不安、喋喋不休、低声抱怨、不停地分心，并且不让狗独立完成自己的工作。好的培训师会温和地用引人不快的词语来指导新手。"闭嘴。"南希·胡克对我说道。

"别一直盯着你那该死的狗了。"安迪·雷布曼对另一位牵犬师说道。

我已经过了那个阶段。现在我正步入一个同样问题重重的牵犬阶段。由于索罗在几次搜索中总是在正确的时间出现在正确的地点，我开始崇拜他了。我知道他能完成这种工作。他已经超过 5 岁，聪明、活泼、无畏、独立，在工作的时候甚至能够无视其他的狗，尽管很明显他是假装的。人人都是演员，狗也是。多数时候，索罗变得可爱起来。他一直笑着，张着嘴，很放松，大大的牙齿闪着亮光。训练和搜索时他会进入高能状态，但在家里他也会和我们搂搂抱抱。在一次漫长而艰难的搜索之后，我对大卫说了一些我会一直后悔的话。当时我很累，但即使在那一时刻，我也不应该那么说，我是认真的："他是我的英雄。"

　　索罗的成功已经迷住了我的双眼，让我变得愚蠢。他吞噬了我的一部分大脑。

　　我朝周围看去，发现自己并不孤单。僵尸牵犬师随处可见，他们变得不动脑筋，幻想着自己的狗从不会犯错——单靠狗自己就能解决复杂的难题。有经验的工作犬或许能独自解决某些特定的问题，但制订计划并不是它们的工作。尽管如此，在讨论会上和我自己的训练中，我都见过有人不看着自己的狗。他们的目光并不停留在狗的身上，相反，他们面临着另一个问题。当他们的狗在工作时，他们就站在界线外，不时与其他人聊上几句。

　　狗在有些事情上做得比人类好得多；其他事情嘛，就做得没那么好。在寻找气味时，它们比我们强太多，但我们不会把车钥匙给它们，然后要求它们在取得发现之后到指挥中心汇报。为了获得成功，人类需要帮狗做好准备。狗只有在正确的地点才能做好工作。这意味着我们不仅是提供便利，而且要成为它们的伙伴。我需要学习什么时候应该

　　　　狗知道答案——工作犬背后的科学和奇迹

站在一旁，什么时候应该热心地帮助索罗。我们是一个团队。信任你的狗并让他做好自己的工作并不意味着要成为一个不动脑筋的傻瓜。你必须让自己的眼睛和思维都打开。有一天我在一大片荒地里漫无目的地游荡时，南希·胡克给了我当头一棒："你把这个叫作模式？"是的，僵尸模式。我正等着索罗自己弄明白我想要什么。

这就是为什么观摩其他人和狗的训练是无可取代的。只有这样，你才会完全明白他们在做的蠢事其实你也在做。在观看罗伊和苏西指导训练的时候，我并没有带索罗过来，因此我只能观察。我不知道我们会做得如何。训练过程中，我会因为怯场而感到筋疲力尽，尽管这种情况已经渐渐改善。保罗·马丁曾经在西卡罗来纳组织过一次讨论会，他用缓慢而令人舒服的语调对我说："你的狗做得还不错，但你让我感到很紧张。"

造访佐治亚州后几个月，我又得到一次机会去认识自己还有多少需要学习的地方。我来到密西西比三角洲。当时是初秋时节，根部深深地扎在水中的落羽杉逐渐变成金黄色和绯红色，帝王蝶正赶在第一场霜冻来临之前飞往南方。而我，正开始向来自路易斯安那州珀尔里弗（Pearl River）的丽莎·希金斯（Lisa Higgins）学习。她是与安迪·雷布曼一起训练过的众多牵犬师之一，并且即将成为一位顶尖的寻尸犬牵犬师兼培训师。

如果莱曼·弗兰克·鲍姆*的一生是在路易斯安那州度过，而不是在纽约和美国中西部，那南方的好女巫格林达或许就是丽莎·希金斯

---

* L. Frank Baum，美国作家，著有《绿野仙踪》《北方好女巫》。

的模样：大大的淡褐色眼睛常斜看向旁边的角落，高挺的鼻梁，圆圆的两颊长着些许雀斑，一头椒盐色、富有弹性的短发。她的声音轻柔，恰到好处——必要时也很坚定。她经常笑，笑起来会发出银铃般的笑声。从1990年训练她的第一只狗金毛寻回犬"弗洛丝蒂"（Frosty）至今，丽莎已经负责完成超过400次搜索，足迹遍及美国和加拿大。弗洛丝蒂第一次出任务是在1991年，她帮助确定了受害者的位置——4英尺深的水和3英尺深的沙子下面。丽莎之后训练的是拉布拉多犬"莫莉"（Molli）。现在，她的身边有迪西（Dixee），一只年幼活泼的玛连莱犬和德国牧羊犬混种犬，以及麦琪（Maggie），一只衰老的澳大利亚牧羊犬，看上去就像一只深受欢迎的熊猫玩偶。正是这只"熊猫"，曾经为5宗联邦案件的定罪提供了帮助。丽莎曾在多起案件中与联邦调查局一起工作。

在密西西比，丽莎为那些提前一天到来、可能迫不及待想要开始的牵犬师设置了"一个小问题"——一个埋藏了少量胎盘的简单场景。胎盘是最基本和效果最好的训练材料。牵犬师将不仅是放出狗去寻找气味。相反，丽莎要求他们首先利用某些被称为"温斯罗普点"（Winthrop Point）的东西来确定搜索的焦点。

小组中没有人听说过"温斯罗普点"。我怀疑所有人在丽莎描述之后也都忘记了。丽莎告诉我，这个点以一位探员的名字命名，这位探员发现在一些隐秘的埋葬地点存在某种模式，他意识到，杀手所做的事情与士兵在需要埋藏多余武器时所做的事情是相同的。军人需要知道如何回来取这些武器。谋杀者想要回来看看受害者，但需要认出尸体埋在了哪里；他们还需要知道执法人员是不是正在赶来。温斯罗普点就是

　　　　狗知道答案——工作犬背后的科学和奇迹

一个独特的地标，不会被烧毁，也不会死亡、腐烂，或者被葛藤覆盖。树木不能作为温斯罗普点。碎石路也不行，因为道路会变来变去。一块巨大的卵石或许可以。一条混凝土排水沟，一些永久性的景观物体，也能作为温斯罗普点。

丽莎要求每位牵犬师察看四周，在逐渐暗下来的天色中寻找可能作为温斯罗普点的东西。她站在距离一个巨大的金属装置大约十码远的地方，装置上的金属链深埋于混凝土中。这是一个飞盘高尔夫*篮子。独一无二。无法移动。可以存在相当长久的时间。然而，只有一两个牵犬师看到了正好就在他们面前的东西，或许是因为这个装置看起来太过无关紧要。丽莎指出这个点，然后进一步引导他们：飞盘高尔夫篮下坡的地方树木太过开阔，不适合杀人者抛尸。上坡则树木茂密，很适合隐藏。牵犬师正应该让狗从那个地方开始工作。要走多远呢？丽莎提醒牵犬师，大多数抛尸地点距离道路都不到30米。这些都是牵犬师应该知晓的事实。一旦牵犬师合理地通过温斯罗普点确定方向，进而就能指引自己的狗。

第二天，轮到丽莎11岁的孙女海莉（Haylee）来带她的狗工作。海莉刚刚开始训练"婕达"（Jayda）——一只即将年满一岁的雌性黑色牧羊犬，有着近乎疯狂的能量。海莉有着一副天使般的、略显忧郁的面庞，一头柔软的棕色卷发。她会说"是，女士"和"不，女士"，特别是对她的"嫲嫲"丽莎。丽莎会对海莉的家庭教育提供帮助，而现在，是时候开展一些家庭以外的教育了。

---

* 一种体育游戏，类似高尔夫球的玩法，需要把飞盘抛到目的地。

"海莉，你一直在听着，"丽莎说，"什么是温斯罗普点？"

海莉一直在听着。她快速地说出了答案："就是有人把尸体放在某个他能够再次找到的地方。他用了一个地标。"

"他为什么这么做，海莉？"

"这样他就知道执法人员什么时候追来。"

"还有呢？"

海莉没有立即给出答案，因此丽莎温柔地提醒她："所以他能在任何想要的时候过来查看尸体。为什么？"

丽莎也知道这个问题对于海莉来说可能有些过了，因此她自己做了回答，带着强调的语气："因为他是一只病态的小狗，这就是为什么。"

海莉冷静地点点头，若有所思，但并不害怕。是，女士。细节已经足够多了。晚上的人类心理学课程到此结束，海莉带她的狗跑起来。

我再次见到海莉是在一个多月之后，她和她嬷嬷到了另一个州。丽莎当时正在培训更多的牵犬师。布拉德·丹尼斯（Brad Dennis）也在那里，他是克拉斯儿童基金会（KlaasKids Foundation）的全国搜索主管，也是一位培训师。海莉坐着记笔记，接受更多的教育。这一次的夜间讨论会由布拉德指导，主题是搜索被绑架的儿童和青少年。布拉德已经完成对全国范围内超过两百个失踪或被绑架儿童的搜索。1993年，在波利·克拉斯（Polly Klaas）被绑架并遇害之后，布拉德进行了搜索。他还在"超级碗"比赛期间主持搜索行动，阻止青少年的非法性交易，也就是超级碗地下变态行为*。在 2010 年迈阿密超级碗比赛期

---

* Super Bowl，美国国家橄榄球联盟的年度冠军赛。大型赛事往往吸引大批观众，且举办地一般选在交通便利、人口密集的地区，为儿童卖淫等性犯罪活动提供了隐蔽的环境。

间，他的小组解救了6名失踪儿童。布拉德是这样一种人，他知道人性中最恶的一面，但也能发现并展示出最好的一面。

那天晚上房间里听布拉德讲解的除了海莉和她的祖母，还有众多疲惫的志愿者和执法机构的牵犬师。他们已经进行了差不多一整天的牵犬工作。我已经带狗完成了工作。海莉和她的狗也完成了工作。我们之中有少数几人做了笔记，但大多数人没有。海莉是一个例外：她疯狂地写着。家庭教育没有尽头。

布拉德从一个可能会让我们觉得有挑战性的案件中选取了一个场景。他参与的这个案件，与许多案件一样，最终以悲剧结尾。在每一件绑架案中，一分一秒都至关重要。一位17岁少年在跑步时失踪了。执法机构该怎么做？马上出动追踪犬。了解安排它们工作的确切地点。了解如何在最近的相关区域安排人员。了解那片区域。寻找踪迹。通过筛选弄清从哪里开始。将心意虽好但经验不足的志愿者分配到搜索区域的外围，这样有经验的搜索人员就能集中搜索可能性较高的地方。

布拉德指出，对这位特定的受害者而言，这些工作可能已经太晚了。谋杀者曾经杀过人，犯过性骚扰和强奸。毫无疑问，他肯定会再次犯案。找到受害者尸体后，谋杀者不得不承认，在差不多一年前他掩埋了第一位受害者。在被他绑架的女孩中，有一个在遭遇绑架后不到一小时就被杀害，其他人的遇害时间则在绑架后一个半小时内。

接着，布拉德引用了2006年华盛顿州一项研究中的残酷数据：在研究涉及的失踪儿童凶杀案中，受害者在绑架后3小时内死亡的案件占76%；在24小时内遇害的案件则占88.5%。大多数（74%）的案件中，受害者为女孩。她们的平均年龄是11岁。

海莉举起手。她很有礼貌，却面无愧色。"您能返回上一张幻灯片吗？麻烦了。"她对布拉德说。她的头依然凑在笔记本上，显然还没来得及记下每个数值。人们在座位上扭动起来。布拉德高兴地满足了她的要求，返回到上一张幻灯片。海莉对他表示了感谢。

布拉德继续演讲，谈到了"冰冻时刻"。他展示了一段模糊不清的银行监控视频：一位被绑架的女孩最终遇害。当凶手靠近时，女孩转过身站着一动不动。这种犹豫付出了代价，她死了。布拉德说，所有人，包括在座的我们，都有一种"了不起的、神赐的天赋"。那就是当你脖子背后的汗毛竖起的时刻。一旦感觉到这一时刻该怎么办？利用它，布拉德说道。

现在，对于潜在的受害者应该怎么做的问题，所有处理绑架案的大型组织都已经改变了他们的论调。布拉德环视课堂，想了解我们是否知道。

海莉的手又一次举了起来。我们所有人都聚精会神，疲劳也消失了。她说道，嬷嬷曾经告诉她应该怎么做。"如果你被他们带到别的地方，他们会再一次狠狠地伤害你，所以你最好用嘴咬，用手抓，用脚踢，尽可能多地获得DNA。"

丽莎满脸笑容。布拉德点着头。牵犬师们鼓起掌来。

海莉很爱思考，毫无畏惧，聪明而且努力学习，对世界及其中的一切矛盾都感到好奇。7个月之后，我在另一个场合见到她，她似乎又长高了几英寸。她给我带来了好消息。她那只精力充沛得甚至狂躁的德国牧羊犬与经验更加丰富的狗通力合作，已经帮助找到了一位溺死的受害者。

海莉是一个正在接受训练的寻尸犬牵犬师。即使拥有优秀的牵犬师基因，加上她和她的狗所接受的教导，她也会犯错误。每个人都会犯错。她有可能会经历一段"僵尸牵犬师"时期。我期待这段时期是短暂的。她的嬷嬷不会允许它持续太久。

第十二章　他人的悲伤

骨头啁啾吟唱着

带着蚱蜢的负担……

　　——托马斯·斯特尔那斯·艾略特（T. S. Eliot），《圣灰星期三》（*Ash Wednesday*，1930 年）

　　　　　　　狗知道答案——工作犬背后的科学和奇迹

只有两种结果。除非其中一种结果能引出第三种结果。这个结果会让我做噩梦。

　　考虑到你正在寻找死人，第一种结果是你能获得的最接近理想的结果：你和狗帮助找到了某人或某人的一部分。一个人的消失和死亡常常是悲伤的，有时很悲惨，有时却没那么悲伤。对我而言，找到人并不是噩梦。这不会带来创伤后精神障碍，反而意味着成功。我会庆祝，但是会很安静地庆祝。当人们显出惋惜的表情，并表示那肯定是一种很有价值但应该不会太愉快的工作时，我会表示理解。对我来说，这两方面都对。索罗和我所做的并不是本分的志愿服务。我对狗和我自己进行训练，首先是因为这很有趣，这也是最重要的。当有外出任务时，我不会害怕。我希望我们达到这样一种状态：这是一个很有挑战性的谜题，能在精神、体力乃至嗅觉上将我们推至极限。此外，当我在户外，通常是在树林中，看着索罗运用他的鼻子的时候，会觉得这是世界上最令人愉快的场景之一。我希望我们能找到正在搜寻的那个人。

　　第二种结果是没有找到人。纯理论搜索是这项工作的一部分。大部分搜索都以没发现受害者告终。比起第一种结果，第二种结果更令我提心吊胆。我的心里一直悬着各种可能性，思考我们搜索策略中有什么缺陷，无论是在狗的工作中，还是在我的工作中；我会回过头来看其他选项，看看是否产生共鸣。试验某个理论，放弃，再选取另一个理论，感受它的轮廓。不可避免地，第二种结果会让人尽力去想象受害者最终遭受了什么，在哪里受害，以及受害的过程。

　　第二种结果能延续数年时间。或者更久。尽管如此，它还是在正常范围之内。总有找不到人的情况发生。不仅是不发达国家的失踪人口会这样。2012 年，美国"有生命危险"人士——执法机构对很可能已经死亡的人的称呼——名单上已经接近 4.8 万个条目。这相当于一个中型城市，里面充满了各种无解的问题。

找不到人的悲伤和噩梦属于失踪者的家属和亲友，而不是我。如果拿过来放我身上，会显得十分不合适。

我自己关于搜索的噩梦——明白无误属于我的——来自第三种结果：我发现在我们负责搜索的区域内，我们错过了某个人或某个东西。我知道许多牵犬师也有同样的感觉。这是我们特有的恐惧。正如我痛恨偶尔的假警报，我也痛恨虚假的否定结果：狗忽略或意外地错过存在于那里的气味。这种事情是可能发生的。第三种结果还会变得更糟，除非你发现了所要搜寻的人类遗骸——并且是在距离搜索区域较为合适的地方——否则你永远无法完全了解。

当然，我会信任狗；我也喜欢去验证。我并不总是信任自己或者地形，或者搜索条件，这些从来都不会和你在训练时所能设置的最艰难的任务一样简单。

每一次困难的搜索都会带来教训和无可避免的马后炮。我们错过那块骨头了吗？我是否应该坚持对那片已经由割草机和一众进行线性搜索的人员，以及至少一只寻尸犬清理过一遍的区域重新搜索？那片区域的腐烂气味如此之重，以至于每次开车经过一处半独立式住宅，都会扬起一阵气味覆盖在我们的衣服上，钻进我们的鼻子里。每一处植物无法生长的黑色油迹、"尸体焚烧"的痕迹，周围都有动物的皮毛和骨头。那只小动物头骨旁边的小块骨头是什么动物的？它是不是什么不属于动物的东西？我是不是应该让索罗下车，然后对这几十块骨头做一番初步检查？我没有。别人告诉我做什么，我就做什么。在之后几天里，我才开始思考和回顾每一个瞬间。

我等待着我们的下一次任务。这一次，我们要去搜索一间谷仓和废弃的房屋。后来我们又搜索了山顶的水池。再然后，我们跟随筋疲力尽的探员走过一段布满车辙的黏土路，来到一间停在山洞里的移动房内，一辆老旧的越野车停在房外。我们找了三次才找到这个地方。我们每次只能后退着从同一条路撤下，因为一转身就会从边缘掉下去摔到树上。最终，功夫不负有心人。找到那个地方感觉就像取得一场小小的胜利。

报警的女士称，她担心自家的一只狗从外面带回了一块不明来源的骨头。她从房车中出来，把那些吠叫的狗拉进去，然后关上单薄的门。我能听到它们在门的另一侧嗅鼻子的声音。她说，这些狗总会带一些东西回来。我看着自己靴子左边一只刚死不久的野鼠，它的皮毛上覆盖着一层狗唾液。狗就是这样，它们带各种东西回家。她顺着我的目光看去，耸耸肩表示抱歉。

你永远不知道，她说道。停了一下，她又接着说，我一直在考虑这根骨头，你永远不知道，我一想到这个就无法生活。一位探员让她放心，她做得很对。辨别那块骨头属于人类还是非人类并不是她的工作。她那还未到青春期的女儿一直安静地站在她身后，靠得很近。她看起来很像她妈妈，只不过每根手指和耳垂边上没有戴小小的银环。还没有打过耳洞。安静，像垂死的人一样。我知道她母亲的意思。她的思维已经固定在某个细节上，被"如果是会怎样"的想法纠缠着。

那块骨头放在一根木头柱子上。在我看来，那似乎是一节脊椎骨，属于一只不比负鼠大的哺乳动物。这块骨头灰白色的外表下，带着一点肌肉的粉红色。它已经腐烂了好几天。我看看探员，然后拿一根长棍子戳到骨头中间的孔洞里——那里曾经是脊柱贯穿的地方——把它带到房前一处满是灰尘、光线较好的地方，再从棍子上取下来。我并没有破坏犯罪现场；那只狗不知道从哪里把骨头带回家的时候就已经造成破坏了。我把索罗从车上放下去，让他开始搜索。他捕捉着味道，嗅到腐烂气味时停留一会，短促地吸气，然后继续往前。这并不是那种可以让他获得奖励的腐烂气味。探员和我把索罗带到屋子后面，也就是狗之前带着骨头出现的地方。索罗很快排查了一遍，身体语言没有变化。他没有看我，径直从一侧走回汽车。那位女士对我们表示感谢，我们也谢过她，感谢她的关注。

接下来，我们对一个池塘进行了搜索。什么都没找到。然后是一条通往猎鹿伪装点的步道，还是什么都没有。这是一个谷仓，猎人们丢弃鹿残骸的地方。道路旁有一块沾着污迹的床垫。岔路尽头堆满了垃圾。每个白色的垃圾袋，每个黑色的垃圾袋，都要动手收拾。查看这里，查看那里，到处查看。搜索开始时间：上午 10:03。搜索结束时间：上午 10:17。开始时间：上午 10:42。结束时间：上午 11:22。我让索罗休息了一下，补充水分，在空调下吹个够，直到他不再把舌头伸到嘴巴外面晃来晃去。

继续开车往前走，停车，计时重新开始。没有兴趣。没有警报。休息一下，吃点冷鸡肉三明治，喝点苏打水；再吃点凝固的油腻比萨，喝点瓶装水。重新回到沙石路上开始工作。检查排水管。走下公路，到跟公路平行的溪流中查看。再到沿着林线的枯死树木中走一走。

这就是真实的搜索过程：你无法透过一粒沙看到世界。恰恰相反，

　　　　　　　　　　狗知道答案——工作犬背后的科学和奇迹

你寻找的那一粒沙如此微小，如此湮没无闻，可能永远都无法找到。

不过，搜索过程并不完全被郁闷笼罩。一天即将结束的时候，我们看着索罗，原本应该筋疲力尽的他飞奔着穿过高高的草丛，在结束之前对最后一片区域进行排查。他像一颗红黑色的印度橡胶球一样跳跃着，黄昏的阳光照亮了他的后背。他让我们都笑了起来。一个快乐的影子跑在我跟前。开车回家的时候我已经累极了，以致只能用手指轻轻弹开叮在脖子上的蜱虫。索罗皮毛上干掉的泥土开始掉落，他在车后座上睡着了，没有半点牢骚。

不久之后，我了解到有人在索罗和我没有收获的地方发现了人体遗骸。我并不在意我们没能找到这些遗骸，我所感觉到的是一种揪心的释怀：这些遗骸终于还是被发现了。这是一种更深层次的，自私的，并且毫无诗意的解脱感，我知道自己不需要继续担心这个案子的第三种结果了。我可以把它从我的噩梦清单中划去了。我们没有漏掉任何东西。索罗的大鼻子只是没有机会足够接近目标。在与那位和蔼的探员结束通话之后，我把车停在路边，坐了好一会，直到呼吸重新平稳下来。

🐾 🐾 🐾

北卡罗来纳州不会给我危险的感觉。本来就不应该。相比 20 世纪 70 年代，这里已经安全多了。与所有严重的罪行一样，这里的谋杀犯罪率从 20 世纪 70 年代和 80 年代——一个充斥着贫穷和快克可卡因的时代——至今，已经陡然下降了超过 60%。贫穷和毒瘾依然存在，但危害已经没有那么严重。从统计学上来说我很安全。我没有野蛮的伴侣或父母。我住在一个体面的社区。我们家里没有枪。我不需要依靠出卖肉体来满足毒瘾。我们家里有一只吵闹的爱尔兰塞特犬，她极力鼓动那只德国牧羊犬也同样吵闹。

尽管如此，自从我开始和索罗一起工作，我和周围环境之间的关系也发生了改变。我不再将红头美洲鹫的滑翔视为懒洋洋的转圈，特别是当超过 3 只红头美洲鹫出现在同一股气流中的时候。我会思考，它们是不是嗅到了下方远处某种不同于白尾鹿尸体的东西。我们会记录红头美洲鹫的搜索过程，尽管很多东西都能吸引它们。有一天，我见到 4 只红头美洲鹫在城市街道上争夺一只被压扁的松鼠。它们笨拙地落在邻居家的焦油纸屋顶上，紧接着俯冲而下，为几盎司的蛋白质而争个不休。

发生改变的不仅是我在树林里的观察习惯。过去我会无视电视和网络的头条新闻而且对那些很不屑，因为它们总是关注暴力和犯罪——最廉价、最容易报道且收视率最高的东西。现在我会特别留意是不是有人失踪了。然后我会一直想着，会不会接到那个案子的任务。不然为什么要去训练呢？但是，除了极少数情况之外，当警察需要志愿者时我不会打电话给他们，我等着他们打电话给我。这无法阻止我的许愿和希望。当无所事事的心理负担变得无法忍受时，我会打电话给南希·胡克。对我的这种强迫症，她就像一位十二步项目 * 的发起者。她会提醒我给执法机构打电话将会带来的损失：我的人格和自

---

* 指通过一套规定指导原则的行为课程来挽回或治疗上瘾和强迫症的项目。

尊。"你不是一个'救护车追逐者'*，"她会坚定地对我说，"你是一位专业人士。"我们会聊天，她会逗我发笑，然后告诉我她必须去喂马了，而我也会想起自己还要参加一个差不多快迟到了的课程委员会会议。

会议之后，如果又心痒难耐，我脑中总是会响起安迪·雷布曼洪亮的声音："你不要自己安排。"他注视着讨论会上的搜救志愿者，缓慢地强调每一个音节。我曾经见过自作主张的搜救团队，结局不是很美好。南希和安迪是对的：这么做有一种类似人身伤害索赔律师——在晚间电视上以 800 号码打广告的那种——在车祸之后就出现在现场的恶心感觉。

容我为自己辩解一下，对失踪案件的种种想法其实并非完全无用。即使一直没有接到出任务的电话，我也能自己增加知识储备：用谷歌地图搜索如何前往那一地区，以防万一接到通知；思考过去几天里的风向变化，以及温度和湿度的变化。如果新闻里已经明确提到是哪片区域，我会盯着卫星图像，观察植被中的凹陷处，思考那里是否代表小溪或步道。

还需要准备的是考虑尸体可能会变成什么样。安迪有一张视觉冲击力很强的幻灯片，从上面可以看到尸僵、腐烂、皮肤滑脱和液化。松鸦的破坏。乌鸦的破坏。人为的捆绑、焚烧，从湖里拖出来的尸体，灾难中受到的挤压。被熊和郊狼咬得七零八碎。牵犬师需要对尸体在环境中放置数天、数周甚至数月后的样子有实际的概念。搜索并非是一场学术练习。早期阶段的尸体从来不会很美；不久，它们会融入周围环

---

* 指鼓动交通事故受害者起诉要求赔偿的律师。

境，就像有了一层伪装。识别出因为放置尸体而导致土壤酸性很高从而使植物死亡的地点，是一种十分关键的技能。

很快，尸体就会散发出气味，并融入北卡罗来纳州的森林植被，皮肤在深绿色之下显示出稍微发暗的，有时是发黄的色调。你要知道尸体在哪里，才能找到它们。或者你身边有一条能告诉你这些信息的狗也行。

在不久前的一次搜索中，同行的一位探员问我，寻尸犬会不会错过或跳过一具尸体？这得看情况。我向四周看去，一边是无法穿过的树林；另一边是清理出来的伐木区，木头以十字交叉的形式堆着，中间长出了灌木丛。我们身后是一片沼泽；可以看到土路上有可疑的轮胎印痕。我们闯入的这几个地方，只有略微可辨的野鹿跑过的路径，甚至仅仅是藤蔓和灌木丛中断掉的一根枝条留下的缝隙。不算太笨的合理的假设是，如果有人要把尸体带到这里，过程将不会太容易。如果索罗捕捉到了气味，他会一直紧追不舍，同时大口喘气，吸进气味，除非太过劳累。但是，他的鼻子必须处于合适的位置。要让他的身体飘浮在密不透风的灌木丛上方可不容易。在超过数十英亩的范围内匆忙进行搜索，并不能百分之百覆盖所有面积。人们经常轻描淡写地谈论格状搜索或线状搜索，但在北卡罗来纳州的许多地区，进行这样的搜索需要用一排 Bush Hog 割草机在前面开路才行。这就叫作因地制宜。每个人都发挥了自己最好的水平——看到前方适合作为入口的地点时，用大砍刀开一下路，就能节省一些能量。

当你知道得尽可能多时，你就会尝试最大化成功的机会。在我开始尝试搜索新的类型，比如迷路的阿尔茨海默病患者，或者是某个逃离丈夫家暴的女士，或一个迫切需要毒品的瘾君子之前，我会追溯以往的案例，做好功课。

以一位阿尔茨海默病（以往称为老年痴呆症）患者为例。她的行为与其他迷路的人并不相同。如果迷路的是一个健全的右撇子，那她会倾向于向右走。这是没有痴呆症状的情况。阿尔茨海默病患者即使在有意识的状态下，也不能按逻辑行事。她会直接走入浓密的灌木丛。她的大脑无法计算转身和后退。她会一直在一个地方走来走去。一名男性阿尔茨海默病患者的尸体在与其郊外住宅相隔两条街道的树林里被人发现，距离他失踪已经过了一个月。根据我的消息源，负责该案件的警察在此人失踪后就拿到了我的名字和电话号码。但是，电话一直没有打来。他们或许有一百个很好的理由不来找我。或者一个理由都没有。这是我干坐着等待电话的其中一次经历。

大部分患有阿尔茨海默病的失踪者，接近90%是在距离出发地点不到一英里，并且距离道路不到30码的范围内被发现的。我之所以知道这些，是因为在等电话的过程中我做了一些研究。这不是无用功。我将这些知识用在了其他搜索上。我还是会想起那名男子和他的家人。如果参与搜索的话，我或许还会想得更多。

🐾 🐾 🐾

在道路沿线你会如何合理地搜索？基本处于慌乱或倦怠状态的谋杀者在拖动受害者尸体时会后退多远？不是很远，25码。再查看更远的地方。动物相比之下勤勉得多：它们拖动物体时会后退多远？比人远多了，取决于动物的种类。我们已经知道，狗能够叼着人类尸块跋涉好几英里。有哪些动物生活在搜索区域内？熊经常下山到空地或溪流中活动；它们能移动整个尸体，折断大腿骨，还会把人头当足球踢来踢去。郊狼会把人体残肢带到山上的兽穴中。负鼠和浣熊一般是在原地进食，尽管它们会纵向拖动物体。北卡罗来纳州的每个县都有郊狼分布。这个州60%的地区生活着美洲黑熊，它们遍布西卡罗来纳的群山，并一直延伸到我们所谓的"下东"（Down East）地区，那里满是沼泽和灌木丛生的浅沼泽。

　　还有一些正如布拉德·丹尼斯所指出的显而易见需要搜索的区域：废弃的住宅和外屋。木材堆和碎屑堆能被用来藏匿尸体。突然出现的垃圾堆里，可能会有人拖一张旧床垫盖在尸体上。就隐秘埋葬而言，植物根系或侵蚀作用造成的自然洞穴可以用作现成的坟墓，只需要最少量的额外挖掘工作。嫌疑人是否很容易拿到一把铲子呢？他是否无家可归？大部分隐秘埋葬的深度都不会超过两英尺半（约合76厘米），但已经足以让一个人永远消失。阿帕德·瓦斯将隐秘埋葬称作他的"冤家对头"。

　　还需要考虑时间限制的问题。在北卡罗来纳州，植被在一个季节里就可能过度生长。猎人往往比执法人员更容易找到遗存的尸骨。大部分是头骨，因为这是最容易鉴别的部分。在一个小女孩失踪超过一年半之后，才有一位火鸡猎人发现一具头骨。对这个女孩的搜索是北卡罗来纳州近年来最为彻底的搜索之一。其他骨骼往往像变色龙一样与枯枝落叶融为一体。不过，任何在北卡罗来纳森林里搜索过的人都知道那种令人心跳停止的瞬间：你会看到一个浅棕色或被绿色苔藓覆盖的乌龟壳，从周围的腐殖质或枯叶中拱出一个小圆丘，而你一时间会误以为那是一颗头颅。

在一个案件中，警察其实很清楚树林中的环境情况，因此开玩笑地请求我只寻找他们想要找的尸体。另一个案件中，搜索者发现了尸骨残骸，但这并不是他们要寻找的受害者。一位法医解释说，这还是事情中比较简单的部分。她和其他法医在看到路旁水渠里的黑色垃圾袋时，都会忍不住想里面会是什么。

无论如何，虽然人类和大自然有着各种各样残酷的无心之举，但当与寻尸犬一起工作时，有些事情还是可以放心的。没错，找到某个人或某个人身上的一部分，会使一个家庭走向终结，或者让警方或检察官开始处理案件的下一步。这还不能完全解释寻找尸骸——即使几乎没有多少残余——的重要性。部分原因是为了能够（即使是暂时地）得知某具尸体被藏匿或丢弃的地点，然后再做考虑。我喜欢的一个事实是，如果不考虑动物的掠食行为，要处理掉一具尸体是很困难的。我喜欢的另一个事实是，人们死去的时候，不会彻底消失，即使杀死他们的人努力要这么做。是的，他们拒绝离开。不仅如此，他们还倔强地显示着存在感。

在某次搜索中，索罗走入林中一个地点，伏下身子，然后期待地看着我。一位探员证实，索罗发出警报的位置，正是一年多以前猎人们发现一位凶杀案受害者遗骨的地方。她的气味在松树林里留存了数年。

❤ ❤ ❤

多么可怕的街道！两旁是一堆堆漆黑的东西，不是房子，四处偶尔也能见到一点烛光，就像在坟墓里晃荡的蜡烛。

—— 赫尔曼·梅尔维尔（Herman Melville），《白鲸记》（Moby-Dick，

1851 年）

马萨诸塞州的新贝德福德（New Bedford）是一座古老的捕鲸城市，进出这里有三条主要的公路：195 号州际公路、140 号州道和 6 号联邦公路。20 世纪 80 年代晚期，快克可卡因和海洛因的流行达到最高峰，这三条公路都是运送毒品的主要通道。经常有女性尸体被丢弃在这些公路的出城路段上。同一时期有位记者指出，当地一家诊所一天内接治了 400 名海洛因瘾君子。马萨诸塞州只有波士顿能够超越这一数字。与全美一样，如今新贝德福德的犯罪率已经下降很多。

然而，在高峰期的那 6 个月里，从 1988 年 4 月到 9 月，有 11 位女性——其中大部分都疯狂地出卖肉体以换取可卡因或海洛因——在韦尔德广场（Weld Square）失踪，这是市中心一处可怕的黑暗街区。

一名女性的尸体被发现了，而其他女性依然下落不明。等到有人把这些案子串联起来的时候，已经为时已晚。这些女性的生命在被杀害之前就已经慢慢消逝了。

1988 年 7 月初，一位女士把车停在 140 号州道旁边，去附近的灌木丛里小解。她发现了第一具尸体。德布拉·梅代罗斯（Debra Medeiros），28 岁，四肢张开，胸罩缠绕在脖子上。她是在 5 月下旬失踪的。7 月晚些时候，两位摩托车手也感受到"自然的召唤"，发现了 31 岁的南希·派瓦（Nancy Paiva）。她背部朝上，双脚指向 195 号州际公路向西运行的车流。再然后，一位公共工程雇员在午餐休息时间捡拾罐子时发现了第三位女性的遗骸：黛比·德梅洛（Debbie DeMello）的尸体被抛弃在 195 号州际公路一处斜坡弯道附近。

到这时，布里斯托尔县联系了安迪·雷布曼在康涅狄格州警局的上司。当时，安迪正在训练"淑女"的替代者"乔茜"（Josie），乔茜与鲁弗斯和淑女一样来自菲德可导盲犬基金会，也不适合导盲犬工作。她精力太充沛了。她很可爱，脚步很轻快。作为一只牧羊犬，她的体形并不算大，而关节联结紧凑得像一只猫。安迪与她一起工作的时间并不长，但这似乎没太大关系。她是一只天生的工作犬，经过交叉训练后，既能寻找活人也能寻找死者。她不在乎要寻找什么，只要能得到奖赏就行。她会连续两三次冲入密不透风的灌木丛，再冲出来寻找安迪，用鼻子撞击他的口袋，以确保他理解了自己的意思。那个球，那个球，那个球。天呐，赶紧把球拿出来。她第一次出任务是在获得认证后的第二天，去寻找一个自杀者。她只用两分钟就找到了那个人，还活着。

"她带来了许多乐趣，"安迪简单地说道，"她是我人生中遇到的最容易训练的狗。"

在新贝德福德的公路上进行搜索就没那么有趣了。这是一项既危险又艰难的工作。一边是繁忙的交通，另一边是让人产生幽闭恐惧的荆棘、灌木、松树和死亡动物。乔茜第一天工作了 5 个小时，对 195 号州际公路的北部一侧进行搜索。对那些按时打卡上下班、工作日还要在网络上玩一会的人来说，5 小时似乎不算很多。但是，对一只全部时间都在嗅探、搜寻、跃过障碍物并且经常被茂密的灌木卡住的搜救犬来说，这是一张残忍的时间表。

乔茜还很年轻，只有 3 岁，但安迪不是新手。他年富力强，经验丰富。安迪设置了半英里的扇形面，对路肩展开搜索。接着他往里走了 25 码，在防鹿栅栏的内部进行搜索。一整天过去了，没有任何发现。

第二天上午也没有任何发现。到了午后三时左右，乔茜和安迪已经搜索到了里德路（Reed Road）路面下方北侧的斜坡。他们还必须去南侧斜坡搜索，时间还来得及。

与大部分在空气中嗅探气味的工作犬一样，乔茜没有被绳索牵着，这样她就能由鼻子带领着去往任何地方。突然间，她出现在树林中，而不是斜坡下方 25 英尺的地方，尾巴疯狂地摇着。她跳出树林，撞着安迪的口袋。快把球给我。

那是唐·曼德斯（Dawn Mendes）的遗骸，此人 25 岁，来自新贝德福德，最后一次有人看到她离开家是在 1988 年 9 月 4 日。乔茜发现她的日期是 1988 年 11 月 29 日。在曼德斯的身份被确认后，新贝德福德的《标准时报》（Standard-Times）刊出了不留情面且极具攻击性的头条新闻。新闻标题开始于曼德斯的尸体，接着谈到她的性工作，并完全忽略了她的名字："195 号州际公路尸体属于本市妓女"。

安迪给乔茜放了一天假，然后在 1988 年 12 月 1 日重新投入搜索。来回往返。乔茜和安迪在 1988 年 12 月 1 日午后三时左右发现了黛比·麦康奈尔（Debbie McConnell），麦康奈尔来自罗得岛州的纽波特，在 1988 年 6 月的某个时间失踪。发现尸体的地点是 140 号州道北段的一处堤防下方，距离公路只有 30 英尺。这里距离第一位受害者被发现的位置不到 3 英里。

这些都是连续数英里的高强度工作，钻进去 25 码再钻出来，将长距离路段分隔开来，到高处搜索，努力使狗保持在顺风方向——主要是为了避免受死鹿和小型哺乳动物尸体气味的影响。在碰到一只死臭鼬的时候，乔茜愉快地休息了一下。有一段时间，一个电视卡车团队引起了这只爱交际的小狗的注意，她试图跳跃着跑到公路另一边去问候他们，差点被一辆半挂车撞到。

安迪和乔茜在 1989 年 3 月末又回到这里，这时乔茜发现了第三名受害者：罗宾·罗兹（Robin Rhodes），28 岁，在 140 号州道南段附近被发现。她的尸体隐藏在树林之中，距离公路只有 25 英尺。在那之后，安迪组织了一次 4 天的搜索，召集了来自 4 个州的 6 只狗和它们的牵犬师。他们没有发现更多的尸体。在好几天劳而无功的搜索之后，安迪叫停了这次任务。"至少我们知道了受害者不在哪些地方。"他对报纸记者如是说道。

在那之后只发现了一位受害者——桑德拉·博特略（Sandra Botelho），她的尸体出现在马里恩的 195 号州际公路附近，距离其他受害者有数英里之远。9 个月时间，9 具女性尸体。另外两位与韦尔德广场失踪女性资料相符的受害者依然未能找到。尽管警方已经列出了两个嫌疑人，但第三个嫌疑人出现了：杀人者可能在一艘停泊于新贝德福德的季节性渔船上工作过。

无忧无虑的乔茜在 1991 年因血液疾病而去世，距离那次搜索已经过去两年。她还是一只年轻的狗。同一年，安迪从康涅狄格州警局退休。

如果没有安迪的不断推动，会有这么多女性尸体被发现吗？我没有费心去问他；我已经知道答案了：可能性很低。在这种案子中，不会有数百位好心的志愿搜索者出现，也没有红十字会赶来给每个人提供佳得乐和唐恩都乐的快餐。对这五个受害者来说，真正案发的时候已经太晚了。如果她们受到警告，说有个杀手（或者好几个杀手）正准备对她们下手，一切会有什么不同吗？或许没什么不同。没有人知道。

在新贝德福德，有少数人，以及一只喜欢工作和玩耍的狗对此十分关心。然而，所有的受害者，除了乔茜和安迪发现的三位，其他都是被偶然到此的人发现的：需要到公路旁解决个人问题的人；猎人；两个沿着故障车道行走的男孩看到 10 英尺外有一具尸体。

24 年之后，这些案件依然悬而未决。

第十三章　所有士兵都已离去

你们带着得意的面容和明亮的眼神

向着那些正在前进的士兵发出欢呼

躲回家去吧！祈祷自己永远别知道

那地狱正等待着他们的青春与欢笑

——西格弗里德·萨松（Siegfried Sasson），《战壕中的自杀》（*Suicide in the Trenches*，1918 年）

数世纪以来，狗一直被用在战争中：最初是作为攻击手段，然后是嗅探敌方士兵的存在，再然后是将信息送往前线，最后是寻找炸弹和地雷。从 19 世纪开始，狗还承担了寻找受伤士兵的任务。所有这一切都表明，狗在战争中指定的任务就是专门寻找活人而非死人。狗应当在战斗正在进行时提供帮助，而不是在结束后寻找尸体。犬类仅仅是附加在战争机器上的齿轮。

　　不管怎样，在一场战斗结束后极短的时间里，对死人和活人进行治疗类选* 都是一项重要的任务。红十字会比任何组织都清楚这点。第一次世界大战见证了"Sanitäshundes"，即"卫生犬"的广泛使用——德国人从 19 世纪头十年的末期就开始训练它们。

　　这些狗携带着装满医疗用品的背包，一旦跑到战场上受伤的士兵身旁，士兵就可以将背包取下。德国人用的是德国牧羊犬，英国人用的是从万能梗到柯利牧羊犬再到混种犬的多个品种。所有这些狗都成为了著名的"慈悲犬"或"急救犬"。红十字会估计，在第一次世界大战的某个时刻，有一万只狗在战争双方的前线工作着。尽管它们的存在以及提供的帮助被很好地记录下来，但面对这个可疑的整数，我的内心还是产生了些许不信任感，这让我开始猜测，红十字会的宣传机器是不是在一个世纪以前就已经在加班工作。

　　"慈悲犬"只与活着的人打交道。这是像红十字会这样的组织所保持的姿态，即使是在第一次世界大战期间。尽管这场战争宣称"不让任何一个人被落下"，但是在战场上，死者都被抛弃在了战争的迷雾中。

---

* 根据紧迫性和救活的可能性等在战场上决定哪些人优先治疗。

在战争中，我们制造了无数的死人堆，无论是在"伟大"的战争，比如第一次世界大战中（西格弗里德·萨松因勇敢并痛苦地见证了战友殒命在泥泞的战壕中而获得奖章），在"正义"的战争，比如第二次世界大战中，还是在那些我们承认是灾难的战争中。第一次和第二次世界大战期间，数以十万计的士兵被抛弃在他们倒下的地方，或者被丢进集体墓地。照顾生者和伤员已经是超负荷的任务了。如今这一点并没有改变，在今天的灾难现场，我们首先寻找还活着的人，然后才尝试寻找尸体。

"从来没有人训练狗来嗅死人的气味，"埃尔伍德·亨德里克（Ellwood Hendrick）在 1917 年的一期《红十字会杂志》（*Red Cross Magazine*）中写道，"狗的工作是帮助伤者。"他还徒劳地想要削弱被这些狗激发起来的爱国热情："我们不需要到处杀人去证明狗的价值。"

寻回战场上的死者在很长时间里备受关注。在美国，官方第一次尝试寻回士兵遗骸是在 19 世纪初期的塞米诺尔战争之后。那项计划的效率极低：相关法律没有得到来自政府的资金支持，因而无法支付将死者送回家属手中的费用。正如迈克尔·斯莱奇（Michael Sledge）在他那本杰出的历史著作《阵亡士兵》（*Soldier Dead*）中所描述的，如果亲属能提供一个铅内衬的棺木给"港口里指定的军需官"，就可以将遗体装船运回家。

很少有家庭能负担这些棺木。无论如何，至少对胜利方的那些富有的家庭而言，寻回士兵遗体的举动已经开始变得认真起来。斯莱奇指出，到美国内战期间，这个国家开始"尊崇普通士兵的死亡"，尽管这场冲突中的阵亡者变成了一场逻辑上的噩梦，但联邦政府还是介入了。到 1873 年，超过 30 万名士兵被改葬到 74 个新的国家公墓中。虽然冲突双方的死亡人数依旧成谜，但国家公墓只提供给合众国士兵。德鲁·吉尔平·福斯特（Drew Gilpin Faust）在她近期关于内战死亡情况的历史著作《这苦难的共和国》（*This Republic of Suffering*）中写道："官方缺乏对美利坚联盟国阵亡者的关心，与之形成了鲜明的对比。"福斯特描述称，战争后不久，一位《大西洋月刊》的作者前往弗吉尼亚州旅行，在野外遇见了两具尸体。他的向导检查了遗体制服上的纽扣。"他们是北卡罗来纳人；这就是为什么他们没有被埋葬。"向导对已经吓坏了的约翰·特罗布里奇（John Trowbridge）说道。

美国内战史学家 J. 大卫·哈克（J. David Hacker）认为，之前估计的交战双方死亡人数，虽然从 19 世纪就被确认是 62 万，但其实远低于真实数目。他最近的研究将这个数字提高了 20%：这场战争导致超过 75 万人死亡。

但是，这些数字意味着什么？为什么这些数字很重要？作为一位勤勉、杰出的历史学家，哈克指出，部分是因为"我们有责任去纠正它"。他最新的估计显示，美国内战造成的死亡人数比美国所有其他战争加起来都要多。

然而我们总是计算得太多——却理解得太少。

在第二次世界大战的太平洋战争期间，记者厄尼·派尔（Ernie Pyle）写下了一份手稿，这后来成为他的最后一篇专栏文章。他是被一个日军机枪手射杀的。当他的尸体于 1945 年 4 月 18 日在尹江岛被寻回时，人们在他口袋里发现了这份手稿。"大规模制造的死人——一个世纪接着一个世纪，一年接着一年，一个月接着一个月。冬天的死人，夏天的死人。死人如此常见，如此混乱，使他们变得单调。死人的这种

　　　　　　狗知道答案——工作犬背后的科学和奇迹

单调无限放大，使你几乎要仇恨他们。这些是你在家里时甚至都不需要尝试去理解的事情。"

🐾 🐾 🐾

E pluribus unum. 合众为一。

　　尽管有零星的报告称，以色列在 1973 年的西奈战争中曾经使用过狗，但直到 2003 年，最早进行过有关寻尸犬可行性试验的美军才开始用狗来寻回阵亡士兵。即使在当时，这也是一个很谨慎、很有争议的试验——派一个来自美国东北部的人和他的两只德国牧羊犬前往越南丛林，寻找几十年前"任务中的失踪者"（Missing in action, MIA）。

　　美军派出的是来自罗得岛州的州警马特·扎雷拉（Matt Zarrella）。当时是 2 月份，越南的天气比罗得岛州炎热得多。马特那只 9 岁的雌性牧羊犬潘泽尔（Panzer）正喘着粗气。1 岁的雄性牧羊犬马西姆斯（Maximus）也喘着粗气。它们竭力张嘴喘气。紧张的越南飞行员坚持要求给这两只狗戴上口套才让他们上直升机。他们要飞往越南的最南端。飞越种满水稻的山谷时，几十年前地毯式轰炸留下的弹坑还清晰可见。在湿润的丛林空气中，这架老旧的苏联直升机内部温度不断上升。马特没有戴口罩——尽管从他内心的倾向而言，这可能是一个不错的主意。

　　寻找"任务中的失踪者"的任务越来越紧迫。曾在 20 世纪 60 年代越战激战正酣时见证美军战斗机被击落的人正逐渐离世。寻回工作放慢了速度，越来越少有人发现美军士兵和飞行员的遗骸。参议员约翰·麦凯恩（John McCain）和爱德华·肯尼迪（Edward Kennedy，通常被称作 Ted Kennedy）也是在那时从军，后来二人对出现在三个"9·11"灾难现场——宾夕法尼亚州的尚克斯维尔、世贸中心以及五角大楼——的工作犬印象深刻。为什么不用寻尸犬在越南搜寻失踪超过 30 年的军人？这个主意还远没有到被广泛接受的地步，但无论如何也算是有所进步。

马特·扎雷拉和他的狗在美国东北部已经获得了擅长寻找死者和被掩埋遗骸的名声，所以有一天他接到了电话。他会考虑向监督军人遗骸寻回工作的军方部门——美军战俘与战争失踪人员联合调查司令部（Joint POW/MIA Accounting Command, JPAC）——咨询狗能否起到作用的问题吗？

退休军官指派的这项工作使马特不禁挠头。他们需要什么来开始这样一个项目呢？牵犬师们需要什么？狗需要什么？这场对话转入了一个显而易见的方向。

"他们就是过来问我，愿不愿意做这项工作。我感到极其光荣。"马特说道。他将成为对在美国参与的国际冲突中失踪的士兵进行官方搜索的第一位寻尸犬牵犬师。当马特飞往夏威夷的 JPAC 中心鉴证实验室为自己和寻尸犬做准备时，在越南失踪且下落不明的军人仍然还有 1889 人。

作为一位前海军陆战队队员，马特信奉"不让任何一个人被落下"的信条。不过，从来没有什么事情会这么简单。20 世纪 70 年代，将阵亡士兵的遗体从越南运送回国的行动变成了一场灾难：充满政治意味，耗资巨大，并且依据的信息常常并不可靠，危险重重。

在西贡陷落的两年前，一支试图寻回阵亡美军士兵尸体的地面部队遭遇埋伏。队伍的指挥者理查德·里斯（Richard Reese）上尉站起身来，试图告诉对方自己没有携带武器，以此拯救自己的手下。他被一排齐射的子弹杀死。接下来几年，直到1985年，美国再没有试图做出任何将阵亡将士带回家的努力。

即使在恢复寻回行动的时候，也遭遇了一些惨痛的失败。比如在越南中部的Yen Thuong，失败原因在于信息的错误：目标地点更可能是一处导弹坠落点，或者坠落的是一架苏联飞机，而不是一架美军飞机。无论如何，军方的人类学家还是进行了挖掘。他们挖了一个100英尺长、50英尺宽、40英尺深的坑，并仔细查看了挖出来的所有泥土，一无所获。

马特也知道一些政治上的问题，他不禁思考自己是不是正被人陷害，是不是有意或是无意地在这第一次军事寻尸犬项目的失败中成为替罪羊。他知道，在越南到处都有徒劳无功挖掘出来的坑洞。他已经见识过人类学家和军队人员之间的紧张关系，他们对他和他的狗是否有能力寻找人类遗体，或者说是否代表犬类版本的"聪明的汉斯"等问题各执一词。他们在夏威夷军事基地有过一场争论，内容是如果马特离开基地，应不应该按照有关狂犬病的规定，将他的搜寻犬关入犬舍，隔离6个月时间。但是基地内并没有可用的犬舍。这些狗最终被关在一间很小的、经过翻新的房间内。当马特到达越南的时候，胡志明市那满是寄生虫和蜘蛛的酒店房间没有使他心情好转。他不在乎艰苦的条件，身上还背着一个50磅重（约合23千克）的背包，但他已经41岁了。虽然相比之下，他那只雌性牧羊犬如果换算成人类年龄比他还老，但他确实也不再年轻了。

马特还想着，他是不是正在使自己的狗走向失败。他知道潘泽尔能够找到埋葬和未埋葬的死者：这些事情她在美国东北部已经做了许多年。但是，她曾经找到的最早的遗体是 10 年前埋葬的，而在越南，许多遗骸已经埋了将近 40 年。温度和环境条件不单单是陌生的，而且十分严酷。潘泽尔能在冰天雪地中工作，但是红树林沼泽和稻田这些空气湿度 100%、酷热指数超过 100 的地方是全新的挑战。

马特与安迪·雷布曼进行了交谈。安迪将马特视同养子，而马特崇拜和尊重安迪。他们都有辩论的能力。对于潘泽尔是否老得不能去越南，他们争论过。"枪手"（Gunner）是马特的一只瑞士山地搜寻犬，已经步入中年。在马特接受前往越南的使命之后，枪手患上癌症，被截去了一条腿。马特不能退出；他已经答应了要带两只狗。因此，他冲到动物收容所找到了一只 6 个月大的德国牧羊犬。这只少年期的牧羊犬曾经被贴上好斗的标签。他并不好斗；他是有动力。马特给他取名"马西姆斯"（Maximus），并在接下来 6 个月里对他严加训练——唯一无能为力的是不能让马西姆斯长得快一点。

于是，马特带着一只 1 岁的狗和一只 9 岁的狗出发了。这两只狗分别处于搜寻犬年龄谱的两个极端，一只还未证明自己，只是经过认证，另一只则又老又虚弱，很容易疲劳甚至死亡。在夏威夷和越南，一群充满怀疑的人类学家关注着他们的行动。这可不是一个温暖又温馨的气氛。

"我试着去解释。我们不是到这里来取代你们。我们只是另一种工具。我们需要好的调查策略。我们只是团队中的一小部分。"马特说道。

他暗暗担心的是，他的两个"工具"可能不大好用。

1966 年 7 月 3 日，大卫·菲利普斯（David Philips）上尉的固定翼战斗机被击落，掉在越南最南端茂密的红树林中。一位目击者告诉官方相关部门，他找回菲利普斯的遗骸并将其埋葬了。后来又有人重新进行了埋葬。那架战斗机如果还有碎片留下来的话，也完全被用于其他用途。当地的土壤呈酸性，骨头会消失——如果曾经在那里出现过的话。

马特降落之后，很快展开了搜索。潘泽尔在那位声称将飞行员的遗体埋在自家附近的村民所说的位置上发出了警报。好的。那些人类学家反正也计划在那里挖掘。尽管更偏爱搜索未知的区域，但马特不禁想，这或许并不是故事的最终结局，而"仅仅是基于简单的介绍"。因此，他和潘泽尔在房屋前后，以及村子外围的茂密丛林中漫游了一番，走到一个古老的家族墓地和垃圾堆，这里距离预计的"1 号地点"大约有 150 英尺。

这个时候，他注意到潘泽尔的肢体语言发生了变化。她看着马特，甩着头，对着一小块区域努力工作，却没有给出最终的警报。她开始疲惫了。马特把她抱起来，让年轻的马西姆斯上。在同一区域，马西姆斯的举动跟潘泽尔一模一样，只是他给出了最终的警报。"他很确定就在那里。就在他的眼睛里。"

马特把马西姆斯安顿好，去找两位人类学家交谈，他们对此很感兴趣。马特和他的狗飞往其他地点。有些是埋葬地点；有些是坠机地点；有些可能是死在集中营里的战俘被村民埋葬的地点；还有些完全是虚构出来的地点。马特在那里展开了搜索，但两只狗没有显示出任何兴趣。那里没有什么东西。村民们一边看着马特的狗，一边修改他们那些关于遗骸位置的故事，这些故事可能会逐渐接近事实真相。这些狗没有接受过有关这种新任务的训练，但很显然，他们都是不错的测谎仪。

在胡志明市，差不多一个月之后，马特在所住酒店的休息室里遇到了一位在菲利普斯失踪地点工作过的人类学家。当时马特和他的狗刚刚完成最后一件任务。他们没有任何实质收获。马特的士气落到了最低点。

"有没有人告诉你我们在你搜索的那个地点发现了什么？"那位人类学家问道。马特没有听说过任何事情。人类学家们对马西姆斯发出警报和潘泽尔表现出兴趣的大体区域进行了挖掘。在地面下 6 英寸的位置，发现了一把随身的小折刀，一条飞行服上的拉链，以及生命维持设备的碎片。此外还有一块骨头，人类学家认为是人类膝盖骨，不过尚未得到确认。"骨骼遗骸"一词便是最终的结论。

"我都想索性大哭一场。"马特说道。

几年之后，马特再没有听到更多的消息，他决定拿起电话打给夏威夷的鉴证实验室。电话另一端是一位富有同情心的小伙，他查看了一下案卷。菲利普斯上尉的遗体鉴定结果是 2004 年 9 月出来的。现在马特终于知道了故事的剩余部分。潘泽尔在 2004 年 9 月死于癌症。马西姆斯继续参与了许多次搜索，2011 年，他也死于癌症，享年 10 岁。

今天，在东南亚战场上阵亡的美军士兵中遗体情况不明的还有 1664 人，比马特和他的狗前去搜寻时少了 225 人。越南战场上的 30 万士兵依然寻觅无踪。美军没有再派狗和牵犬师团队前往越南。

大卫·菲利普斯上尉的妻子于 1989 年去世。据新闻报道，他的女儿德布拉·斯塔布斯（Debra Stubbs）前往夏威夷的军方实验室取回了父亲被包裹在军绿色羊毛毯中的遗体。她告诉《亚特兰大宪法日报》（*Atlanta Journal-Constitution*）的一位记者，她曾把手悄悄伸进毛毯中。这是她与父亲距离最近的一次。在她出生之前，父亲就去了越南。她说，她的母亲多年来一直担心丈夫是不是在战争中成了囚犯，并一直告诉家人，有朝一日会坐上飞机前往越南，亲自寻找事实真相。她母亲从来没能做到。

菲利普斯上尉的遗体被运送回国之后，他的三个女儿和他的兄弟把他安葬在佐治亚州萨凡纳的博纳文图尔公墓，俯瞰着威尔明顿河。这个公墓里种满了生机勃勃的橡树，树上缠绕覆盖着苔藓和地衣。1897年，作家兼自然学者约翰·缪尔（John Muir）在博纳文图尔公墓内露营，逗留了5天。他身无分文，公墓接纳了他。缪尔觉得，那里应该是一个既安全又平静的地方。那里确实很安全。但那里并不平静。

"在湿地边缘的树上，栖息着许多白头海雕，"缪尔写道，"每个早上都听到它们尖厉的叫声，混杂着乌鸦的噪声，以及数不胜数的鸣禽歌声，它们躲藏在枝叶深处的鸟窝里。大群的蝴蝶，各种各样快乐的昆虫，似乎都处于一种完全喜悦、欢蹦乱跳的情绪中。整个地方看起来就像一个生命中心。在那里，死者并非唯一的统治者。"

🐾 🐾 🐾

在伊拉克和阿富汗战场上失踪的美军人数很少，但军方已经从越南战争中吸取了教训，要确保没有一个人被落下。到 2003 年美国入侵伊拉克时，军方已经很清楚狗在许多方面的巨大用处：探测炸弹和地雷、担任警卫任务，以及追踪和逮捕敌人。

凯茜·霍尔伯特（Kathy Holbert）是作为承包商被邀请到中东的寻尸犬牵犬师之一。凯茜在西弗吉尼亚州巴伯县的山区经营着一家养狗场。她是个充满自嘲精神的人，非常自立，又有幽默感。她训练嗅探犬和巡逻犬，接受人们寄养的宠物，还培育多种工作用的牧羊犬和法兰西野狼犬——一个古老的法国放牧犬品种。她偶尔会把一只玛连莱犬扔进这群狗里去，使事情变得更有意思。

凯茜曾经在军队里待过，先是作为叠伞员，然后成为一位军犬牵犬师。这一过程并不那么顺利。她的第一只狗——一只"找到人就咬"的狗，恰如其分地被叫作"迪克"（Dick）——咬了她至少一百次。"实际上，我是一个很差劲很差劲的牵犬师，"她说，"我对时机把握得很糟糕。他们过去常用我来演示牵犬师的错误做法。"

真是难以置信。无论是和狗，还是和人一起工作，看着凯茜，你都会觉得工作变得简单、直接，并且不引人注目。2009年6月，当凯茜接到邀请她前往中东的电话时，她带的是她的第二只寻尸犬"斯特雷加"（Strega），一只黑青色的德国牧羊犬，长着超级长的尾巴，大耳朵，并且拥有一种古灵精怪又深思熟虑的智慧。要不要去？这个决定出奇地简单。凯茜和她所有的家人——她的祖父和外祖父，她的父亲，她的兄弟，以及她的丈夫丹尼（Danny），一位电气技师——都曾经在军队服役。她答应了。然后她想："你这疯狂的女人，你的狗8岁，你50岁了，而你准备要去一个气温达到100华氏度（相当于37.8摄氏度）的地方。该死的，你到底在想啥？"

她还是去了。凯茜记得在越南发生的事情。"当时他们没有花太多精力去寻回我们的小伙子。"她说道。她带入了个人情绪，因为她和家里大部分亲人都曾经在海外服役。于是，凯茜开始保持体形：跑步，练习举重，减轻体重。她并不想成为如她所说的"缺失的一环"，即那个给原本就处于危险境地的士兵带来更多危险的人。

不过，当她从飞机上下来，踏上9月的伊拉克时，身体感觉就像遭到了重击。"那种热很难描述。就像拿着一把电吹风对着你的脸吹。"而且吹出来的风散发着恶臭，将类似尿骚味的气味和沙子吹到你脸上。凯茜给斯特雷加穿上了靴子，但靴子有时候会熔化。当地夏季平均气温为110华氏度（约合43.3摄氏度）。这还是没有穿上沉重装备和防弹衣的情况。凯茜没有试图逃避酷热，而是决定拥抱这种环境。她尽可能多地和斯特雷加一起待在户外。她们都在适应，而这些经历使凯茜重新思考哪些品种、哪种个性的工作犬最适合在哪里工作。尽管斯特雷加是一只德国牧羊犬，有着大大的方形鼻子，但没有很多大块的肌肉。她比有些鼻子较长的品种工作得更久，比某些肌肉较大的拉布拉多犬更能适应炎热。她是一个有条不紊的工作者，不会太快，也不会太慢，充满动力，而不是三分钟热度。这些特质给了她和凯茜很大帮助。

格雷格·桑森（Greg Sanson）是2009年至2012年美军驻伊拉克的人员寻回顾问，他的工作很复杂：首先是防止绑架或劫持；然后，如果真的有承包商或士兵失踪，就要去把他或她活着找回来；如果失败，下一阶段就是让凯茜和斯特雷加这样的团队介入。他说，向我讲述凯茜与斯特雷加在中东帮助寻找失踪者的工作"是一种光荣"。"我们不会停止寻找失踪者。"他说道。

搜寻工作是艰苦的，无论是在身体上还是精神上。简易爆炸装置（IED）会把人炸得粉碎。凯茜和斯特雷加发现，她们要寻找的不是尸体，而是微小的组织碎片。在搜寻被简易炸弹轰炸过的人员时，极其重要的一点是让狗慢下来。凯茜说，与在任何爆炸地点一样，斯特雷加一开始无法做到最好。死者的气味到处都是，同时也无处可寻。凯茜认识到，她们的工作已经不止于采集足够 DNA 材料以识别出受害者。她们的工作是不一样的：继续搜寻所能找到的一切属于某个人的东西。

很快，经过调整训练，斯特雷加理解了这份工作。她开始寻找一切微小的痕迹。

第十四章　在水面上飞驰

　　"请相信我，年轻的朋友，世界上再也没有——绝对没有——比乘船游逛更有意思的事了。什么也不干，只是游逛，"他继续梦呓般地喃喃说着……

　　"当心前面，河鼠！"鼹鼠忽地惊叫一声。

——肯尼思·格雷厄姆（Kenneth Grahame），《柳林风声》（The Wind in the Willows，1908 年）

大卫和我能听到南希·胡克在犬舍里喃喃自语，她正在给她的狗喂食。既然这样，我们就可以离开了。我们帮忙只会给她拖后腿。"你这个混蛋。"她对一只巨大的混种比特犬说道。她保持着交谈的语气。这只狗咬过人。南希会使他矫正过来的。她特别擅长训练这些不听命令就咬人的狗。

在犬舍旁边，一条钓鱼船放在锈迹斑斑的拖车上，与南希的皮卡车连在一起。野草从钓鱼船的内部钻了出来。我开始拔这些野草，直到南希走过来让我别管它。她说，放任这些野草生长是有目的的。昨晚的雨留下了1英寸深的浑浊积水，滋养了这些野草。我提出帮忙把水舀出来，但南希说，这点水不会让我们沉下去。

于是我们出发了，拖车颠簸着，驶向泰勒斯贮水池（Taylors Millpond）。两个女人，一个男人，一只狗，一条船。

我们要到水面上开展工作。

一开始，有关狗对水下尸体发出警报的故事让我模糊地觉得不足为信。但是，水是将尸体气味传递给狗的理想介质。尸体似乎会在水里冒泡，就像作用缓慢的碱–赛尔策片*。与陆地上的尸体一样，水中的尸体也会腐烂并释放气体。在水中，这些气体会以气泡的形式浮到水面，散发到空气中，再进入狗的鼻子。油脂也会浮上来，因此水面的油花也能额外发出气味。

不过，湖泊或河流确实能藏匿尸体，即使搜索人员手上拥有最新的声呐设备也很难发现。在许多情况下，特别是在美国东南部，潜水员

---

* 一种胃药。

　　　　狗知道答案——工作犬背后的科学和奇迹

在水中看不清眼前的双手。即使水质相对清澈，潜水和拖网也不一定总能找到尸体。一只优秀的水面寻尸犬能在很大程度上缩小搜索范围。

索罗和我有一两个或 12 个训练问题。南希认为她能矫正我们。

泰勒斯贮水池的大小更像是湖泊而不是水池，其长度超过了半英里。水池建造于内战时期，如今已经成为钓鲈景点。从南希的农场出发，一路只需走几英里就能到达这里。一间杂货铺的门面正对着混凝土船舷梯。一小群人常常坐在混凝土走廊上，咀嚼着烟叶或抽着烟，手里拿着蓝带啤酒的罐子。今天也不例外。我向他们点点头，他们也向我点点头。当我要把两美元的船上午餐费交给杂货店老板时，她不住地摇头。她认识南希。她也知道我们不是到那里喝啤酒和钓大口黑鲈的。

我们把拖车倒到船舷梯下面，把钓船解下，使它在浮萍中漂浮起来。我们没有多少窘态，只是稍微有些滑滑溜溜。大卫和南希稳稳地站到船上；索罗之前已经在水池另一边游了好几圈，此时它跳上船，把水甩到他们俩身上。索罗喜爱坐船。他觉得跳上船非常好玩，而更好玩的是从船上跳出去。我把船推出去，然后也跳上去。船摇摇晃晃，索罗从我们身上爬过去，趴在船头上，像一尊湿漉漉的船头雕像。大卫摆弄着曳电机。他已经把曳电机放到水里了，但它就是不发动。他皱着眉头。他很恼怒。他喜欢一切东西都正常工作。

"它是自由的。"南希提醒大卫。就像拖车，就像这艘船，就像南希和我们一起训练索罗寻找水中的尸体这件事情。一股刺鼻的气味从电池连接器上散发出来。我自言自语道，电池会不会爆炸呢？南希说不会，但我们都知道她在说谎。大卫俯身在失灵的发动机上，表示他能感觉到船在移动。船正受到莫卡辛河（Moccasin Creek）水流的牵引。当我们漂到溢出的水面边缘时，我看到了水池的尽头，水面溢过混凝土边缘，进入一条宽大的丝绸般的缎带，然后消失不见。我能听到这条缎带在下方 10 英尺处破碎的声音。我可能对大卫说了什么，因为南希让我不要再给他指方向了。

"她是不是一直这样？"南希问大卫。他们相视一笑。我闭上嘴，拿起其中一根桨，这样我就能拯救大家了。曳电机噼里啪啦地恢复了活力，然后平静下来，进入了"禅定"状态。这艘船终于处在大卫的控制之下，缓慢地离开水流溢出的地方，朝着这个巨大水池的中央驶去，水面上点缀着漂浮的睡莲叶片。

水不是我的元素，尽管我喜欢看着它。我童年时期的游泳课是在一种安静的恐慌中度过的。即使在泳池尽头最浅的区域，水都会漫上来钻入我的鼻子。我又矮又瘦，大骨架很突出，也没有脂肪能帮我浮起来。我会沉下去，把用氯消过毒的水吞进肚子里；我头上长长的发辫就像把我往下拽的绳子，在一旁看着的老师表情失望。

水是索罗的元素。他热爱水，并且知道他可以无限制地跳入任何有水或泥沼的地方，除非我特别禁止，但有时即使我禁止也无济于事。现在，他喉咙里愉快哼唱的歌声正在水池上回荡。

我能看出他为什么这么高兴。一只大蓝鹭以笨拙的慢动作从火炬松后面抬起头来。莓鲈、鲴鱼、鲈鱼和鲇鱼潜伏在睡莲的叶片之下，躲在繁盛的沼泽植物根系之间，这些根系已经延伸到了洪水冲积而成的平原上。我看不到这些鱼，但一只蓝灰色和栗色相间的白腹鱼狗知道它们就在那里。她停在一根树根上，特大号的头部稍稍抬起。在我们靠近的时候，她落下来沿着沙滩的边缘飞走了，一路发出叽叽喳喳的恼怒叫声。

尽管白腹鱼狗比我厉害得多，但我其实也知道怎么钓鱼。我的祖父、父亲和我的兄弟教会了我一切，从抓虫子、做浮标到飞蝇钓。我知道如何缓慢地爬到一个深洞口前而不投下阴影，也不让美洲红点鲑察觉到溪岸震动。高中时，我制作了自己的直柄式钓竿，还小心翼翼地用线把鱼漂固定在石墨杆上。30年前我就不再钓鱼了。我不够有耐心，并且最后会为钓上来的鱼感到悲伤。当然，我还是喜欢吃鱼。

对我来说，重返水面已然是过去的时光。这一次，我会让索罗找到那条"鱼"。他现在7岁了。在不远的将来，他逐渐增长的头脑就将无法补偿缓慢衰弱的身体机能。但是，只要索罗有一个好鼻子，水中寻尸就可能延续他的外勤生涯。

这就是南希鼓动我们到水上去的原因，目标是获得认证。我已经拒绝了好几次水上搜索，而我很不喜欢说不。一位探员发誓称，那个受害者穿着靴子径直走入了湖中，没办法，这是一桩刑事案件。能请你带索罗过去吗? 我十分抱歉地说了不。迈克·贝克曾向我指出，所有的探员都必须做的事情，就是穿上涉水靴裤，走入湖水中好几码远的地方，自己寻找受害者。有时候情况就这么简单。有时候尸体浮起来，情况就困难得多。对人来说确实如此。这时候狗就派上用场了。

🐾 🐾 🐾

几年前，狗在田纳西州的一个案件中帮了大忙。遇难者最后一次被人看到，是在东田纳西湖一个长长的码头上，当时她正在遮盖她的船。

在她失踪两周之后，警方从罗伊和苏西的田纳西团队中请了两只狗来帮忙。两只狗都在码头上发出了警报，正好就在受害者最后被人见到的地点。当时，拖网设备和水下摄像机放得到处都是，使气味变得更加复杂。搜索人员在码头区域不间断地工作了差不多两个星期，使用了声呐、深水摄像机、拖网，以及潜水员。没有任何发现。探员们想，遇难者是不是已经离开了码头；或者，是不是发生了穷凶极恶的事情。当人们找不到答案的时候，这是很自然的反应。

遇难者的家人不愿意放弃。他们从别的州找来了一支水下工程团队，还带着深水机器人。这一次弗格森夫妇罗伊和苏西到场了，带着另外两名队员和最初发出警报的那两只狗。苏西带着她的雌性德国牧羊犬Schatzie。作为"先头侦察兵"，罗伊在对面的一个码头上观察这些狗。在陆地搜索中，如果在场有人了解狗在陆地上如何工作，将会非常有用；而如果是了解狗在水里如何工作，反而毫无价值。当狗在船上以及其他码头上工作时，罗伊仔细观察着它们的警报模式。接着，他对这些狗发出警报的地点进行了校准。第二天早晨，在没有风的情况下，牵犬师和他们的狗又做了同样的事。罗伊报告了队伍的发现：狗已经将搜索区域缩小为一个 40 英尺长、20 英尺宽的椭圆形。搜索团队在该区域投放了一个小型水下机器人，上面装有摄像机和声呐。他们用操纵杆控制机器人下潜。水质清澈得令人难以置信。不到两分钟，机器人操作员就看到遇难者出现在摄像机镜头中。此时的她，距离活着时最后被人看见她遮盖自己小船的地点大约 30 英尺。30 英尺是平面维度的距离，如今她躺在 230 英尺深的湖水底部，相当于距离水面 20 层楼的高度。田纳西大学的法医人类学家比尔·巴斯（Bill Bass）称，考虑到水温较低，再加上水的深度和受害者匀称的体态，她可能根本没有浮起来。落水之后，她可能以某个角度慢慢向下沉，逐渐远离码头，像树上掉落的树叶一样慢慢地翻转。尽管如此，她最后还是成功地给了那些狗一个清晰的信号。

🐾 🐾 🐾

就这样我开始了这项小小的"学习"事业，怀着年轻人的那种豪爽和自信，试图掌握这伟大的、一千二三百英里长的密西西比河的情况。如果我真的知道学习这些需要耗费我多少精气神的话，我大概是没有勇气开始这一事业的。

——马克·吐温（Mark Twain），《密西西比河上的生涯》（*Life on the Mississippi*，1883 年）

丽莎·希金斯很懂水。她已经被认为是美国最顶尖的水上培训师之一。与此同时，她也训练自己的狗并带它们出任务；所有训练员都知道，要在日程紧张的研讨会上找出时间来，绝对是一种挑战。

2011 年 7 月，当丽莎接到电话的时候，她和海莉正在同一个团队里进行训练。她能否带上狗前往路易斯安那州莫甘扎（Morganza）附近的一个水库？该水库是密西西比河一个水坝系统的一部分。受到创纪录的降水影响，这个水坝系统的情况不是很理想。美国陆军工程兵团做出了艰难的决定：打开莫甘扎的泄洪道，淹没下游的小镇，以缓解巴吞鲁日和新奥尔良两地堤坝受到的压力。7 月初，有一家四口前往该水库钓鱼，而当时水库的水位还处于高位。这一家子对水库区域十分熟悉，但较高的水位导致某处形成了剧烈翻滚的水流。他们的船被一根木头卡住，在翻滚的水流不断冲击下最终倾覆。父亲将妻子和其中一个男孩推到泄洪墙的安全装置上。他又回去努力把第二个儿子也推到泄洪墙附近。已经受伤的妻子将孩子拉到了安全装置上。最后这次努力超出了父亲体能的极限。

"他拯救了所有家人。他太累了，以至于无法拯救自己。"丽莎说道。和她同时接到电话的，还有杰弗逊县的一支团队。当时丽莎和海莉在一块，需要首先把海莉送回家，而这并不容易。现场的执法人员说，没问题，带她一起来吧。海莉就是海莉，她显得很激动。丽莎也毕竟是丽莎，她清楚地知道，如果处理得好，这会成为又一次对海莉进行家庭以外教育的机会。现场的执法人员"对她异乎寻常地好"，丽莎说道。

第一天很漫长。当天气炎热并且无风的时候，在船里可能会感到更热。丽莎带着她的两只狗迪西和麦琪，与来自杰弗逊县的团队一同工作。由于高温，牵犬师每隔 20 分钟休息一次。他们按照划分好的分割区牵犬进行工作，然后休息、降温，再接着搜索。

第一天快结束的时候，"我注意到，麦琪感觉到发现了一块区域。"丽莎说道。她们在那里做了标记，同时标记了当地执法人员和潜水员感兴趣的一个区域。那天已经没有时间让她们进一步缩小范围了。

主管部门打电话给丽莎，请她 7 月 4 日回去继续搜索。现场的执法人员有些失望，因为海莉那天不能来；她是一个不错的搭档。丽莎从她那只经验丰富的澳洲牧羊犬麦琪几天前做出反应的地方开始。快到 30 分钟的时候，麦琪已经气喘吁吁，丽莎把她放到货车里，让她凉快一下。丽莎与现场的人交谈了一下。迪西显得很活跃，这只玛连莱犬和德国牧羊犬的混种犬来自凯茜·霍尔伯特的养狗场，之前从未参与水面寻尸工作。相反，她没有像麦琪一样筋疲力尽。

迪西出发了。迪西发出了警报。执法人员那天晚上就寻回了受害者。他躺在129英尺深的水中，距离最后一位目击者看到他落水的地点超过200码。"尸体（在陆地上）能比在水中移动得远得多。"丽莎说道。

需要考虑的不仅是水平距离。水中搜索是三维立体的，每个维度都可能使寻找尸体变得困难，甚至变得不可能，即使用最先进的技术和最厉害的潜水员也无济于事。依赖电子仪器的人注定要失望。旁视声呐是有用的，但如果你要搜索的是像水库这么大的区域，水底的尸体就会像藏在干草堆里的一根针一样，隐藏在各种各样的物体，如卵石、木头、灌木丛和各种障碍物之间。或者，由于温度梯度和水流等原因，一具尸体可能会悬浮在底层和表面之间。据曾在低温水体中进行过寻回工作的人说，如果人是在活着的时候落水，那他会蜷缩成胎儿的姿态，最终落到水底，成为一块伪装的大石头。世界上最好的侧扫声呐都无法分辨出这种椭圆形物体与其他物体的差别。

一些溺水者的肺脏中会充满液体。有些案件中，受害者在入水之前已经死亡，可能是出于意外或被人谋杀。入水之前就已死亡或者肺部只进了一点水的受害者往往不会下沉。每种因素都会影响尸体的位置，以及尸体是否上浮或下沉；受害者入水之前是否吃过东西，吃的什么，以及受害者是否被混凝土等重物束缚，是否被油布包裹，是否穿着涉水靴裤等，都会有相当程度的影响。

然后是酒精的问题。无论酒精在受害者的死亡中是不是扮演了某种角色——答案经常是肯定的——但在人死后，酒精有着重要的影响。

啤酒会膨胀。"如果体内有啤酒存在，尸体会更快地再次浮起。"丽莎对牵犬师们说道。在路易斯安那州，丽莎还考虑到了克里奥尔人的饮食习惯造成的影响：红豆和稻米会使尸体更快地上浮。

认真的寻尸犬牵犬师都有一份"尸体浮起"图表；大多数人会熟记于心。这张图表提供了水温和相应估算出来的尸体漂浮上来所需的时间，同时考虑到了尸体成分等变量。

水中寻尸的训练与陆上训练一样，关键在于寻找最强烈的气味来源，而水上训练更为困难。首先，对犬类来说这是一种折磨，就像捆住一只狗的脚，然后命令它："去找吧！"狗无法四处跑动，无法翻越各种障碍物去寻找气味。相反，它被困在船里，船成了它的腿脚，而且它还必须与周围那些毫无嗅觉能力的人进行交流，让船移动到该去的地方。

"我们剥夺了它们的许多东西，"丽莎在一次演讲中警告牵犬师们，"我们剥夺了它们用自己的四肢寻找气味'圆锥体'的能力。现在它们必须依赖我们。"

水中搜索正在不断消磨我的耐心。索罗和我不是完美的学生。我们都没有完全领会在水上所做的一切意味着什么。每星期在水上训练两三次是不可能的。我们已经和南希在同一条船里训练过许多次。对我来说，水上工作是一种三角学，是在船"突突突"地以"之"字形划过水面的同时努力理解水流、风和气味圆锥体的过程。对索罗而言，水上工作是双曲线几何学。这项工作要求狗具备耐心和强大的神经。索罗有很强的动力和足够强的神经，但缺乏耐心。

索罗还需要学习怎么调整，这样在我们实际的搜索中，每次他发出警报后，搜索者扔下的浮标所标示出来的就会是一个对潜水团队来说很小的区域，而不是整片充满犬吠声的湖面。单纯根据一只训练不够充分的狗发出的警报，就派潜水员进入浑浊的、充满障碍物和危险水流的水体中，不单浪费时间，而且会危及搜寻死者的生者性命。前三次水上训练时，索罗发出的叫声很不连贯，甚至在我们距离气味源还有一百码或更远的时候，他就挫败地冲向作为奖赏的玩具，而愚蠢的是，我把玩具放在救生衣胸前的口袋里了。

索罗嗅到了气味，只不过不是最强烈的气味。我举起双手，南希一边笑，一边摇头。她再次解释了训练的原则，然后我们又绕着湖转了一圈。南希希望索罗能更安静一些，也希望他更接近气味源。我表示同意。

在陆地上工作过的狗到了船上，必须学习一整套新的行为模式。当气味变得强烈的时候，它需要为牵犬师提供更加明显的提示。索罗需要学会利用极为有限的肢体自由，转向一边或另一边，或者从船的前头走到后头，从而告诉我和小船上的驾驶员如何遵循他的指引。他需要与船长交流，指出船是正在靠近还是正在远离尸体从水下深处散发出来的气味。在陆地上工作的时候，索罗通常能跑到气味最强烈的地方，然后躺在那里。他能按照自己的时间表来解决问题，但在一艘移动的船上就不行了。在陆地上，如果我知道他正逐渐接近什么东西，我可以稍微放慢速度，让他开展工作。水上工作是完全不同的。他不单需要越来越靠近气味最强烈的地方，而且要确切地告诉驾船者自己的想法。他那霸道专横的态度或许能派上用场——如果他能学会清晰地做出指引的话。

在那本关于寻尸犬的书中，安迪·雷布曼撰写了绝大部分的内容，但关于水中尸体的那一章是马西娅·凯尼格写的。我研究了那一章的插图，再看着索罗在水上的工作，看看一众经验丰富的水上寻尸犬的工作，我才开始完全理解狗——以及它们的牵犬师——在水上工作中面临的根本差别。我也理解了在洪水、翻滚的水流以及水下木头阻塞等问题出现的时候，"三维问题"会给人带来多大的危险。

马西娅研究并重建了在洪水过后的俄亥俄河上用狗进行的一次出色的搜索和寻回工作。她提出的假说是，狗会在水流被物体隔断的地方，以及气味变得最为强烈然后又突然消失的地方发出警报。在俄亥俄河上的搜索中，所有牵犬师都注意到了同样的现象。一只名为尼基（Nikki）的德国牧羊犬表现出全新的反应：当她嗅到气味时她的下颌颤动了。此时距离下游的受害者几乎还有 1.5 英里。随着船越来越靠近尸体，尼基把河水吞下去又吐出来，爪子不停抓着船板，试图跳入水中。当船经过不可见的气味线——就在尸体所在位置的上游处——时，可以看到她明显放松了下来。她嗅到的只有新鲜的、没有气味的河水。"尼基有一瞬间几乎完全瘫软。"游戏结束了。气味，气味，更浓的气味……气味消失了。

她的牵犬师在那条线上扔了一个浮标。马西娅写道："她在回想，'我做了什么？'"尼基的牵犬师从未见到她出现这种反应。不过，正如其中一位牵犬师所说，对狗而言，"这就像从一个房间走进另一个房间。"

房间的门槛就是困在木头下方的受害者所在的位置。

相比陆上工作，水上工作甚至更依赖对狗的了解以及对狗的意图的领会，同时必须有能够一直近距离观察的人。狗的暗示可能会有很大差别，有时很微妙，有时又极其明显。

在陆地上，索罗会运用整个身体，包括他的大尾巴，而我需要在一定距离之外看着他。当他在船上的时候，让他发挥的舞台变小了很多；

　　　　　　　　　狗知道答案——工作犬背后的科学和奇迹

他就在我们眼前工作。我们需要处理一系列线索，放大那些能帮助牵犬师和驾船者协同合作的信号。舔嘴唇、拍打水面、甩头：这是一份新的词汇表。由于水上工作如此不同，索罗可能需要找到新的警报方式，才能明显无误地告诉所有人，在某处存在某些东西。冲着水面嗥叫，或者发出呜咽声，谁知道呢？我还没有完全了解索罗在水上工作时会做出什么样的警报。我们还在研究。我希望我们能成功。

警探阿特·沃尔夫那只漂亮的比利时玛连莱犬名叫"拉迪米尔"（Radimir）——这个名字在俄语里的意思是幸福与和平——正在船的底部挖掘。他知道，如果他能把船底挖穿，他就能接近躺在下方水中的那具尸体。他已经参加过许多次水上寻尸工作，足迹遍及田纳西州。

加拿大培训师兼牵犬师凯文·乔治参与过的情感上最艰难的案件之一，发生在卡尔加里一条洪水泛滥的河流中，那里每年都有遇难的报道。当时他的比利时玛连莱犬开始吠叫，并靠在"十二宫"（Zodiac）号的一侧，朝着水面扑咬。在兴奋中，他咬到了充气船的一侧。幸运的是，他没有把船咬漏气。不幸的是，河流水位实在太高，并且充满了无法移动的木头，无法安全地寻回受害者尸体。

南希喜欢她那只身材高大的德国牧羊犬因迪（Indy）的行事方式：当他无法再忍受的时候，对尸体的疑惑会使他在水面上越来越难以保持平衡，直到某个时刻突然跌倒，那便是气味最强烈的地方。

还有一种更加直接的方法。正如丽莎·希金斯对一组牵犬师所说的，"一只狗从船里跳出来，在气味源周围游上一圈说明什么？这是一个你不能忽视的指示。"

丽莎很担心工作的地方出现鳄鱼，因此她不鼓励路易斯安那州的牵犬师让自己的狗跳出船去发布警报。在一次搜索中，她看到了30条鳄鱼。有趣的是，这些鳄鱼并没有触碰丽莎所要寻找的那个受害者。尽管如此，丽莎在选择训练地点时仍非常小心。

"我选择的都是据我所知安全的地方，虽然鳄鱼可能不会攻击我，但它会把我的狗当午餐。"

🐾 🐾 🐾

朋友们，倘若我们撤回到空船中，把这具尸体留给善于驯马的特洛伊人，他们会把它拖回城内，争得荣光。相较之下，让乌黑的大地裂开一道口子，即刻将我们吞没，才能为我们赢得一点小小的名声。

—— 荷马，《伊利亚特》

从2009年9月到达伊拉克，凯茜·霍尔伯特和斯特雷加就开始适应那里令人窒息的酷热、风沙，以及危险。

11月，也就是到那里两个月之后，军方把她们送到了北面1500英里之外的阿富汗。随着飞机进入阿富汗，凯茜看到了下方这个国家的美景：深褐色和赭色的群山、蜿蜒的河流，以及美不胜收的农场和果园。在苏联与穆斯林游击队战斗的9年时间里，这些农场和果园曾经遭受过轰炸，被夷为平地，如今终于开始慢慢恢复。凯茜很清楚，这些美景会被她和斯特雷加即将在地面上面临的遭遇抵消：一个比伊拉克更加严酷，甚至更加危险的环境。

"阿富汗很不一样，"她冷漠地说道，"那里的人试图杀死这些狗。"

相比在伊拉克，军犬及其牵犬师在这里更容易成为被蓄意攻击的目标。阿富汗战士知道，美军在损失一名牵犬师或一只工作犬时士气受到了多大的打击。那是最先派出去的牵犬师和工作犬团队。狗在牵犬师身前 100 英尺或更远处进行清扫，搜索简易爆炸装置的气味。狗和牵犬师都走在作战部队的前面。一些简易爆炸装置的线一直延伸到附近的沟渠里，有人就埋伏在那里等待引爆炸弹。最先出去的，也是最先死去的。凯茜保留着一份遇难的狗和牵犬师的名单，上面的条目不断增长。

　　不仅是塔利班和他们的同情者会带来危险。在阿富汗，斯特雷加只是又一个占领者。孩子们，大部分是女孩子，在凯茜一行降落之后就跟在后面。他们很漂亮，凯茜说道。她回过头向他们问好，并伸手给他们糖果，而他们的反应是朝斯特雷加扔石头。"他们让她很受伤。"

　　很快，凯茜和斯特雷加跟随一支车队前往北部的穆尔加布河进行搜索，那里已经靠近土库曼斯坦的边界。穆尔加布河约长 600 英里，向北流入卡拉库姆沙漠，在沙漠中逐渐枯竭。两名伞兵溺死在这条河中。这是一场典型的悲剧——从一架飞机上伞投的一箱子补给品没有落在河岸上，而是掉进了河里。第一名伞兵全身穿着战斗装备。他艰难地走到河岸附近的浅滩上，那里的水流还算平静。他在木箱漂过的时候把它抓住了。他一定是在箱子冲进又急又深的河水中时被箱子的重量从浅滩边缘狠狠地拽了过去。当时的情况可能就像抓住一艘漂浮的船，而船突然发动引擎，迅速开走了。另一名伞兵看到同伴陷入险境，赶了过来。同样，他也被水冲走了。

　　塔利班宣称在事发地点下游发现了两人的尸体。于是，针对这两名死者的大型寻回行动开始了。一群英国潜水员乘飞机前来，开始搜索。

一周之后，他们发现了前去营救战友的那名伞兵。他的尸体出现在河流很下游的转弯处。寻回行动的代价很高。下游区域到处是塔利班分子。美联社报道称，有 8 名阿富汗人被杀——4 个士兵、3 个警察和 1 个翻译。此外还有 17 个阿富汗士兵和 5 个美军士兵受伤。

第二具尸体还未找到。正是在这时，格雷格·桑森接到了请求他派出寻尸犬团队的电话，当时他在伊拉克担任美军的人员搜寻顾问。他派出了凯茜和斯特雷加。

对凯茜来说，水面是很熟悉的搜索区域。她和她之前的那条狗曼古斯（Mangus）最开始从事搜寻工作就是在水上。有一年夏天被通知前往一个溺水现场时，凯茜是一位治安志愿者，带着一只缉毒巡逻犬。她与失去幼子的家属坐在一起。他们最终没能找到孩子的尸体。某种程度上，家属知道他已经死了。然而同样，他们不愿意相信。

"当时持续了 5 天，"凯茜说，"我觉得人们没法理解在不知道结果的这段时间里家属所经历的一切。我学到的一件事情是，永远永远不要对家属说'结束'这个词。不存在这种东西。"

这些不幸的日子使她开始思考。狗能不能帮上忙呢？一位州警告诉她，有个名叫查姆·金特里（Charm Gentry）的寻尸犬牵犬师就在本州的另一个地方。"我联系了她，刚好他们正准备去参加安迪·雷布曼的一场研讨会。"

在那次研讨会结束时，凯茜让曼古斯获得了认证。接下来的那周，曼古斯帮助人们确定了一位溺水的遇难者的位置。曼古斯最终帮助寻回了 27 人。他使这项工作看起来很简单。他走到船的前部，俯下身子，把头放在船头上，靠近水面。就是那样。这是一种本能。

　　　　　　　　狗知道答案——工作犬背后的科学和奇迹

不过，斯特雷加对于如何进行水上搜索有自己的见解。她一直想要跳进水里。"她是一只非常倔强的狗。"凯茜骄傲地说道。她们最终研究出了一个令彼此都觉得相当满意的系统。

然后她们来到了阿富汗，开始进行水上工作。

这个区域的地形险峻，沿河岸生长着许多柳树。河的东边看起来比较平静，那里河水较浅，水面平静得足以反射出一些天空的蓝色，同时略微混杂着泥土的颜色，河底沙质的浅滩依稀可见。更远处，河水开始出现白色泡沫，呈现出一种剧烈搅动的绿灰色。凯茜提出，她和斯特雷加应该从那位伞兵落水的地方开始搜索。军方说，他们很确定尸体已经移动到河流的拐弯处之外。我能想象当时的场面：经验丰富、一向低调的凯茜平静地说，"不，你需要回到落水的那个地点。"

上午十点，凯茜让斯特雷加在河流东岸伞兵落水的地点开始工作。在这个时段，河水变得温暖起来，水流将气味向四处播散。她们要面对的不只是河水。一只雄健有力、四肢细长的绵羊－山羊护卫犬径直冲向她们。最后一刻他停了下来，后退到河边的一处山脊上。这只狗看上去至少有 57 千克重。"我们工作的时候，他一直看着我们。"

斯特雷加搜索到了河流的拐弯处，也就是军方推测伞兵尸体所在的位置。她尝试跳到河里去。她没兴趣围着拐弯处转圈。她回头朝上游走，嗅着急流中的气味。她在伞兵最后出现的地点下方几码处朝着沙滩发出了警报。她的警报很简单，就是坐下的姿态。这个动作为凯茜提供了她需要知晓的全部信息。她推测，尽管那些从未与狗一起工作过的潜水员期待的可能是一种更加"咿呀－呀喝！"*式的警报。斯特雷加并

---

* 一首歌曲里反复演唱的一句，据说是牛仔骑马时的相互喊叫声。

不是那种会做后空翻的狗。无论如何，她一坐下，所有人就开始重新思考伞兵的尸体可能会到什么地方去。

第二天是星期天。对所有人来说，这都不是休息的日子。湿度和风向情况比前一天更好，斯特雷加又一次告诉所有人，她非常肯定伞兵的尸体从未越过河流拐弯处。她继续朝上游搜索，越来越靠近漩涡。

潜水员用临时材料组装了一个更加复杂的系统。他们在河面上架起一条高架缆索，让凯茜和斯特雷加坐在一艘橡皮艇上，来来回回地搜索。斯特雷加在河中央的急流上方发出警报。凯茜和潜水员往下看，发现一处很深的下切，还有一个水压漩涡。

想象一下一台装了很多水并以最高转速模式运行的洗衣机。它会把衣物甩来甩去，但始终不会甩到外面来。水压漩涡也是这样，它更为人熟悉的名称是"溺水机器"。那些英国潜水员想下去搜索，但水流太急了。他们倒是成功地拿到了降落伞和货箱，这两样东西都陷在了漩涡里。

他们必须相信斯特雷加。已经死了好几个人。尽管军方讨论了几种不同的方案——包括在河中进行几次爆破——但最终他们还是决定顺其自然。

"警犬的协助结束了。"报告中写道。斯特雷加在 3 天的时间里对河流的同一个区域做出了完全相同的反应。你不应该要求一只狗反复告诉你同样的东西，不断寻求保证，这跟你与人打交道是一样的。

军方通知当地村民，如果他们帮忙留意河流情况的话，将会得到奖励。凯茜心里有一份漂浮地图，依据伞兵失踪的天数、他的穿着，以及水温的情况，她向军方提供了预计村民们有所发现的大概时间。水压漩涡的存在使人们很难知道接下来会发生什么。

　　　　　　　　　狗知道答案——工作犬背后的科学和奇迹

差不多在搜索终止两周后，村民联系了军方。当时已经是 11 月下旬。伞兵的尸体就出现在斯特雷加曾经发出警报的那个区域。斯特雷加，一只被训练来搜寻人类遗骸的狗，很可能也帮助拯救了活人的生命。塔利班分子没有得到尸体。那次任务中没有其他人死亡。同样，也没有人获得胜利。

第十五章　完美的工具

要成为这个行业中的翘楚需要花费很多时间——而到了那时，你已经过时了。

——雪儿[*]

就在我学会操纵狗的鼻子，欣赏它们的准确性、实用性和适应性的时候，科学已经跑到了我的前头。某些比原始的狗鼻子更胜一筹的事物正逐渐出现。我就像一个嗅觉卢德主义者*，在生物科技革命正不断推出更吸引人、更先进的东西时，还墨守成规地为工作犬群体辩护。

在琼·安德烈亚森－韦伯告诉我维塔已经怀上索罗的消息前一周，《时代》（*Time*）杂志上发表了一篇论工作犬的消逝的文章。当索罗还只是一团快速增殖的犬科动物细胞时，他和他的鼻子已经跟不上时代了。

"给人类最好的朋友的备忘录，"《时代》杂志在 2004 年 1 月对正在读杂志的工作犬说，"几年内，你们或许就能从警方安排的毒品嗅探工作中解放出来，而这要归功于佐治亚理工学院的两位科学家。"科学家"已经开发出一种手持的电子鼻，能够探测到可卡因和其他毒品的存在，效果比你们那冰冷、湿润的鼻子要好得多"。这本杂志高估了狗对印刷品的阅读能力，同时对狗鼻子的识别能力也没有给予足够的尊重。

在这个生物技术到来的时刻，我感觉自己就像一个即将收到"粉红色小纸条"**、正要进入另一个全新职业的学徒。这不是第一次了。我在职业生涯中对时机的把握一向很糟糕。1982 年，也就是我在多雾的圣华金谷开始第一份报社工作的那年，甘尼特（Gannett）报团推出了全彩色的《今日美国报》（*USA Today*），并利用鲜活有趣的新闻报道获利颇丰。出版商艾伦·纽哈斯（Allen H. Neuharth）将这种报道和写作的方式称为"有希望的新闻业"。头版标题要强调正面意义。当一架包机

---

* Luddite，原指 19 世纪英国民间对抗工业革命、反对纺织工业化的社会运动者，后来多指反对任何新科技的人。

** 美国俚语中的"pink slip"意指解雇通知单。

在西班牙马拉加坠毁时，头版标题写着："奇迹：327人生还，55人遇难"。然而，报纸从业者的处境已经十分艰难，精于算计的主管部门和报社的股东，以及即将到来的互联网浪潮，都令他们雪上加霜。

快速思考之后，在大规模裁员开始之前大约10年，我从报纸行业脱身了。这一次我瞄准了一个我知道会一直持续的行业。高等教育从中世纪开始就存在了。知识永远不会过时。我成为了一名有教职的大学教授，而差不多10年之后，终身教职开始越来越难获得，负担得起终身教职的公立大学已经有日薄西山之感。

现在，工作犬的鼻子也越来越不受待见。科学家、工程师和化学家们，在媒体的支持和鼓噪下，一直在跟我说，我的新副业其实正走在被淘汰的道路上。狗的替代者——仿生替代品——不仅热门，而且正在将狗从气味池中彻底淘汰出去。再一次，我走到了一个时代的尾巴上。

研究人员知道，他们需要用熟悉而又模糊的词语来包装他们的假鼻子，这多亏了附属于他们所在的创业公司和大学的公共关系人员。这些人工鼻子周围可能没有毛茸茸的狗毛，但意象必须有：FIDO*、真鼻子（Real Nose）、电子狗（E-Dog）。有时候名字没取好也会适得其反。"芯片上的狗"（Dog-on-a-chip）就不是个好选择。

根据媒体报道和授权使用者的说法，所有这些人工鼻子，无论是用于探测炸弹、毒品、地雷还是人类的遗骸，都具有几个共同点。它们不会流口水，也不会咬人。它们不会疲劳，也不会体温过高。它们

---

* "Facilitating Interactions for Dogs with Occupations" 的缩写，与林肯的忠犬 Fido 不谋而合。

能探测到万亿分之几的东西。如今，它们随时会使嗅探犬再无用武之地。

与治疗癌症的药物和聪明的人工智能一样，终极机械鼻子也在寻找大显身手的机会，只需看下一个新闻或批准周期。每一次有关于"工程鼻"的零星新闻出现时，媒体都会立马进入情绪高涨的状态。人们喜爱两种东西：酷炫的技术和狗。或许酷炫的技术要比永远忠诚的犬类有吸引力得多，但我们知道，即使在我们爱上各种最新的小玩意之后，狗也会一直在那里等着我们。

就在《时代》杂志给犬类提出忠告——留给你们工作的时间已经所剩无几了——一年半之后，我和南希·胡克开始认真训练索罗。我学会了发现并理解他的行为变化。我知道气味在热气中、在风中、在雨中和在水中的变化。我成了"狗科学博士"。

同年夏天，佐治亚大学的格伦·雷恩斯（Glen Rains）及其同事为他们的"胡蜂猎犬"（The Wasp Hound）提交了专利申请。整个装置包括一台风扇、一台摄像机、一台电脑和一根约 20 厘米长的便携管，管子里装满了饥饿的寄生蜂。当目标气味——无论是人类尸体的气味还是炸药的气味——吹进管内时，经过训练的寄生蜂就会聚集在一个小孔上，希望获得食物奖励。摄像机记录着寄生蜂的活动，并将它们的行为变化发送给电脑。专利申请中称，狗"既主观又成本高昂"，而寄生蜂"更加敏感、更便于操控，可携带而且隐秘"。最后一个形容词在"后9·11"的世界中显得十分重要。单就这一点而言，管子里小巧、安静的寄生蜂赢了。索罗从出生的那天起，就从来没有"隐秘"过。

在查看"胡蜂猎犬"的应用插图时，我至少还能理解它的概念。

但是，对于"芯片上的狗"，我就不敢那么说了，尽管发明者称之为"生物技术和微电子的优雅结合"。然而，比起"隐秘"，索罗与"优雅"更不搭边。相比许多生物工程鼻子，索罗确实与"胡蜂猎犬"的一些组件有更多的相同点。尽管和寄生蜂不是同一物种，但它们都是动物王国的成员。

🐾 🐾 🐾

机械鼻子这类机械与生物体结合的产物，或者说机械与生物体结合的最新版的软件——基因工程细胞，已经成为应用科学家的圣杯。一些研究者继续争论着气味的物理性质，而另一些则努力理解狗是因为什么而发出警报。还有一群人完全无视了狗鼻子的存在，致力于开发替代品。虽然狗的鼻子可能是一个黑匣子，对逆向工程师来说是真正的挑战，但没有科学定律说过在你了解黑匣子的内部结构之前，就不能尝试制造一个更好的黑匣子。

第一个人工鼻子诞生于 1982 年，也就是《今日美国报》创刊的同一年。这种"沃里克鼻"（Warwick nose）有一个用锡氧化物制成的感受器，目前还有商用生产。1988 年，《计算机商业评论》（*Computer Business Review*）指出，毒枭可以利用气味遮盖剂"使可怜的小狗一脸困惑"，但"沃里克鼻"的表现会更好。该杂志还迫切地指出，目前唯一需要的就是投入更多资金进行研发，否则日本可能会赢得这场"电子鼻竞赛"。

"电子鼻"这个术语在我们的生活中已经存在了差不多三十年，尽管有些非常不同的混搭方式，包括利用气象色谱技术、纳米粒子网格，或者聚合物感受器等，但任何人工鼻子都需要做到以下三件事：吸入气体，以数组形式显示出来，然后把识别结果反馈给机器操作者。狗的鼻子做着类似的事情：它吸入气体并将气味信号传递给大脑。狗坐下来，意思是说：我嗅到了毒品。牵犬师看到狗坐下来就知道，它刚刚嗅到了毒品的气味。

当然，我们无法给狗申请专利。于是，"一个真正的仿生嗅觉微系统"，也就是人工鼻，成了生物工程师的目标之一。人工鼻虽然缺乏哺乳动物的繁殖系统，但它是一个不断做出贡献的礼物。在早期的理论阶段，它能帮助科研人员发表论文。在实验阶段，它能帮助扩充实验室空间和仪器设备，并支付实验室里博士后工作人员的工资。如果人工鼻进入生产阶段，更多的人会参与进来。目前大部分人工鼻都很昂贵，但又不算太昂贵，特别是在公共基础设施投入不断缩减的今天。执法部门、军队、医疗机构以及其他行业，如食品生产厂家等，都会购买人工鼻。开发者承认，人工鼻将会需要一些维护和培训，而这种坦承只会带来额外的投资。

每一款新型人工鼻炫耀式地在媒体和公众眼前亮相时，宣传语都是一样的：这个鼻子是所有人工鼻的终结者。它能在酷热和寒冷中工作，从不会误报，从不会疲劳，从不需要狗粮。它不会在八九岁的时候就因为髋关节发育不良而退休。

在科技竞争的表象下，机械鼻的研究显得很繁荣。但是，这好比一场糟糕的真人秀，名字叫"那么你觉得你能制造一个更好的鼻子吗？"，竞争会变成一种复调，或者甚至是一种杂音，由互相争夺主导权的曲调与和声组成：狗能做到的任何事情，一台机器或一个混搭产品能做得更好；你的人工鼻子很好，但我的更棒；佐治亚理工学院的任何化学工程师能做到的事情，麻省理工学院的研究者能做得更好。"在传感器部分已经没有进一步改进的空间了，"2010年麻省理工学院的一位化学工程师对《连线》（Wired）杂志谈到自己的电子鼻时说道，"这是关于传感器的最终结论。"

这可能是关于传感器的最新结论，但我怀疑这并不是最终的结论。你可以说我是理智的，但我不能确定更喜欢哪种情况：是让一个机场安检人员将一只电子鼻伸到我的胯下，还是让一位美国国土安全部及运输安全局（TSA）的牵犬师带一只嗅弹犬来做这件事。如果每次搭飞机时我的公民权利都要受到侵犯，我显然更希望这种搜查是高效而且误报率极低的。而且前提是我不会患癌症或者被咬。

🐾 🐾 🐾

在"电子鼻"这一术语出现前几十年，军方的研究人员，比如美国西南研究院的那些人，就开始思考如何用更好的系统来取代狗这样一种有时难以驾驭的生物系统。

20世纪60年代初，在越南使用哨兵犬的经历促成了一些富有想象力的信念飞跃，而且当一些军方研究者，如尼古拉斯·蒙塔纳雷利，执着于"试过才知有效"，不断尝试用各种品种的犬类进行气味探测时，美国陆军"有限战争实验室"的其他研究者走得更远。狗的鼻子在探测敌人时效果很好，狗的吠叫也能很快唤醒沉睡的士兵。那么将这一系统部分地机械化和小型化会如何呢？

于是，在1965年，陆军研究人员开始鼓捣"昆虫伏击探测器"。这是一个基于实际情况的合理思路，喜食血液的昆虫是这种机器的"生物"部分的理想候选者，其中有蜱虫、蚊子、臭虫和巨大的锥鼻虫。这些昆虫都通过脊椎动物呼出的温暖气体寻找下一顿美餐。研究人员在一根塑料管上装上一个风箱、一个麦克风和一根磨光的钢琴线。当虫子闻到附近有食物出现时，它们的脚就会开始疯狂地舞动，拨动钢琴线。嗒，哒。一台"伏击探测器"，随时准备在嗅到敌方士兵的呼吸时发出警报。

早期研究缩小了适合用于这项工作的理想昆虫的范围。当跳蚤嗅到人体气味时，它们会剧烈地跳跃，无法平静下来。它们必须过于频繁地进食。臭虫与跳蚤一样，当期盼着一顿美餐的时候就会过度兴奋。蜱虫是早期的一种选择。它们喜欢人类呼出的气息，尽管它们不会跳，但是能快速移动。我之所以知道，是因为见过它们在我的手臂上爬动。它们有着柔软的脚。这就是为什么你会觉得自己感觉到什么东西爬到你身上，但那只是一种模糊的感觉，然后你就把它忘了。下一次你想到蜱虫，可能是在别人告诉你有只蜱虫附在你脖子背后的时候。对蜱虫来说这是个优势，但对陆军的研究人员来说却不是，即使在探测器里放个麦克风也不行。研究者尝试在蜱虫细小的脚上绑上重物，但是它们就算穿着笨重的大鞋子，也还是太安静了。

锥鼻虫通常被称为亲吻虫，因为它们最喜爱在你脸上或嘴唇上最丰满的部分吸血。这种昆虫正好合适，至少在研究人员对它们做测试之前是这样。陆军的报告指出，在1966年巴拿马运河的实地测试中，锥鼻虫探测器的表现十分差劲，测试中的假阳性结果突破天际。锥鼻虫一旦开始发出声音，表现就像臭虫一样糟糕：它们拒绝安静下来。它们的脚一直在吵闹地发出信号。食物！食物！研究人员发现，激发它们情绪的不只是食物。外界扰动会让它们兴奋，风会让它们兴奋，几乎所有东西都会让它们兴奋。这就像一场小孩子们的通宵狂欢。

或许是为了给没能找到足以媲美狗鼻子的替代品做一种模式化的辩护，陆军的最终报告称，利用吸血昆虫作为伏击探测器依然"在技术上可行"。这种说法可以作为识别一个实验失败与否的明显线索。

无论如何，虫子已经过时了。过去 5 年中，真正让科技记者兴奋的不是机器与动物名字的结合，如"胡蜂猎犬"，而是植物。举个例子来说，探测炸弹的蕨类就制造了一场小型的媒体恐慌。"当它们感知到周围有什么邪恶可怕的东西时，就会完全变白。"福克斯新闻频道（FOX News）的一位记者如是说道。由于我们已经习惯了在大商场和蕨类围栏中看到大型的多叶植物，我担心如果有人放置了一枚炸弹，我们会很难注意到那些植物从健康的绿色变成病恹恹的白色。

"我们实际上对种子进行了改造，"科罗拉多大学的生物学家琼·梅德福（June Medford）告诉福克斯新闻频道，"这样就会形成一种稳定的性状，并永远保留下来。这种植物非常强大，因为它将告诉你附近有爆炸物：'赶快把安保人员叫来！'"

听上去不错。那么，蕨类植物需要多长时间才能变白并让安保人员知晓呢？尽管梅德福称，她的研究显示这些植物"具有与狗相似或者更强的探测能力"，但它们还是需要几个小时才能改变颜色。"进一步的研究正在试图将时间缩减到几分钟内。"研究报告承诺道。

我们现在还没有能在嗅到炸弹时从绿色变成白色的生物工程犬。"老款"的狗能相当迅速地告诉我们有些事情不对劲。不用数小时，也不用几分钟，大概就一秒。当有炸弹存在时，速度很重要。

这正是绝大部分犬类替代者的问题所在。从蕨类到机器，再到所有介于二者之间的东西，都不像狗一样同时具备各种能力。20世纪70年代，当研究人员尝试用许多物种取代狗的时候，他们就意识到了这一点；他们一直在反复接受教训。狗的适应性很强，运动灵活，感觉灵敏。它们能利用复杂的感知判断来避免许多误报的出现。它们能同时做好几件事情：嗅闻、发出警报，必要的时候还会咬人，以作为一种威慑力量。它们与人的互动远远超过一株蕨类植物所能做的。相比愤怒的蜜蜂，有它们在身边可以带来更多的乐趣。我知道这一点，因为当初走近我家的蜂巢时我被蜇了好几次。

最重要的是，狗相对来说并不昂贵。有争论称，训练一只狗需要花很多钱和时间，但训练使用机器的技术人员可能同样昂贵。机器不会比狗更能自主运行。机器会坏掉，它们需要不断地校准，而且受天气影响而产生波动的情况要比狗频繁得多。

"从20年前开始从事这一领域的工作起，我就认为我们或许能制造出一种能取代狗的机器，"分析化学家肯·富尔顿（Ken Furton）说，"但这一切不会出现在我的有生之年。我们不能复制一只狗所能做到的事情。"

2010年年末，五角大楼在阿富汗和伊拉克也得出了相同的结论。他们终止了一个致力于排查简易爆炸装置的庞大项目。这个项目虽然在雇用员工和技术开发上花了170亿美元，但最终毫无进展。美国国家公共诚信中心（Center for Public Integrity）的报告称，5 年之中，美国最大的那些国防承包商拿到了数百个项目和"暴风雪般的现金"，而最后只有一个系统脱颖而出：狗和它们的牵犬师，以及善于观察的随行者。"现今最有效的简易爆炸装置探测器……不会嗡嗡响，没有呼呼声，不会射击、扫描，也不会飞。它们会说话。它们还会吠叫。"彼得·卡里（Peter Cary）和南希·尤瑟夫（Nancy Youssef）写道。

陆军中将迈克尔·奥茨（Michael Oates）告诉《美国国家防务》（National Defense）杂志，使用其他技术寻找简易爆炸装置的成功率"顽固地"停留在 50%。牵犬师和狗找到简易爆炸装置的成功率能达到80%。最好的炸弹探测器，奥茨说，就是狗配合牵犬师工作，再加上当地情报人员和士兵训练有素的眼睛。

"这一组合是我们目前拥有的最好的探测系统。"奥茨说道。

几年前，我碰巧有机会站在目前最好的探测系统之一旁边。当时我在北卡罗来纳州一个军事基地附近参加犬类训练。在中东从事机密工作的一位特种部队牵犬师和他的军事工作犬正在那里休假。那是一只比利时玛连莱犬，他安静地躺在牵犬师身旁，后腿收在腰部下方，前爪轻轻地刨着地面。他的眼睛没有固定在牵犬师身上，相反，他正朝别处看。他的眼睛一直在不断扫视着前方收割过的大片草地。那位牵犬师俯视着他的狗说，带着狗感觉就像拥有了一种可怕的延伸物，它在你面前200 英尺，有时甚至是 300 英尺的范围内不断追踪，小心留意着，保证你不会受到袭击或者被炸飞。牵犬师说，他无法数清他的狗救过他多少次。

　　　　　　　　狗知道答案——工作犬背后的科学和奇迹

红头美洲鹫不仅可以在 1000 米（3300 英尺）之外探测到一只死老鼠，而且比嗅探犬有一个更明显的优势——它们能飞，从而无须面对复杂地形造成的挑战。

——《明镜周刊》（*Der Spiegel*，2011 年）

机器以及机器混搭产品不仅在炸弹探测领域没有太多进展，在尸体定位这项工作上，电子鼻也没有取得太多成功。德国一组法医在 2010 年关于使用机器定位人类尸体的结论中称："原则上，在本研究中使用的传感器基础上制成的电子鼻，可以用来寻找野外正在腐烂的人类尸体。然而，为了设计和开发一个实际可用的设备，采样和测量程序必须得到优化。"

原则上，有了优化过的蹄子，猪也能飞。

在德国人忙着用兔子、佐治亚州人忙着用寄生蜂做实验的时候，我开始对狗在寻尸事业中的地位感到更乐观了。在艰难的搜索中，优秀的狗似乎总能条理清晰地处理复杂的决定："这个，不是那个""向上，不是向下"，以及"这东西不属于这里，但它不是我要寻找的"。尽管狗并不完美，但它们能适应各种各样的搜索环境。

无论如何，寻尸犬的领先地位面临的挑战一直存在。机器或许不行，但某种鸟类或许可以？其他物种在气味搜索上可能会比犬类更强，没有哪个搜索者愿意放弃这种可能性。这也是为什么我在听说德国有人利用红头美洲鹫做实验时很担心。尽管研究很有限，但红头美洲鹫似乎具有比其他任何猛禽都要灵敏的感官。用它们来寻找人类尸体的想法相当机智。它们是拥有翅膀而且鼻子更好的搜索"犬"。德国汉诺威市的警察局长雷纳·赫尔曼（Rainer Herrmann）告诉着迷的记者们，秃鹫有着高空飞行和飞越数公里森林的能力，它们可能有着嗅探犬不具备的巨大优势。来自瑞士、奥地利和德国的40多家机构都表现出了兴趣。

这并不是人们第一次考虑用秃鹫来做嗅探动物。早在20世纪30年代，著名鸟类学家肯尼思·斯蒂杰（Kenneth Stager）就报告称，德克萨斯州的石油产业工程师在输油管道里加入了乙硫醇——一种闻起来类似腐肉气味的化学物质，然后通过观察红头美洲鹫的行为来确定泄漏的位置。

要使21世纪版的"搜索鹫"成为现实，还需要克服几个小小的障碍：秃鹫需要接受合理的训练，配备装有全球定位系统的定位器，并且需要只寻找人类的尸体，而不是动物尸体，并确保在警察到来之前不会吃掉受害者或破坏证据。秃鹫训练师、德国人阿隆索（Alonso）告诉记者，在许多重要信息被秃鹫吞入肚中之前，警察还是有可能开着巡逻车到达现场的，因为这些鸟倾向于啄食而非吞食。我研究了阿隆索和他的搜索鹫进行训练的照片，"夏洛克"（Sherlock）就停在他的手臂上。尽管我很喜欢好看的德国牧羊犬，但我觉得，我应该可以克服红头美洲鹫那光秃秃、皱巴巴的红色头部，以及巨大的钩状喙。索罗也有一只鹰钩鼻。然而，我还是忍不住想象秃鹫如何将腐蚀性的呕吐物吐出来，如何将尿撒在自己腿上以杀死细菌。

在搜寻训练材料的时候，夏洛克并不喜欢飞行。相反，他像一只鸭子一样摇摇摆摆地四处晃着。阿隆索称，夏洛克非常焦躁而且不善交际，得到搜索命令之后，他会躲在树林里或快速逃走。两只年轻一点的秃鹫"马普尔小姐"（Miss Marple）和"科伦坡"（Columbo）本来是用来协助夏洛克的，目的是使他有一种秃鹫大家庭的感觉，然而它们却打斗不断。似乎没有一只秃鹫觉得动物尸体和人类尸体之间有一丁点的区别。

德国社会民主党——即反对方——提议州政府为"搜索鹫"开办一个国际训练中心。到嘲笑声逐渐散去的时候，这一项目也无疾而终。鸟类发言人斯蒂芬·弗罗因德利布（Stefan Freundlieb）对《明镜周刊》的记者迈克尔·弗勒林斯多夫（Michael Fröhlingsdorf）说："这些秃鹫目前还不能与记者见面。"

目前，无论是狗还是人，也无论是秃鹫还是机器，都无法独立完成搜索工作，特别是在处理秘密埋葬案件的时候。美国联邦调查局一项针对秘密坟墓的历时 10 年的研究指出了搜索的难度所在：当时那项搜索中被埋葬者的平均年龄在 4 岁到 6 岁之间；尸体通常远离现成的道路，远离常有人经过的道路和小径，周围是茂密的灌木，并且埋在深达70 多厘米的地方。

除非谋杀者招供并提供详细——更重要的是准确——的地图，否则寻找埋葬地点将花费调查人员大量的时间。然后是调查人员的偏差、寻尸犬的偏差以及法医的偏差等问题。最终你可能要到处挖掘。这是一项耗费心力、令人气馁的工作。

"就我个人来说，我认为狗在这类工作中的价值是无法衡量的，但同时我觉得不应该单独使用它们，"阿帕德·瓦斯说，"对于是否应该在狗发出警报的地点进行挖掘，我非常谨慎。"

阿帕德并不是不信任优秀的寻尸犬。他是寻尸犬忠实的支持者，而且这些狗的表现好得不能再好。但是，气味会移动，化学物质流会移动，腐烂物质也会移动。受害者的遗骸可能会距离狗发出警报的位置有数百英尺之远。

"你需要一个后备方案。"阿帕德说。最好多有几个方案。透地雷达（Ground-penetrating radar, GPR）或许能帮上忙，但也有可能误报，而且不能用于所有地形。同样可能帮上忙的还有水文地质学家、磁力计、金属探测器，和众多能够将先入为主的观念抛在一边的调查人员。

最后，需要有一台机器能够鉴别人体腐烂时发出的大约400种挥发性化合物。这就是美国国家司法研究院决定支持阿帕德及其同事的原因：他们要制造出一台能够测量"尸气"的机器。

阿帕德的"拉布拉多"（LABRADOR）闪亮登场。这个名字是"轻量级埋藏遗迹和分解气味识别分析仪"（Lightweight Analyzer for Buried Remains and Decomposition Odor Recognition）的缩写。按照当时的预期，这款机器在2013年投入生产。它看起来像一台金属探测器。它不准备取代任何东西。它将会成为透地雷达、调查人员、地质学家、法医考古学家、水文地质学家、磁力计和寻尸犬及其牵犬师这一整套装备和人员的补充。

"拉布拉多"的早期推广文案可能由阿帕德帮忙起草，写得很谦虚："这台仪器的灵敏度目前还无法媲美犬类的鼻子。"不过，阿帕德也是人。除了名称缩写，他无法拒绝给原型机另一个额外的、与狗有关的营销策略：在早期的仪器面板上，一张戴方格嘴套的狩猎犬的剪影使之增色不少。遗憾的是，生产阿帕德这款机器的公司决定去掉猎犬图样和最初的名字。我怀疑是因为他们更喜欢德国牧羊犬。

第十六章　墓地工作

自然的神圣永远是一种崇高的沉思；而且就蕴含在安静的林木之中和森林的阴影之下，有时会让人想起死亡和坟墓……

——尼赫迈亚·克利夫兰（Nehemiah Cleaveland），《绿森林图解》

（*Green-wood Illustrated*，1847 年）

当我和索罗或者是为了搜索，或者只是为了好玩而在皮德蒙特的树林里散步时，我会好奇他为什么为某种气味停留：是闻到了松鼠尿液的味道呢，还是闻到了很久以前一只比特犬经过时留下的气味？

作为北方佬，我有时会用奴隶制简单粗暴的黑白两色来描绘美国东南部的历史，但在树林里的漫步提醒着我，南方的死亡故事可以追溯到数千年前。当我开始思考躺在森林地面之下的可能有谁的时候，我的视野就越来越宽，越来越深。

就寻尸犬的世界而言，历史上遗留下来的人类遗骸，在搜寻失踪者的过程中会成为干扰因素。在一次受害者可能刚刚死亡的案件中，我们在一家废弃的农场中进行了一天的漫长工作。最终的结果是，索罗对一间奴隶小屋地基的下坡一侧显示出极大的兴趣，但在仔细嗅闻之后，他最终没有发出警报。我看着他工作，制止了他的兴趣，因为这与我们被召集过来要做的搜索关系不大。开车回家的路上我筋疲力尽。我意识到不知道曾有多少人在那间小屋室内的泥地上出生、生活——或许还有死亡。

肯塔基州的法医芭芭拉·威利-琼斯（Barbara Weakley-Jones）在验尸官办公室任职的时候，发起并指导了"肯塔基州寻尸犬项目"。她说，她并不喜欢训练自己的狗去寻找"老得不能再老"的人类遗体。她指出，在肯塔基州，你可以合法地在后院里埋葬"你的兄弟、你的母亲和你的父亲"。训练狗对古老的坟墓发出警报，是"没有意义的"，它们在外出参与案件时，甚至会因此干扰法医办公室的判断。

我理解她的观点。我记得有一次，调查人员根据索罗和另外一只狗分别独立发出的警报，花了很长时间掀开一个石冢，结果只翻到地面，就发现了生长年限显然远远超过两年的树根。如果下方更深处有人，那肯定不是我们要寻找的受害者。他们没有再挖掘。尽管我有点好奇那堆石头为什么俯瞰着树林当中的一个池塘，但是我觉得不挖也挺好。

越来越多的人开始有目的地搜索历史上遗留下来的人类遗骸，他们用到了家族圣经记事本*、土地契约、口述史、谷歌地球，以及狗。特别是在过去10年，狗经常被用来发现或定位一些本质上是露天博物馆的地方：旧坟墓、战场遗址和考古挖掘点。最早用狗来寻找古老遗骸的记录之一，要归于已经过世的寻血猎犬训练师兼牵犬师比尔·托尔赫斯特（Bill Tolhurst）。他在1987年带着他那只巧克力色的拉布拉多犬"坎迪"（Candy）前往加拿大安大略省的一处考古遗址，此前有建筑工人在那里发现了一块头骨。考古学家发现，那里的遗骸来自1812年的战争。比尔和坎迪帮助他们找到了另外三具遗体。

在美国各地，从俄勒冈步道沿线可疑的大屠杀遗址，到西班牙古道（Old Spanish Trail）沿线仓促建造的坟墓，奴隶坟墓、独立战争和南北战争的埋葬场，再到密西西比河三角洲印第安人史前所筑的土墩子，考古学家、历史学家和地质学家正与寻尸犬团队合作寻找可能有死者长眠的地方。我说"可能"是经过深思熟虑的。只有通过挖掘和明确的检验结果，才能知晓地表下有什么东西。通常情况下挖掘是不可能的，也不一定是人们想要的。

---

* family Bible records，指留有空白插页，可供记录家谱和家族大事的《圣经》读本。

《公路和旅行》（*Road & Travel*）杂志的一篇文章通过观察称："托马斯维尔，曾经只是佐治亚州铁路线的终点，由于地处偏远，一直以来很好地保持着神秘状态。"但是，对于南北战争过后蜂拥而至的有钱的实业家范德堡家族、古德伊尔家族和汉娜家族而言，那里完全没有秘密。这些实业家都以极为低廉的价格买下了种植园和宅邸。棉花种植园在重建之后，变成了猎鸟射击庄园。1887 年，托马斯维尔因其干燥舒适的空气和日益增加的财富而被《哈泼斯杂志》（*Harper's*）提名为大陆上最好的三个冬季疗养度假地之一。

"在这里可以获得北方的牛肉和美味的鲜奶。"《哈泼斯杂志》的专题报道称。赞美完了，作者还提出了忠告："这个地方很受欢迎，使得游客们看到，让当地的公共卫生规划跟上经济发展的步伐十分重要。"

确实如此。20 年前，托马斯维尔的公共卫生规划并没有跟上它的突然发展。在美国内战最后的剧痛中，惊慌失措的南方联盟*预计谢尔曼将军的部队即将穿过佐治亚州北部，便用船将 5000 名联邦囚犯从臭名昭著的安德森维尔（Andersonville）监狱营运到托马斯维尔。这座小镇的奴隶们匆忙地挖出 1.8 米到 2.4 米深、3 米到 3.7 米宽的长壕沟，在松树林中划出一个面积达 2 万平方米的防护据点。安德森维尔的囚犯们拖着病体，忍饥挨饿，距离死亡仅一步之遥。他们全都被关进了那个临时修建的监狱营。

---

* 又称南方邦联，与之交战的是合众国，简称联邦。

这些囚犯于 1864 年 12 月在托马斯维尔生活了 12 天，据报道死了 500 人。大部分人死于天花和痢疾，如果不是当地人相对的仁慈，死亡人数可能还会更多。当时居住在那里的医生向富人寻求帮助，在附近的卫理公会教堂设立了一间临时医院。

随后，紧张的南方联盟发现，谢尔曼已经占据了仅 200 英里以东的萨凡纳 (Savannah)，于是他们又将囚犯从托马斯维尔转移出来。幸存下来的人在圣诞节前夜回到了安德森维尔。

在托马斯维尔或者美国内战的历史上，这个监狱营只能算是一段微不足道的记录。尽管联邦政府尽了最大努力来维护这个国家的历史，掘出邦联公墓里的联邦士兵，鉴定这些人的身份并重新进行了安葬，但他们忽略了托马斯维尔。正如内战历史学家 J. 大卫·哈克 (J. David Hacker) 所指出的，"人们下落不明，战役、医院和监狱的报告既不完整也不准确，死者身份尚未明确就被埋葬；家属们被迫从亲人在战后未能回家来推断他的命运。"

沃尔夫街上的空地已经很少。当初 2 万平方米的监狱遗址只有不到 4 千多平方米的地方尚未开发，上面长着一片矮小的荒草，几棵松树和落叶树，周围是房屋和城市建筑。四边形的沟渠如今只剩下两条边，呈 "L" 形，并且已经倾颓。一小块历史标牌标示着这个地点的重要性，但标牌已经变暗，空地也正在消失。我只找到一本语焉不详的旅游指南将这个地方收纳进来。形成鲜明对比的是，数百本旅游指南里提到了托马斯维尔的荣耀：华丽的度假屋和雄伟的橡树。

莱塞尔·隆 (Lessel Long) 是一位来自印第安纳州的联邦士兵，曾经被关押在托马斯维尔。他详细描写了托马斯维尔的居民，认为那些人

"对我们表示了极大同情"。他还描写了南方的寻血猎犬在安德森维尔监狱播撒的恐惧。他说，这些狗是从古巴带来用于追踪奴隶和试图逃跑的联邦囚犯的。"毫无疑问，如果不是因为那些狗，我们几千人必将成功逃脱……它们吓得许多人不敢设法逃跑。"

一个半世纪之后，另一种南方的嗅探犬将扮演更加善良的角色。引入寻尸犬的想法来自城市副执行官卡·麦克唐纳（Kha McDonald）。作为土生土长的托马斯维尔人，她意识到自己想更多地了解那片带有小标牌的荒地。托马斯维尔虽然避开了内战最严重的破坏，但谜团依然存在。数百名联邦阵亡者下落不明。那些曾在卫理公会教堂接受治疗的死者最后被埋葬了吗？沃尔夫街遗址附近是否有一个集体墓地？有传言称，联邦士兵被埋葬在距离这里不远的布罗德街下方。这种不确定的历史，是这座建立在奴隶制基础上的城市留下来的部分遗产。有一段时期，托马斯维尔的奴隶数量超过了白人人口数量。这个城市里有一座公园是以西点军校毕业的第一位黑人，也就是奴隶的儿子亨利·O.弗利佩（Henry O. Flipper）的名字命名的。"你不能忽视这个。"卡·麦克唐纳说道。

卡·麦克唐纳是天生的历史学家，她决定让阳光照进托马斯维尔的内战史和处于历史的黑暗之中的公墓。她通过本市一位在佛罗里达州参加过搜索队的图书馆员，了解到寻尸犬曾经在托马斯维尔南部开展过工作。她了解到，在密西西比河三角洲，犬类——包括苏兹·古德霍普的狗——正被用于从曾经生活在这里的文明社会修筑的土墩中寻找 800 年到 1200 年前的人类遗骸。卡·麦克唐纳联系到苏兹，后者帮她联系了寻尸犬训练师丽莎·希金斯。

对丽莎来说，寻找历史久远的人类遗骸并不是一个很容易做出的选择。她有许多刑事案件和失踪案需要处理，讨论会日程也令人疲惫不堪。此外，丽莎还承认，她一开始对狗是否能胜任搜寻古老遗骸的能力深表怀疑。她之所以改变想法，部分是因为看到自己的狗对超过 800 年历史的遗骸发出了警报，部分是因为看到了其他顶尖牵犬师带领他们的狗做的工作。在几次搜索中，她从发掘结果中得到了明确的肯定。

于是，丽莎带着迪西和麦琪来到了托马斯维尔。苏兹给她带来了两只比利时玛连莱犬 Temple 和 Shiraz，苏兹叫它们"贫民窟小孩和王子"。Temple 是从救护所营救出来的，带有创伤后犬舍心理障碍，而且可能只有部分玛连莱犬血统。无论如何，她携带着该犬种的许多基因：斗志高昂，富有主见，并且十分冷静。Shiraz 就像一件精致、昂贵的瓷器，也十分有主见。她还长着非常出色的鼻子。Shiraz 的父亲曾经在西敏寺犬展上赢得过"最佳品种"的称号。

卡·麦克唐纳贡献出了她作为业余历史学家的热情，并提供了一位拥有透地雷达的地质学家。托马斯县历史学会的会长伊弗雷姆·罗特（Ephraim Rotter）提供了相关文件。

对苏兹来说，在托马斯维尔的工作是美妙的，对她的狗也很有好处。并不是说这些案例的风险比年代更近的失踪案更小，而是这些工作本身就很不一样。把事情做好很重要。苏兹指出，要让狗对"更古老的东西"有深刻印记需要花很多时间。"在我看来，它们的工作变得困难了一点，也变慢了一点。"

寻找逝去已久的人并不是一蹴而就的事情。正如丽莎·希金斯所说，"气味已经完全消失。"我们普通人可能会觉得，棺木大小的方形凹陷似乎标示着古老的墓地中埋葬死人的地方，这里面的气味应该是最浓烈的。情况并非总是如此。如丽莎所说，我们不知道狗会在哪里嗅到最强烈的气味。地势较低的位置往往聚集的气味更多。动物挖出的洞穴会使气味在某一区域比其他区域更容易被嗅到。在树根交错的地方，气味会移动，尽管如何移动我们还不清楚——牵犬师界和科学界对此都有争论。我们不知道导致植被和根系更容易吸引尸体气味的全部机制，不过，湿气可能起到一定的作用，穿破土壤表面的根系可能也起到一定作用，特定的化合物甚至有可能由于植被的存在而变得更容易获得。在这一点上，出现了各种互相冲突、争议不断的理论。对所有人来说都很明显的是，狗似乎很容易被埋葬地点附近的植被和树木吸引。

在沃尔夫街遗址上，那些狗沿着部分淤塞的沟渠行进，大致在同一个区域，彼此相差不过几英尺地方，各自放慢脚步，发出了警报。苏兹已经数不清警报次数了。卡·麦克唐纳观看着这些狗的工作，发现了背后的模式。"苏兹和它们已经标记出了沟渠中的重点位置。"她回忆道。接着，这些狗将走到界址线那边去。那里有一棵树，就长在沟渠的堤岸上，而沟渠的底部有一个洞。卡·麦克唐纳说，每只狗在那里都显得异常兴奋，表现得就像"踏上了圣地"，仿佛有人正从地下将"气体吹起来"。

在沟渠和低矮草地上，苏兹用小旗标示出了狗发出警报的位置。透地雷达操作员到场后，证实了这些地方存在异常，土壤也发生了变化。

所有这些都不是科学定论。卡·麦克唐纳知道这一点。但结合历史记录，这些已经足够让她设法获得许可——即使是在目前紧张的经济形势下——去将遗址模糊的面目变得清晰。或许小城会增加一道围栏，或者一些标志。许多囚犯就死在那个地方。如果托马斯维尔商业区的那棵巨大的橡树被认定为美国东南部更大的一棵橡树*，或许被俘的联邦士兵在托马斯维尔的最后时日会最终为人所知。

🐾 🐾 🐾

我们五个中年白人女子都看着眼前开阔的空地。我们身处西弗吉尼亚州，在佐治亚州托马斯维尔以北 1255 公里。一座山峰的曲线尽头，是一个被浮萍覆盖了大半的池塘。一只红翅黑鹂发出 "conk-la-ree, conk-la-ree" 的尖锐叫声，然后跳下电线，飞入下方的芦苇丛。山坡上遍地是狗牙根、白色和粉色的苜蓿花，还有零星的美洲野茄果。几抹绿色横穿山顶和临近山顶的位置。到处都可以看到外来的翼蓟。根据报告，有 6 个奴隶在没有棺木的情况下被埋在这里，而且下葬的位置不是很深。其中可能有一两个儿童。有些遗体上可能盖着花岗岩石板，因为拥有这片土地的农场主可能考虑到要防止动物将尸体挖出来。

凯茜·霍尔伯特和她的好友兼寻尸犬牵犬师搭档丽莎·莱普希（Lisa Lepsch）花了半个小时，与一位老人——这片带有纯白色的房屋和谷仓的养牛场的所有者协商搜索事宜。其间有部分时间其实是在听老人回忆年轻时将牛从蒙特罗斯（Montrose）赶到埃尔金斯（Elkins）的经历。他提到了两只从不介意被迎面踹上一脚的畜牧犬，它们会把那些脾气很犟的牛赶回队伍中。还有他的畜牧能手，一只红色的长毛狗，

身上有疤痕，像钉子一样坚韧。它可能不是一只爱尔兰塞特犬。大部分谈话是关于狗的管理规则：开门和关门的动作要快，狗不能让牛群感到压力。他表示，无论结果如何，他都不希望考古学家进行任何挖掘。如果那里真的有尸体，就应该让那些尸体安静地留在那里。

这个地方与托马斯维尔不同，没有可供我们参考的文献资料保存下来——如果真的有人足够关心这里并且做了记录的话。关于那些奴隶，也就是可能躺在西弗吉尼亚州这片山脚下没有任何标志的坟墓中的 3 个男人和 3 个女人的口述史，在现代已经成为强烈抗议在这里建设一条公路的小部分论据。被埋葬的奴隶的故事，加上濒危的动物和植物种群，以及邦联和联邦的历史遗迹等，帮助阻止了参议员罗伯特·伯德（Robert Byrd）的政治分肥项目之一—— 33 号美国国道——从兰道夫县经过。这条公路在蒙特罗斯终止，再从那里开始延伸到别处。

当奴隶们在那里生活的时候，这座山上想必种满了苹果树。苹果在西弗吉尼亚州的农业中一直扮演着重要角色。任何果园都至少拥有五六个品种：用于烹制的、直接吃的、做苹果酒的、适合保存的，以及干燥后装船运到英格兰的。

在这些果园中挖一个坟墓肯定十分困难，因为土壤中树根和岩石交错。西弗吉尼亚州拥有的就是这些：岩石和苹果，盐和煤。这个州并没有大量的奴隶；这是一片多山的区域，几乎没有大型的种植园，而烟草只在少数地区生长。棉花也没地方种。与像布克·华盛顿（Booker T. Washington）这样的奴隶们辛苦工作过的盐矿不同，西弗吉尼亚州的大部分奴隶主都是农民，每个人拥有的奴隶不到 5 名。

虽然奴隶的数量相对较少，但这并不意味着他们得到了人道的待遇。一些学者认为，阿巴拉契亚地区的奴隶受到了比在南方腹地*许多种植园更糟糕的待遇，包括更加残酷的身体虐待，家庭也更容易被拆散。一位研究者失望地写道，有太多学者"用虚构的建构来反对我"，称阿巴拉契亚地区的奴隶主都是"小农场主，只蓄养几个奴隶来帮助他们的妻子干厨房里的活"。

这家农场的主人已经92岁，他告诉凯茜和丽莎，那些奴隶从不被允许离开农场。他说，当时有些孩子被卖了。如果情况确实如此，那他们很可能是走成一列，被绳子绑在一起，这是那个时代西弗吉尼亚州常见的场景。1820年上南方**的奴隶儿童，到1860年少了将近1/3。

时间刚过上午九点，阳光明媚。凯茜开始让斯特雷加沿着"牛道"（cow path）往下跑。当斯特雷加跑向池塘的时候，由于日渐衰老的髋部，她的臀部向一侧移动，就像貂皮色的折纸一样向后折叠。她沿着池塘的外缘移动，没有尝试下水，也没有放慢脚步，直到到达终点。她把鼻子放低，尽可能采集气味。这里没有。这里也没有。没有理由来回跑，也不必犹豫。走了10码之后，她慢了下来，以一只嗅探犬在发现相关的东西时那种独特的方式往回跳。她靠近一个排水点。由此回溯，我可以看到水从岩石山坡上流出的地方。水从那里流到下方的低洼处，然后流入池塘。斯特雷加停在那里，嗅着，转了好几圈，离开，然后又回到那里。她一直没有看凯茜，后者静静地站在后面大约100英尺的地方，让她做自己的工作。凯茜是一位不干预型的牵犬师。斯特雷加离开排水

---

* Deep South，也译作深南部，美国南部的文化和地理区域名，又称为棉花州，一般将阿拉巴马州、佐治亚州、路易斯安那州、密西西比州和南卡罗来纳州视为深南部的范围。

** Upper South，美国南部偏北的地区，与深南部相对应。

口，一边慢慢地朝山顶走去，一边用她那出色、深邃的鼻子嗅探。经验丰富的牵犬师和培训师，在狗逐渐接近受害者，甚至那些没有被掩埋的受害者时，就会看到这样的行为。气味能够渗透到山下，或者距离较远的水体中。气味最强烈的地方并不总在坟墓正上方。

凯茜说，在超过 175 年之后，我们不能期待埋葬地点上面的植被有什么不同。不过，在山顶上一处稍微下凹的区域，长满了紫色和白色的苜蓿，以及更短、更绿的牧草，看上去似乎比山上其他地方生长得更加茂密。斯特雷加停下来，快速地转了好几圈，呼气声清晰可闻。接着，她坐下来，看着凯茜。

接下来两小时就有事可做了。丽莎·莱普希的大型黑色牧羊犬 Renzo 发现了位于这座小山另一侧的另一处遗址。那里没有下凹的区域，而是延伸了大约 15 英尺，像一道绿色条纹一样横贯山顶。他在这块地方的边缘不断嗅着，走得很慢，然后走到中间，站在那里望着丽莎。丽莎笑了起来。"他很擅长界定某个东西。"她说道。

安·克里斯滕森（Ann Christensen）年轻的牧羊犬 Rocco 放肆地冲了过去，在 Renzo 表现出兴趣的地方发出了警报。腾地一下，尘土飞扬。查姆·金特里（Charm Gentry）的 Beauceron 也在那里发出了警报。她碎步穿过那片区域，偶尔直直地跳起来，就像发现脚下有一条蛇的羚羊。安那只灰青黑色牧羊犬 Kessa 也是如此。

在这座四五英亩的山上，这 5 只狗走着跑着，来来回回，放慢脚步，然后都在斯特雷加和 Renzo 发出警报的那两处大致平坦的位置发出了警报。狗可以在其他狗发现的位置上方发出警报，虽然训练时不会让它们这样做。牵犬师会下意识地给他们的狗发信号。没有哪位牵犬师会盲目地进行工作。尽管狗的警报与口述史相吻合，但在这种多岩石的环境中无法使用透地雷达进行确认。一旦我们离开，留在那里的就只有历史故事，和犬类训练记录中的全球定位系统位置标记。没有姓名。没有墓碑。只有满地苜蓿和蓟草。

"我从未进行过这么久远的搜索。"阿帕德·瓦斯说道。接着他又说道："但是，我并不奇怪狗会发出警报。泥土可以做成不错的地下墓室。"

❀ ❀ ❀

关于狗在古老墓地中工作的具体情况，目前还没有多少科学的解释。考古学已经是一个有太多不确定性的学科。狗的鼻子又能提供什么？它们是因为什么而发出警报？牵犬师下意识的暗示？已经腐烂的老树？残存的墓碑？人们是否只是看着狗的工作，再加上历史想象，使景观变得富有感召力，从而创造出一个错误的、由鼻子绘制的场景画面？

全美现在有好几支团队在旧墓地开展工作，少数团队已经开始将透地雷达、寻尸犬、口述史和书面历史等结合起来，获得更加一致且可证实的结果。各地发掘出的零散的确凿证据，与这些发现都很吻合。不过，寻尸犬对历史遗骸的搜索依然云遮雾绕，充满争议。在处理古老墓葬时尤其难以证明工作犬的价值，因为通常情况下，根本就不会进行发掘。也就是说，不会发现确定性的证据。

玛丽·卡博克（Mary Cablk）利用"历史遗骸探测犬"在西班牙古道沿线几处可能的墓葬遗址，包括几片空白区域，进行了搜索。现在，她希望通过对核心样品的检验，证实狗发出警报以及透地雷达显示出变化的地方就是墓葬所在。

"探测历史上留下的人类遗骸是一件一直让我很纠结的事情，"她说，"我是否认为狗能够胜任？是的。我是否认为全国各地所有宣称能够做到的团队真的能做到？不。这就是我所说的基于信心的犬类工作。"被训练用于探测古代遗骸的狗，是否就如玛丽在怀疑最深的时候所说的，只能探测"较大的异常"？她在思考，这种异常是否可能只是因为周围土壤化学性质的变化，而不是因为有古代留下的遗骸。狗是否只是对装人类骨灰的陶瓮——某些文化中有用陶瓮装骨灰的习俗——发出警报，而不是对骨灰本身？

玛丽不是唯一的怀疑论者，也不是唯一试图在这一问题上引入同行评议的研究者。利用犬类进行考古学研究的工作才刚刚开始，并且在地图上随处可见（就字面意义而言）——从波黑到夏威夷，从加利福尼亚到密西西比河三角洲。还没有人能确定到底哪些挥发性有机化合物能促使狗对死亡时间较近的人体发出警报，因此旧墓葬引出了更多问题。

"你本是尘土，就该归于尘土"（Dust thou art and to dust thou shalt return），这句话存在科学上的偏差。在某个时间，我们大部分人都会以某种方式回归大地，让寻尸犬和任何仪器都无法再探测到：我们不是坟土，我们也不是泥土和尸蜡的混合物，我们就是泥土，仅此而已。

狗能够追溯到多久以前？这取决于我们想要多少科学证据。索罗曾经对密西西比河三角洲一块 800 年前的骨头发出过警报，我见过许多狗也做到了同样的事情。当然，这还取决于狗发出警报的实际对象——直到最近才有人认为，那可能只是挥发性有机化合物。人类尸体会不断释放出挥发性有机化合物，直到最终耗尽。没有哪种被认为代表着人体腐烂的气味会一直持续被排放到空气中。不过，优秀的狗在经过用所有分解产物进行的训练之后，似乎能判断目标是不是人类遗骸。尸体附近的土壤似乎已经发生了永久改变。

"在科学上，这几乎不可能解释，"阿帕德·瓦斯说，"气味已经消失太久了，怎么可能还会被嗅到呢？"

🐾　🐾　🐾

话刚说完，她的四肢就变得僵硬；她的胸部开始被一层树皮包裹起来；她的头发变成树叶；她的手臂变成树枝；她的双脚钉在地上，就如同树根一般；她的脸庞变成了树冠，完全失去了原本的人形，但美丽依然。阿波罗不知所措地站在那里。

——"阿波罗与达芙妮"，《布尔芬奇的神话》（*Bulfinch's Mythology*，

1913 年）

观看训练有素的寻尸犬对可能的隐秘墓葬地点进行搜索，或者寻找古老墓地的外围边界时，我会非常着迷。它们甩着头，或者抬头望着树，甚至把脚放到树上试图爬上去，还会将鼻子埋到从低洼处伸出来的树根中间。在这些地方我会更加轻手轻脚。密西西比州的牵犬师格温·汉考克（Gwen Hancock）在无意间踩进她和其他牵犬师在她家屋后的树林里发现的一个 19 世纪坟墓的低洼处时轻声说道："请原谅我。谢谢你让我们训练我们的狗。"

当我受邀前往南卡罗来纳州一处疑似墓地的地方进行一场小型探险时，我同样想说一声谢谢。在西弗吉尼亚州和密西西比州，我曾经观

看过凯茜·霍尔伯特和丽莎·希金斯以及其他众多经验丰富的牵犬师带着狗在疑似墓地的地方进行工作；当时索罗并不在我身边。后来，身为寻尸犬牵犬师同时也是人类学研究生的保罗·马丁（Paul Martin）邀请我们前往南卡罗来纳。

清晨的雾气弥漫在北卡罗来纳与南卡罗来纳交界的皮迪河上。这是2月时分，雾气中还带着一点令人刺痛的寒冷。在俯瞰河水的低矮悬崖上，竖立着一块上面覆盖着地衣的石头。这块石头是在20世纪60年代的某个时候，由美国革命妇女会（Daughters of the American Revolution, DAR）放上去的。美国革命妇女会曾希望用这块石头来标记一个已经废弃的公墓，参加过独立战争的小克劳迪厄斯·佩格斯（Claudius Pegues Jr.）上尉可能就葬在这里。他曾经与足智多谋的弗朗西斯·马里恩（Francis Marion）并肩作战。马里恩又被称为"沼泽之狐"，他率领一群来自偏远地区的士兵对抗英军时，常常消失在灌木林或沼泽中，这也是他绰号的由来。"至于这只该死的老狐狸，就是魔鬼亲自来也抓不住他。"英军中校伯纳斯特·塔尔顿（Banastre Tarleton）曾恶狠狠地咒骂道。

小克劳迪厄斯于1792年去世，此时美国赢得独立战争还不到10年。根据报告，他当时被安葬于此。悬崖下方曾经是佩格斯家族面积广大的棉花种植园，也是独立战争期间唯一一次交换战俘的地方。不过，也有可能小克劳迪厄斯根本就不在这里。在某个地方放一块石头，并不总意味着真实的情况。

小克劳迪厄斯的四世玄孙帕特·富兰克林（Pat Franklin）站在树林边上，她银灰色的头发像吉布森式女孩*一样打着松散的结。帕

---

* 指美国插画家吉布森绘画中19世纪90年代美国女孩的形象。

特并不熟悉寻尸犬；她终生的朋友兼家谱学同行梅·麦卡勒姆（May MacCallum）同样不熟悉。但是梅在读到了用狗寻找墓地的消息之后，做了一番研究。最后，她们给保罗打了电话。

帕特不知道应该如何把家族记录、信件、遗嘱和口述史结合起来。她的祖母总是告诉她，"古老的埋葬场"就在 Charrows，也就是我们现在所在的地方；这个埋葬场俯瞰着皮迪河，一条细鞭蛇守卫着那个地点。细鞭蛇很长，行动迅速，而且很聪明。它长着大大的黑色眼睛，身上的鳞片看上去就像皮革编织一般。它会追着你，用尾巴抽打你直至你死去，然后将尾尖伸到你的鼻子前面，确认你已经没有呼吸。

儿童时期的恐惧已经消失，帕特想知道祖先安葬于何处。小克劳迪厄斯的妻子马西娅·墨菲（Marcia Murphy），或许还有 4 个婴儿，都安歇在我们面前的树林里。其中两个小孩在出生的那一年就死了；另外两个在两岁时死去。如果活下来的话，他们将成为一家大型棉花种植园的继承人。财富并没有使他们逃脱其他许多婴儿所面临的早夭的命运。有的婴儿死去的时候，母亲也随之而去。有一条记录显示，小克劳迪厄斯的母亲亨丽埃特·佩格斯（Henriette Pegues）可能在 1758 年生下一个女婴儿天之后就下葬了。记录中并没有指明小女孩发生了什么事，但老克劳迪厄斯的遗嘱中只提到了两个儿子——这再明显不过了。老克劳迪厄斯将自己的女仆柯特妮（Cortney）及其儿子马丁作为奴隶留给了自己的儿子威廉。他也给了柯特妮一个属于她自己的奴隶，并授意为她和马丁建一座房子。他和这母子两人约定，等到马丁 21 岁的时候，他们就可以获得自由，并且会让人给马丁工具，教他从商。后来柯特妮和马丁便从记录中消失了。

第十六章　墓地工作

望着这片土地，我实在无法相信，独立战争和南北战争都是在这里发生，那些为了从英格兰独立出来而战的人们，同样也是那些蓄养奴隶的人。而且，他们的奴隶也蓄养奴隶。

索罗在车里发出大声的哀怨。他在墓地里还是个新手，不能第一个上前，这让他很恼怒。保罗·马丁先让梅西开始，这是他最老练的寻尸犬之一。早在十多年前，保罗就开始从事搜寻古代人类遗骸的工作，对他来说，这项工作已经成为一种智力上和训练方法上的挑战。保罗说，如果那里存在气味，只要有一点阳光，气味就会开始上升、移动。过多的阳光会使气味蒸腾殆尽。对于墓地工作来说，存在一个最佳时间点。

利用狗寻找年份更近的秘密埋葬地时，阿帕德·瓦斯通过观察总结了一些规律，现在保罗正在运用这些规律来寻找更古老的遗骸：湿度应该在 70% 到 85%。确定无误。理想的土壤类型：砂土和腐殖质。确定无误。温度在 12 摄氏度左右而且正在上升。现在的气温稍冷，但无论如何，我们现在的搜索条件已经相当接近阿帕德计算出来的完美条件，尽管我不知道气压是否在下降——理想情况下应该是下降的。

梅西看起来更像是"老黄狗"*和"古鲁姆"**的杂合体，而不是一只拉布拉多犬。他全身光滑，给人有些原始的感觉，长着一双琥珀色的眼睛，红褐色的皮毛，肋骨突出；尽管他总是在吃，但是肉都被运动消耗掉了。早上他迫不及待地想要从金属网箱里出来，一直用头撞箱门，粉红色的鼻子上留下了新鲜的印记。当保罗走向箱子时，梅西开心地撞

---

* Old Yeller，美国 1958 年同名电影中的狗。

** Gollum，《魔戒》中的角色。

　　　　　　　　狗知道答案——工作犬背后的科学和奇迹

来撞去。门闩刚一打开，梅西就蹿到了林子中间。保罗动作更缓慢地跟在后面，走到橡树、山毛榉、枫香树、黑野樱和美桐中间站定。他从容、安静地看着梅西像一位兴奋剂检测员一样，在这一区域的四周冲来撞去。

当梅西将视线移到悬崖下方的河面上时，"太远了"，他用带着鼻音的语调轻快地说道。这是丽莎·希金斯常用的一个短语，我和索罗也开始用了。它的意思不是"过来"，而是"开始往回绕"。

梅西一直在努力地嗅探落叶中的气味，但没有任何发现。天气太冷了。他不理会保罗，也不要求奖赏。10分钟之后，保罗把梅西放回箱子里。我们必须等待，直到阳光穿过树林冠层。与此同时，另一处沼泽向我们发出了召唤，那里要比这个山头暖和得多。在平缓的山坡下方是几个月前收获过的棉花田，那里也是"黑色墓地"的所在地。四处长满了长春花，一片荒芜，但是上面立着的石碑时间能追溯到1910年。在重建时期*及后来的岁月，许多原先的奴隶成为了佃农并留在这里。帕特和梅也对这片墓地进行了搜索和记录。

保罗转向我："为什么不把你的狗带过来？"

终于能从车里出来了，索罗一阵狂喜。他欢快地转着圈，尖厉地吠叫，然后跑回来撞我的大腿。我拿水给他喝，因为他一直在兴奋地喘气。他对水不感兴趣。他往山下冲，无视高低不平的棉花茬，钻入树林和灌木丛中，和地上的长春花纠缠在一起。气味肯定向他发出了召唤。当我们走入树林的时候，他已经在工作了。除了匆忙地搜索过一座现代

---

* 美国历史上1865年至1877年，"大重建"指的是当南方邦联和奴隶制度被摧毁时，试图解决南北战争遗留问题的尝试。

的墓地，索罗还从来没接触过墓碑；他没有任何理由去推测这些墓碑有什么重要意义。考虑到这些墓碑零散的摆放方式，我也看不出来。无论如何，在某个位置，我能听到索罗从 20 英尺外传来的换气声。他放低身子做出警报，直直地盯着我。他被长春花和水仙花环绕着，我看到藤蔓下面有几块倾斜的墓石。"奖励他。"保罗说道。我照做了。索罗发出了七八次警报。保罗估计，这片大型墓葬遗址上至少埋葬了 25 人。帕特不知道这些遗骸能追溯到多久以前。美国革命妇女会并没有在这里竖立一块石头作为纪念。

已经到了上午中段时间，于是我们回到了山顶。我们期待能在山顶闻到更微弱的气体，因为就算那里真的有墓葬，年代也很久远了。保罗又一次把梅西放出来；气温上升了五六摄氏度后，梅西的行为变化令人惊讶。他发出了几次警报。我们开始注意到被落叶覆盖着的地形起伏和凹陷处。保罗指给帕特和梅看。椭圆形和长方形越多，发现墓葬的可能性就越大。保罗估计，可能有多达 6 个成人和 5 个儿童被葬在这里。

保罗接着让他的另一只拉布拉多犬"乔丹"（Jordan）出动。乔丹身体柔软，皮毛黑色，不像琥珀色的梅西那样结实。她在落叶深处反复发出警报，其中有几个位置是之前梅西发出警报的地方，此外还有几处新的地点，我们随后就在那里看到了凹陷。这两只狗在这一区域的工作方式如此相似，令我惊奇不已。梅西速度很快，乔丹则慢得多。无论如何，那些相同的凹陷位置似乎留住了气味。两只拉布拉多犬在同样的几棵树周围进入同样的洞穴里，最终在四五个地方发出了警报。

我听到了索罗的号叫声。保罗转向我，于是我把索罗从"凯美瑞监狱"里释放了出来，让他钻进那片小树林。我站得很靠后。这不打紧。他的工作与梅西和乔丹的工作重叠——在相同的位置发出了几次警报，做了几次甩头动作。我已经不再感到惊奇了。

我们完成了一天的搜索。插好旗子，我们开始测量。帕特和我在凹陷位置浅浅地戳了几下，看是否会戳到石头；标记物可能会被树林的腐殖质完全掩盖。那个时期的墓葬通常至少有 1.2 米深，因此我们不会感觉好像在戳着死者。

梅为她的朋友感到高兴。"我们不在乎谁是谁。现在，我们可以让他们安息了。"帕特和她的家人计划在那里放置标记物。

索罗在一旁躺着，气喘吁吁，嘴里咬着他的牵引玩具。他曾经扑腾过的落叶被弄乱了。落叶之下，我看到一抹白色。一朵娇小的花。帕特看着它，露出了微笑。

"它的名字叫'春美草'。"

第十七章　再次振作

　　我的小女巫，你充实地度过了每一天，现在终于开始新的旅行了，我内心的一大部分也随之而去。一帆风顺，斯特雷加。旅途愉快。

——凯茜·霍尔伯特，2012 年

汗水从丹尼·古奇（Danny Gooch）的脸上淌下来。他刚刚脱下令人窒息的引诱套装，并把湿透的深蓝色T恤的袖子卷到肩膀上，露出二头肌上深蓝色的荷兰牧羊犬头像。

其中一个牵犬师沮丧地摇着头。"乡下人。"他说道。

当丹尼把嘴唇往后拉做出鬼脸的时候，你会看到一口平整、闪亮的白牙。"嗨，你知道金波（Kimbo）会怎么做吗？你知道金波会怎么做吗？"

站在那里的每个人都知道金波会怎么做。那天早些时候，迈克·贝克作为诱饵，藏身在一座废弃的实验楼里复合地砖铺成的地板里。看着他把自己塞到比一口棺材还要逼仄的狭小空间里，让我有了幽闭恐惧症的感觉。

狗是目标导向的。一旦这些缺乏经验的巡逻犬发现迈克的气味就在房间的某个地方，它们就会到门后面寻找他。其中一只狗不断地朝着屋里的大型制冷设备跳跃；迈克的气味从设备一侧飘了上来。其他几只狗发现内走廊的窗户是关键所在。它们不停地跳起来朝窗内看，希望看到另一端有人影出现。想到可能有人就藏在它们脚下，让它们手足无措。

深色、小巧的金波，看起来更像是一只"塔斯马尼亚恶魔"（又称袋獾），而不是一只荷兰牧羊犬。金波不会受骗。他会从刨花板的孔洞中嗅到迈克的气味，然后试图用爪子和牙齿把他从地板下挖出来，而丹尼会确保不让他完全成功。有个晚上，当迈克看着金波走进达勒姆商业区一家废弃的香烟厂，四肢僵直并准备发出怒吼时，迈克低声说："如果你要前往地狱，这就是你希望能出现在你前面的那只狗。"

那个晚上，金波并不是要去向他们展示工作该怎么做。他12岁的时候丹尼才让他退休，这个岁数比大部分巡逻犬都要老。金波的坚韧品质使他坚持工作，直到最后他还在寻找遗失的枪支。

有时候退休是按计划进行的，金波就是这样。丹尼的新巡逻犬叫"Rin"，是一只帅气的德国牧羊犬，比金波的体形大1/3。Rin是一只欢快的、很容易相处的狗。原本只青睐玛连莱犬和荷兰牧羊犬的丹尼，不得不收回他那错误的"反德牧语言"——太软、太慢、太大——尽管就丹尼的本性而言，这种收回不会太彻底。金波待在家里一个定制的加大狗舍中，受到丹尼女儿的溺爱，后者在丹尼上班的时候把金波偷偷地放进屋里。

让一只狗等待太久才退休是很大的错误。具体表现是，当警犬原本应该站得很稳的后腿开始颤抖时，警犬队员几乎会用怜悯的目光看着它；担任诱饵的人在挥动扑咬袖套时，会由于担心伤害到狗而不敢动作幅度过大。这种保护欲望最终会让警员受到伤害。

有时候，退休会不幸地来得太快。在达勒姆，一只争强好胜的5岁的玛连莱犬出现了跛足的情况，在两周内被确诊患有退行性脊髓神经病变，这种疾病会摧毁脊椎并缩短工作犬的寿命。几周之后他就退出了警犬队。他再也无法猛烈地冲向警员，索要他的Kong玩具，而警员在看到他过来的时候，也不会再反射性地双手交叉，护住自己的胯部。

在佛罗里达州的劳德代尔堡，史蒂夫·斯普劳斯让他那只头部短而结实的德国牧羊犬DJ在8岁的时候退休了，原因是关节炎和脊椎问题。当DJ猛冲上去扑咬袖套的时候，可以明显地看出他很痛苦；当震动经过背部的时候，他疼得叫了起来。他需要人帮忙才能进入巡逻车的后座。在我前往佛罗里达州观看史蒂夫训练的时候，DJ 刚刚退休。

"他从巡逻车上跳出去还挺好的。"史蒂夫的妻子桑迪深情地看着这只牧羊犬，说道。DJ 正和他们家一只年轻的黑色雌性牧羊犬凯茜（Casey）一起撕咬着从后院椰子树上弄来的椰子。几十年来，桑迪与史蒂夫的每一只巡逻犬都相处过，伴随它们度过退休岁月。

当史蒂夫试穿部门发放的一件硬邦邦的防弹衣时，他从 DJ 被迫退休想到了自己：现在再开始训练另一只狗会不会年纪太大了? 在街上的即时反应还足够好吗? 在行动中所有自然发生的动作需要再次成为他身体记忆的一部分，他必须和一只新的狗协调同步。桑迪和他必须再往不算太宽敞的家里塞进第三只大块头的、充满能量的狗。"我心里还有另一只狗的位置吗? "他自问道。

这是一个达到一定年龄的牵犬师十分熟悉的问题，而且没有现成的答案。对大部分专业的警犬牵犬师来说，失去一只狗或者让一只狗退休变成了具有决定性的时刻。有些牵犬师接手警犬，并不是因为热爱与狗一起工作，而是因为自己的威望。他们只有事后才意识到带一只巡逻犬是多么耗费生命。有时候，更高的职位或其他部门可能会发出召唤。但是，我知道有不止一个人拒绝了晋升的机会，只为了与同部门的警犬继续合作。

有时候，牵犬师也会考虑自己的退休问题。史蒂夫一生中大部分时间是在训练别人，对自己的未来也得有所思考。一只新的狗要比一件新防弹衣复杂得多。

　　索罗的左跗关节会颤动，特别是在经过一场要求严格的长距离搜索后的第二天。他的右前肩似乎有关节炎的症状，可能是多年来下楼时总是直接跳到第四级台阶的缘故。他回去睡觉之前有一套晚安仪式，就是前后旋转着穿过房间，同时摇晃他的玩具，直到玩具"死掉"。在此过程中，他偶尔会在我们的混凝土地板上滑倒。

　　除了口鼻和下颌处少量的灰白色之外，索罗看上去与他的年龄并不相称。无论如何，德国牧羊犬在3岁之前口鼻都会变成灰色。他的举止也与年龄很不相称。他还是像海豚一样在后院里游荡，夜里给我们带来玩具，抬起头，眼里闪着光，把玩具放在长沙发上，用鼻子推一推，然后慢慢地后退并低下身子，看他精心设置的诱饵会不会让我们上钩。有朋友过来时，他就会变成一个烦人的小丑。当我叫他躺下的时候，他会跑向狗床并用前脚跳上去，这样他就能像玩冲浪板一样，踩着床垫滑过地板，然后疯狂地转上几圈，把自己甩到狗床上，同时发出表情夸张的号叫和哀怨声。你逗死我了。客人们大笑，更加强了嘈杂的舞台效果。如果在训练中有特定的发现带来了挑战，他会自己给自己奖赏——多跑几圈庆祝胜利，在树木之间蜿蜒穿行并跃过各种障碍物，以及甩他的牵拉玩具。

　　在搜索和训练中，他依然有能力做一个"混蛋"。在不久前的一次搜索中，有一户人家在后院里的两只大狗对他造成了极大的诱惑。索罗还是留意到了我，不过是在最后一分钟；这不是衷心的服从。

　　不过，真正让我感到愤怒甚至丢脸的时候其实很少。并不是我变得软弱了，而是因为他变得更好了。这其实正是尾声开始的标志。在夏天的一次训练快结束时，索罗气喘吁吁地对一处尸体藏匿位置做出了警报，他神情漠然，舌头都垂到了草地上。南希举起双手表示无法理解。"太可悲了。"她宣布道。她鄙视地看着索罗，又责难地看着我。"你真的要开始训练另一只狗了，"她说，"如果他在身边待着，就教不了什么东西了。"

我寻找着借口，然后心满意足地说，这是为了预防严重的蜱虫叮咬而给他服用过抗生素的缘故。可能他厌倦了南希的藏匿物。同样的时间，同样的地点，同样的尸体材料。就在那儿。闻起来也就那样。南希知道我的辩解其实是一种拖延策略。

工作犬要依赖它们的健康和体能。在某个时候，爬上固体垃圾填埋场的垃圾山，追踪从另一侧传来的气味会造成很大的伤害。即使是世界上最出色的鼻子，也无法借助患有关节炎的胯部或腿脚去发现目标。

在索罗生命的头三年，我一直想知道哪种全速冲刺造成的事故，或者哪种充满雄性气概的姿态会杀死他：在搜索中高速冲向一个带刺的铁丝网，然后像一只撞到窗户上的鸟一样弹开；决定去招惹一群母牛；从一座仓库中冲出来，肚皮朝下从装卸台上掉下来，摔到下面的公路上。他从这些，以及更多由于我们共同判断错误而造成的意外中幸免于难。然后，我们达到了一种平衡状态并维持了几年。他在精神和体力上都达到了巅峰状态，不再像以前那么鲁莽。

在一次搜索中，当一条食鱼蝮在泥水里翻滚着向我们游过来的时候，我直接叫索罗停下来，然后我们往别处去了，把蛇留在它的领地之内。我们可以在满是马匹的牧场上搜索，而我一点都不担心。我会以低而平静的语调说话，但大部分时间什么都不用说——除非我们惊动了兽穴里的郊狼，或者沼泽中的小鹿。

那些年温馨而短暂。索罗现在 8 岁，到这个年纪，身体机能无论如何都会开始出问题。和我一样，他也开始走下坡路；而因为他是一只狗，因而走下坡路的速度要比我快得多。事情总是如此。狗不会活得太久。他最多还可以工作两三年。我是怎么知道的呢？通过承认冷酷的现实，并且不再用老狗和它们的智慧来欺骗自己。衰老不单单会给关节和肌肉带来痛苦。狗的嗅觉也不会永远保持灵敏。拉里·迈耶斯指出，鼻子的能力会因为年龄的增长、疾病以及一系列微小损伤而削弱。人的鼻子同样如此。人类嗅觉专家埃弗里·吉尔伯特（Avery Gilbert）写道，人在 40 多岁的时候，嗅觉就会开始退化。关于这种嗅觉退化的故事，需要做一个附加说明：吉尔伯特称，香水调配师的技艺会随着年龄增长而越来越纯熟。"一个 75 岁的调配师可能比一个 25 岁的调配师表现出色得多……经验和能力可以补偿任何因衰老而导致的灵敏度的减弱。"

迪克·赫尔顿表示，狗的情况同样如此。经验、技巧和良好的身体条件能帮助狗抵消衰老的特定影响。我已经在达勒姆警察局的几只巡逻犬身上看到了这一点。我看着它们工作，至今已经超过 6 年。其中几只巡逻犬和索罗年龄差不多，还能轻松地完成任务。它们可能不像几年前工作时那样引人注目地疯狂跑动，而是带着极高的效率和清晰的头脑。直到它们回到巡逻车里的时候，你才会意识到，这些年纪较大的狗原来用一半的时间就完成了工作。

看着这些狗逐渐变老，索罗的"退休"问题似乎变得紧张起来。从兼职志愿工作退下来意味着什么？我所知道的是，我还没准备好退出。

✿ ✿ ✿

就在我注意到索罗偶尔会出现跛足的情况几个月后，索罗的腿上出现了一个小肿块，就在悬趾的上方。我马上给兽医打电话，但当大卫和我到达诊所的时候，我已经说服自己接受那个显而易见的诊断结果——骨癌。骨肉瘤在德国牧羊犬身上很普遍，雄性发生的概率通常超过雌性。在年龄中位数，即 7 岁半时，骨肉瘤可能会出现在较长的腿骨上。当出现跛足情况时，癌症通常已经转移到了肺部。这种病的治愈率很低。

我努力不去理会堵得慌的胸口，向自己和大卫保证，索罗这辈子过得很不错，是积极的一生；尽管失去他将是一件非常悲伤的事情，但这并不是悲剧。我们有过很棒的工作经历。我在脑海中列出有限的治疗选择，做好了与兽医争论的准备。我们同意做手术，这是肯定的，但不能截肢，而且不能做放疗或化疗。

对于我们进行训练和搜索的地方会使索罗寿命缩短的问题，大卫和我已经讨论过。索罗的鼻子、肺部与他的腿和脚都暴露在各种各样的垃圾之中。沼泽和荒野中堆满了冲积物，还有除草剂、杀虫剂和重金属。废弃房屋中到处是化学物质和含铅的油漆。事故现场有大量的油污和防冻剂会缓慢地渗透到地下。有一次，我们在施用过污泥，即用大量的氯处理过的人类粪便的田地中开展工作。随后，我与一位公共卫生流行病学家进行了广泛的交谈。他很了解这种污泥。在某种程度上，经过杀菌的人类粪便比未经处理的形态更加令人恶心。更不用说垃圾填埋场里堆放了数十年，直到渗出具有腐蚀性和毒性的硫化氢及二氧化硫的人类垃圾。有好多次，当我从尘土飞扬的烟草仓库和工厂结束训练回到家里的时候，都有心悸的感觉。我在想，在最终从这项工作退出之前将近 20 年的时间里，我该如何应对这种间歇的烟雾侵扰？还有，索罗会不会因此患上肺癌？

我对暴露在有毒物质中的应对方法只有一个：肥皂和水。一回到家，我先给索罗洗一遍，然后才是自己。索罗刚刚还开心地跳到满是垃圾和水藻的沼泽里，现在则卷起尾巴，把耳朵向后紧紧地贴着头，尽量不让一滴干净的水流进去。

相比标准的宠物狗，索罗是不是更容易患上癌症、呼吸系统疾病，或是意外的细菌感染？很难知道确切的答案。现有的研究极少。工作犬往往具有较好的身体条件，并且比宠物犬更不易发胖。不过，这还不是全部。辛西娅·奥托（Cynthia Otto）是宾夕法尼亚兽医和工作犬中心的创始人，她对"9·11"事件中参与救援的工作犬进行了研究，并得出了令人鼓舞的结果。她告诉《户外》（Fresh Air）栏目的特里·格罗斯（Terry Gross）："比起我们在宾夕法尼亚大学医院里看到的一般的狗，这些狗似乎活得更久、更健康。因此，我有了一个理论，我也愿意对这个理论做一番探索。这些狗的身体活动能力、健康状态，以及它们所拥有的精神激励和生活的乐趣，是否因为它们正在做一些很伟大的事情，并且与牵犬师有非常亲密的关系？这些因素在提高它们生活质量的同时，是否也会延长它们的寿命？"

奥托不是唯一研究"9·11"工作犬的人，尽管她关注的是参加志愿工作的搜救犬。

在另一项对在"9·11"现场工作过的纽约市警局和消防部门的

27只工作犬进行的小规模研究中，研究者得出了类似的结果。这些狗参与工作5年之后，健康问题"很小而且很少发生"。这些狗曾经暴露在满是水泥、玻璃、玻璃纤维、石棉、铅、喷气燃料和二噁英等尘埃颗粒的空气中。相比稍后赶到现场的搜救犬，这些狗的工作时间甚至更长：37周，而且没有戴口罩和防护装备。它们的每个毛孔都在吸收有毒物质。没有一只狗患上长期呼吸疾病，而这类疾病在搜救人员身上发病率更高。

在我们这个工业化国家里，普通狗就没有这么好的表现了。2008年针对宠物狗的一项研究显示，它们受到来自35种化学物质的污染，其中包括11种致癌物质和24种神经毒素。庆幸的是，化学污染不会直接转变成疾病，但是皮肤癌、骨癌和白血病在狗身上的发病率要比在人身上高得多。据估计，在所有年龄超过10岁的狗中，有将近50%会出现癌症，并且大约有20%到25%会因此死亡。20世纪30年代晚期，一位研究者指出，染料中的化合物会导致犬类患上膀胱癌。在20世纪50年代中期，其他研究者揭示了另一种导致犬类患膀胱癌的工业化学物。到1980年，针对宠物犬的一项大规模研究显示，膀胱癌与生活在工业区域有关。

到达兽医那里时，我对所有这些都已知晓，并且决定放弃了。大卫在和我生活了14年之后，也屈服于我的宿命论了，他知道无法制止我这种把未来想象得太凄凉的倾向。索罗没有听天由命，他抗拒活体组织穿刺针，认为兽医正要对他做一些难以想象的举动，并且要修剪他的趾甲。当他感觉到粗针头刺入皮肤之后——这对他来说并不算什么——就完全放松了，让兽医提取了细胞并涂在玻片上。就第一步来说，还无须用到显微镜。

兽医把玻片拿到灯光下，然后笑着说："油脂。"兽医学词典里最美妙的一个词。索罗身上是一个良性囊肿。

🐾 🐾 🐾

相比美军部署在中东和南亚的军事工作犬，索罗与大多数美国的志愿搜救犬一样，并没有长期暴露在有毒物质之中。部署在这些地方的军队人员，回来时很多都带有各种健康问题，这可能与他们服役时接触的东西有关，也可能无关。

狗是人类拥有的最好的预警系统之一，而且不仅是作为警卫犬。狗既可以是警卫，也可以是"前哨"（sentinel）——人体疾病的一种早期预警系统。在生物医学研究中利用动物作为人体模型的观念可以追溯到古希腊时期。但是"前哨动物"则是一个相对较新的医学模型概念。由于动物寿命较短，因而可以帮助我们了解疾病或有毒物质对人体产生的影响。最早被认可为前哨动物的是 19 世纪煤矿中的金丝雀；它们在吸入甲烷或一氧化碳后，会比矿工们更快地死去。1952 年，英格兰的牛群在烟雾中暴毙。随后，许多人纷纷倒下。20 世纪 50 年代，在日本水俣的小渔村，家猫开始出现奇异的行为，即"猫跳舞病"。有些猫会跳到海里淹死，村民们称之为"猫自杀"。接着，同样的症状开始出现在人身上。原来，附近一家生产氯乙烯的工厂向附近的水俣湾中排放了大量含有机汞的废水，村子里所有的生物都饱受汞中毒之苦。

尽管狗可能是研究人体疾病的很好的模型，但是可以理解，军方不会突然去研究军事工作犬罹患的疾病。关于越南战争中的军犬，在公布出来的为数不多的研究中，有一项研究指出，服役的狗和军人都具有较高的患睾丸癌的风险。关于该现象的肇因，从暴露在橙剂或杀虫剂，到服用抗生素四环素等，猜想不一而足。

对军事工作犬的健康研究还处在初级阶段。一位流行病学家私底下表示对研究的极度匮乏十分失望。不过情况正在改变。一项针对部署在伊拉克和阿富汗的军事工作犬的大型研究正在进行中，预计在2014年末得出初步结果。在阿富汗和伊拉克服役的军人可能会暴露在有毒的环境中。剧烈的沙尘暴可能会持续数天。尘埃颗粒会被吸入体内。军方用来处理从人粪便到金属垃圾的燃烧坑，会产生影响军人群体健康的烟雾。如果服役的军人受到影响，那与他们并肩工作的军犬也不能幸免。

迈克尔·彼得森（Michael Peterson）是一位流行病学家兼兽医，负责退伍军人健康管理局"部署后健康小组"（post-deployment health group）的研究工作。他说，之所以研究这些狗，原因"99.9%是为了人"。彼得森和退伍军人健康管理局的一位同事、擅长预防医学的温迪·迪克（Wendi Dick）医师，首先关注的是呼吸系统的疾病，但同时也关注癌症、神经疾病和异常赘生物等。

彼得森、迪克和他们的同事查看了2004年到2007年部署在海外的450只军犬的医学记录，这些军犬的品种包括玛连莱犬、德国牧羊犬、荷兰牧羊犬和拉布拉多犬。人们将把这些记录与那些还在拉克兰空军基地的军事工作犬中心并且准备部署到海外的狗构成的对照组进行比较。

如果有军犬在伊拉克或阿富汗牺牲，研究人员就会抽取它们的组织样品。即使对健康的军事工作犬来说，尸体剖检也是常规的，因为它们会按标准程序接受安乐死，而非被外界领养。自 2000 年"罗比法案"（Robby's Law）*通过之后，情况已经有所改变。现在，从海外返回的军事工作犬可以被收养，而不再作为医学实验对象。除了在理论研究领域，这种变化很难引起太多人的惋惜。而那些作为承包商系统中的一部分的狗，可能会被部署在安全据点和大使馆等地，继续工作数年时间；还有的，像凯茜·霍尔伯特的狗，则还在寻找着失踪士兵。这些狗的健康档案也难免丢失或不完整。

　　"我们其实只是在检验一个假说。我们不知道会发现什么，"彼得森说，"我们正在使范畴变得非常非常广泛。这可能会是一个死胡同。我们可能会有偶然的发现，而这只是谜题的另一个组成部分。"

🐾 🐾 🐾

　　狗会生老病死。某些狗会比其他狗更让你想念。你努力不去想，但徒劳无功，事情就是这样。

　　凯茜·霍尔伯特的寻尸犬斯特雷加在 11 岁时被诊断患上了胆管癌。当时斯特雷加已经在伊拉克和阿富汗工作了将近一年。她在几个月内发病，并在西弗吉尼亚州的山区去世，那里是她度过生命中大部分时间的地方。凯茜做了所有能做的事情，包括一次试验性的治疗——注射

---

* 2000 年 9 月，美国众议院通过"罗比法案"，要求美国国防部停止对高龄军犬进行安乐死。

一种染料以帮助免疫系统做出应答。她知道这是一笔风险很大的赌注。

丹尼·古奇的金波死于 2012 年 3 月，大约就在退休一年后。丹尼的女儿让兽医留下了金波的一颗犬牙。父亲节的时候，她把这颗犬牙安在一个很小的金色别针上送给了丹尼。丹尼把这个礼物别在一条项链上，然后放在 T 恤下面。他的女儿还有个小小的心形文身，上面写着"KIMBO，BFF"（金波，永远最好的朋友）。金波又黑又凶猛；他的牙齿却细小而洁白。

肖恩·凯利（Sean Kelly）在担任警犬牵犬师的职业生涯中有过 4 只巡逻犬。"尼禄"（Nero）是最近的一只，也是我见过的最快乐的工作犬之一。他喜欢与人相处，喜欢寻找毒品和枪支，还喜欢咬人。他能发出一种深沉、富有力量的吠叫声，并且是我见过的从静到动转换最为流畅的狗之一。他可以在放开扑咬袖套之后，立马贴近某个旁观的人，停止摆动尾巴。尼禄去发育障碍儿童之家访问时，肖恩在那里唯一能听懂的一个一致的单词就是他的名字，孩子们一遍又一遍地开心地喊着："尼禄! 尼禄!"

在肖恩·凯利位于北卡罗来纳州的家中，尼禄的骨灰就放在壁炉架上一个八面体的小罐中，上面还有尼禄的爪印。这只玛连莱犬的爪印同样文在肖恩那只健壮的小牛上。凯利家族的壁炉架上放着的不只是尼禄的骨灰，肖恩将他带过的另外两只巡逻犬的骨灰也放在那里。

失去尼禄对肖恩的打击最深。尼禄曾经是一只跟随特种部队的军事工作犬。简易爆炸物夺去了牵犬师的生命，而他幸免于难。同一颗炸弹炸掉了尼禄的门牙，并在他胸口划开了一道口子。由于后肢严重受伤，他的尾巴不得不截去了。尽管情况一团糟，但尼禄还是活了下来。兽医将他的肢体缝合起来，并给他装了钛合金的牙齿。然而，尼禄，这只分队里理解能力最强、曾经救过他的牵犬师和其他分队成员生命的狗，再也无法继续他的工作了。创伤后精神压力障碍这种医学术语可能太拗口，换句话说，尼禄和他的世界分崩离析了。

"你无法进入狗的头脑里对它说，'没事的，不会再发生了'。"肖恩说道。而且，这句话可能也不是真的。于是，尼禄回到了美国本土的军事基地，帮助训练牵犬师新人。不过，他工作的时间比不工作的时间要多得多。把他当成训练犬是对一只出色的工作犬的巨大浪费。因此，2008 年，经过一次平静的交易，尼禄来到了北卡罗来纳州的一个警察局。来自纽约市的前警犬队警官肖恩立马爱上了他。当时尼禄 6 岁。他动力十足、头脑聪明，有着出色的鼻子。尽管他的尾巴和牙齿都已破损，头部和胸口大部分变成了白色，但他还是有着完美的、尖尖的玛连莱犬耳朵。无论如何，虽然尼禄在北卡罗来纳州这座小城里的工作不像在伊拉克跟随特种部队工作时那么危险，但也有一定的挑战性。在一次追踪嫌疑人的过程中，尼禄撞到了虎头蜂的蜂巢。

"我不希望那只耳朵垂下来。"肖恩把尼禄送进诊所时对兽医说道。尼禄的头已经被叮咬得肿了起来。"这是他唯一对自己满意的地方。"他的请求终是徒劳。

现在尼禄的耳朵已经滑稽地垂落下来，但他还是继续工作，并焕发了第二春。他和肖恩在街上又工作了 3 年时间。虽然尼禄热爱工作，但在 9 岁的年纪退休也说得过去。

"转换到家庭生活时，他调整得太好了，"肖恩说，"我回家，他就爬到床上。"尼禄开心地咧着嘴，钛合金犬牙闪闪发亮。

淋巴瘤来得又快又凶猛。尽管经过了化疗，但一切还是在几周之内了结了。在 10 岁生日之前的一天，尼禄突然开始大口喘气。肖恩带着他冲进兽医的检验室。

"我当时正坐在地板上，他走了过来，看着我。我明白了。"

🐾 🐾 🐾

索罗和我看着眼前的一座座人造山。这是达勒姆市中心的一条碎石路，堆满了维修道路的材料。迈克掉转越野车车头，然后打开远光灯，我也同样打开了凯美瑞的前灯，使苍白的光线照在道路尽头堆积成山的黄色沙子、未筛分碎石和粗石块上。这些沙石堆形成了半管形的"滑雪道"——没有雪花，只有沙子和花岗岩——中间是轮胎轧出来的车辙，里面积满了浑浊、碱性的污水。

石灰石碎石堆看起来像是一维的，就像是一堆灰黑色的碎叶片或冻结的脏冰块直直地向上伸出 15 或 20 英尺。这是一件没有空间或装饰的埃舍尔* 作品。碎石堆对面的沙子甚至堆得更高，如同一座伸向黑暗的巨大沙丘。这些沙子太久没人用，以至于有动物在里面挖了洞，沙堆侧面出现了洞穴群。道路对面更远处堆满了花岗岩路边石；达勒姆市把这些石头切割下来拖到这里，就像从商业区的嘴巴里拔出来的又长又窄的牙齿一样。这些花岗岩在街道上整齐地排列了数十年，形成 5 英寸宽、3 英尺深的路缘，约束着那些不按规矩平行停车的车主们的轮

---

* Escher，荷兰版画艺术家。

胎，并成为一座在年纪上令人肃然起敬的城市的见证者。它们曾经不可撼动，坚实无比。现在，这些粉红色的花岗岩歪歪斜斜地胡乱堆积在这里，看起来很不牢靠，中间还有许多黑色的缝隙。如果索罗踏错脚步的话，就会像踩跷跷板或多米诺骨牌一样。尽管我们周围种满了松树和芬芳的蜡杨梅，沥青的臭味还是弥漫到了这里。

迈克为索罗布置了一些训练材料，可能放在未分筛的碎石堆的某处，或者放在半管形沙堆下，也可能放在粗石堆里。

索罗对我尖声吠叫着，急不可耐地冲了出去。他很快消失在树林和黑暗中，向那些树致以犬类的问候。他从黑暗中出来，回到了路边，平稳地跑着。我不需要告诉他开始工作。他冲上沙丘，在顶部跑来跑去，消失在远端，又跑回车前灯的光束中，嗅了嗅空气，迟疑了一下，然后在沙丘顶部转着圈，头抬得高高的。他像一个斜坡滑板少年一样冲下来，搜寻气流，然后转身回到沙丘上，接着又重复一遍。他又照样重复了两次，然后优雅地俯冲下来，跳到平地上，跑向那堆花岗岩。来自粗石堆的气味飘向了沙丘，并沿着沙丘爬升——经验丰富的索罗已经明白发生了什么。他利用这些简单的俯冲动作，排除了沙丘是气味来源的可能。

索罗只是偶然接受过在粗石堆中搜索的训练，他在沙丘上那种迫切而又滑稽的动作令我很担心。我看着他一步一步地爬到花岗岩石块上。我站得很靠后，这样他在小心翼翼地爬上复杂地形时，就不会听到我发出的任何无意识的喘气声。迈克站在我身后，低声说："我在试探他。"

索罗也在试探。他从容地移动着，把头伸进那些飘散出气味的黑色洞口，抬起头，再向下探。接着，他在一个洞口定住，转头望着我。他的眼睛在车灯的光线中发出琥珀色的亮光。他慢慢地从粗石堆上退下来，发出最终的警报。

"棒极了，"迈克说，"棒极了。"

第十八章 瓦格

　　我曾经养过一只狗。瓦格（Wag）。7只伟大的狗之一。在任何时候，你要知道，都只有7只。你知道吗？

　　　　—— 彼得·奥图（Peter O'Toole）饰演的老费斯克（Fisk Senior），

　　　　　　　　　　　　　　　　《迪恩·斯潘雷》（*Dean Spanley*，2008年）

　　　　　　　　　　狗知道答案——工作犬背后的科学和奇迹

索罗并不是我们家里唯一衰老的动物。我们的身体都开始出现小病小痛，不那么结实了，头顶也爬上了银丝，索罗的头部倒依然是饱满的红黑色，只有口鼻部出现了灰白色。梅根的整个头部都呈现出白色和褪色的红褐色混合色，她的眼睛越来越模糊，就好像一层薄雾降下来，正在慢慢地将她笼罩。她 13 岁了，就塞特犬而言已经很老。虽然她不再像年轻时那么美得惊艳，但我们依然会叫她的昵称斯嘉丽·奥赛特 *，因为她还是一直保持着自我中心和被宠坏的状态。她继续要求得到我们的忠诚和服从。索罗躺在柔软的狗床上睡觉时，她会摇摇晃晃地走过来，然后瘫在索罗身上；如果索罗被吓醒并跳开，她就会投以责难的眼神。她在飞莱希（Flexi）牵绳另一端奔跑，扯得我肩袖损伤的那些日子已经一去不复返了。看到一只松鼠会让她进入失去平衡的摇摆状态，就像一个注意力分散了的学步孩童。有时候她就那样摔倒了。

　　我对狗和晚年的那些古板的态度变得温和了许多，并且随着梅根的日益虚弱而逐渐改变。我们将少量的鸦片剂喂到她嘴里，让她快乐，这样我们也很快乐。每天早晚，我们用一个精致的、顶部有橡胶手柄的绳套帮她上下楼梯，以前我曾经发誓不会用到这东西。我们给她穿上一件"玛莎·斯图尔特"（Martha Stewart）的带衬垫的狗夹克，让她保持暖和。当我晚上帮她盖好毯子的时候，她偶尔会屈尊向我投以认可的目光。我们得到了父亲的樱桃木摇椅和不错的双筒望远镜，还有梅根。

　　南希是对的，我需要开始训练一只新的寻尸犬。大卫和我也想着

---

* 　Scarlett O'Setter，源自《飘》中的角色斯嘉丽·奥哈拉。

把小狗到来与梅根离去的时间安排好。我们的房子很小。夜晚卧室里再多一只狗的话，肯定会让房里闻起来像简易工棚一样。其实在声音上已经很像了：我们三个都打呼噜。当然，梅根不在其中。除了邋遢的喝水习惯之外，她仍然称得上是一位淑女，即使正在老去。

某天晚上，当我向一位奉行实用主义的警犬队警官解释梅根现在的困境时，他问道："你为什么不直接开枪射杀她？"我面无表情地盯着他。我温和地解释道，以这样的方式处理梅根可能会违背我父亲的意愿。而且，我也没有枪。警犬队的另一位警官摩西·欧文（Moses Irving）赞同地点点头，同时盯着他那位（可能是）开玩笑的朋友。摩西在业余时间是一个地下集会的牧师。"你父亲现在正从天上往下看着，"他说，"你做的是对的。"

当天晚上，梅根得到了额外的加餐，不过只要她想要，她总是能得到加餐。无论怎么吃，她都能保持纤细的蜂腰。大卫向我保证，只要同时养三只狗的时间不会持续好几年，他就能忍受三只处于不同年龄段的狗可能带来的未知的混乱。

这一保证使我得以沉溺于我自己所谓的"恋狗崇癖"中。我浏览了几十个网页和几百张图片，对着娃娃脸的幼年德国牧羊犬，我体内的内啡肽含量不断上升，希望也随之点燃。4周到6周大的德国牧羊犬幼崽长着可爱的下垂的耳朵，让所有人看了心底柔软得似乎要融化一般。到9周大时，它们在外形和举止上开始变得和笨拙的虎鲨一样。各人的喜好各有不同。

我们无法得到另一只索罗。我可能会有这种想法，但琼·安德森－韦伯（Joan Anderson-Webb）已经不再培育犬种了。如果我想继续从事寻尸犬牵犬工作，最好的选择是养一只完全是工作犬血系的德国牧羊犬。我确实想继续从事这项工作。这一次，我希望把有关灾难现场的训练加进来。之前我幻想的对象是一只高大、冷静、红黑色的王子，现在取而代之的是一种全新的幻想：一只平背的黑青色或纯黑色牧羊犬，能应对"困难环境"，神经粗壮，并且充满动力。我很清楚自己想要什么：凯茜·霍尔伯特在西弗吉尼亚州山区养育的德国牧羊犬幼崽。它们的成长伴随着凯茜圆润的笑声和低强度的工作犬知识培训，还有凯茜的丈夫丹尼温柔的双手。此外，还有众多玩耍性质的冒险项目：爬行穿过涵洞，在溪流中游泳，在树林中穿行，在坡度较缓的楼梯上保持平衡，跳入游泳池，在平衡木上行走。那里简直是工作犬的天堂。

丽莎·梅休（Lisa Mayhew）告诫我："一旦这小狗到了你家里，你最好有什么事情能让它做。"她是对的。这只小狗不会像索罗现在那样，在我们观看美国公共电视网（PBS）播放的新《福尔摩斯》和在摇摇晃晃的电视托盘上吃晚饭时，躺在一边打盹儿。每天早上我们在床上一边喝咖啡一边看《纽约时报》的仪式将成为历史。索罗在卧室里睡觉，他可以尽情地伸懒腰和打哈欠，直到我们决定起床才起来。

这种小狗将是牵犬师取名为"哈沃克"（Havoc）、"哈姆"（Harm）或"赫卡忒"（Hecate）的那种类型。我们多年来一直保留着另一个名字。虽然很有年头，但这个双音节名字我们念起来依然愉悦顺耳，那就是"柯达"。不过，现在我想要的小狗，将不会代表一种安静、富于沉思的结尾。我希望少一点奏鸣曲，多一些贝多芬在《第八交响曲》中那样的尾声：时而快速而猛烈，偶尔出现不和谐音，"绝非正统的东西"。这一次如果我在深夜抱着大卫的手臂哭泣，原因将会是小狗没有立即跳到我们身上用牙齿和爪子在我们的手臂、双腿、鼻子和脚趾上留下各种印记，使我们看起来像海洛因上瘾者。索罗让我知道，这种行为并非针对个人，而且不是攻击性的，而更像一种啃咬的生命本能。我的标准已经变了。我知道我可以建立服从意识，但如果没有基础的训练材料，建立内在的驱动力将会更难。我可以教一只小狗不要跳到沙发上或我们身上，也不要啃咬我们的手。至少，只要几个月的时间就能办到，或者几年。

除了所有这些准备、研究和关于选择的喜悦，我还感到悲伤和害怕。我们正在从好几年相对舒适的状态进入一个中等风险的领域。一只小狗将从索罗那里夺走许多许多时间。甚至索罗是否会接受家里有一只小狗也是个问题。此外，我还要减少他在街区上训练的时间，以便把时间留给新来的小狗。让一只新的工作犬成长起来并开始搜索，需要将近两年的时间——如果小狗继续表现出潜力，而且达勒姆市的警犬队继续允许我和他们一起训练，此外还要没有可怕的意外发生。我与另一位志愿牵犬师讨论了一下，如果新来的狗和我都感到筋疲力尽了，这时该怎么办呢？这位牵犬师表示她能接受为狗找一个新家，然后很快换另一只狗的做法。我不确定自己能否做到这点。我知道，我们的房子对三只德国牧羊犬来说太小了。而且，我完全明白"第二只狗综合征"的问题。如果小狗最后没有成功，部分将归咎于我。

我的不祥预感得到了支持。两位经验丰富的执法部门训练员对我说，我将再也无法拥有一只像索罗这样天生优秀的狗了。当我把这句话告诉南希时，她嗤之以鼻，并且告诉我不要太多愁善感。"傻瓜，关键在于牵犬师。"她说道。没过一小时，我就无意间听到她对一个朋友说，她刚刚对我撒谎了。我可能再也不会拥有像索罗这么好的狗了。我知道这不是她第一次对我说谎。她第一次对我撒了个大谎是在我走进她位于泽比伦的庭院时，当时我把装满肝脏狗粮的腰包绑在红鲑鱼色的亚麻裤子上，希望给我那只年轻的大狗找一些合适的事情做，而她兴高采烈地告诉我，她认为我会喜爱上寻尸工作。她并不是这么想的。她看出了索罗的潜质，但并不认为我——当时我是一个"小嬉皮雅皮士"（little hippie yuppie）——也能坚持到底。哈，我向她证明了。现在，我还必须重新向她证明一次。

"经常可以看到牵犬师成为'单只犬奇迹'，不是在狗退休之后就选择放弃，就是与后来的狗相处十分痛苦。"一位寻尸犬训练员写道。我表现出了"单只犬奇迹"的所有症状，可是我甚至还没有弄到另一只小狗。

现在，我已经成了一个知道得太多的工作犬研究者。考虑到遗传因素和天性，考虑到意外事件和糟糕的健康状态，再加上我作为一名新手牵犬师能力依然有限，要让一只新的狗走向成功，实在是一件风险很大的事。我们可以把所有有利的因素堆积起来，但归根结底，还是无法控制每一个偶然因素。

或许我与执法人员相处的时间太久了，我看着优秀的牵犬师激烈挣扎着想要理解并尊敬他们的新工作犬，可是失败了。这些狗同样也是失败者。我看到从欧洲用船运过来的接近成年的狗，在经过评估后被淘汰了。扑咬袖套的力量不够。跳上金属楼梯前犹豫不决。跳上仓库里某张光滑的桌子时没有站稳。迈克·贝克评估过好几百只工作犬，他比那些时不时发表评价的牵犬师更有耐心，更有见识。他知道某只狗已经到在这个国家多久了，是否像人一样还在倒时差，它早期会不会有什么经历。许多狗面对的是全新的环境。养殖工作犬的狗舍，即使是欧洲顶尖的狗舍，也不一定能提供这些狗成长所需的条件。

而现在，我将要带来的是一只 10 周大、还不足以爬上仓库台阶的小狗。这是一只德国牧羊犬而非玛连莱犬，这已经够糟糕了，可是我不能带上十几只狗来做评估。只有一只。可能出错的因素太多了。索罗的天分是偶然发现的，并且帮助他成长为后来的模样。这一次，新手可能并没有这么好的运气。

但是另一方面，我有可供利用的资源。比如南希·胡克、凯茜·霍尔伯特和琼。迈克·贝克向我保证，尽管等小狗过来的时候他可能从达勒姆警犬队退休了，但他依然会从事警犬训练工作，并且会帮助我给这只小狗打好基础。

在某天夜晚的训练中，我试着向迈克——以及自己——保证说，我不会再那么毫无章法了。"我会对下一只狗有更多的了解。我不会再犯同样的错误。"

迈克摇摇头。他心里清楚得多。"如果把曾经和我一起工作过的每只狗都带到我面前，我会向每一只狗道歉。"

❖ ❖ ❖

DJ 退休之后，史蒂夫·斯普劳斯很快做出了决定：再养最后一只巡逻犬。

"我的膝盖说，'你这个蠢货'，但我就是无法想象我还能做什么别的事情。"他对我说道。史蒂夫不会要一只 9 周大的小狗。"我们希望弄到一只 18 个月大的狗，即使是 12 个月大的狗也存在许多问题。这 6 个月相当关键。"史蒂夫一直在寻找两样东西：遗传基因和潜力。

"我不想看到人赋予狗的东西，"他说，"我想看到的是上帝赋予狗的东西。"史蒂夫弄到许多 18 个月大的狗来做评估：他将在来自欧洲各地的一大群幼崽中进行挑选，它们大部分没有血缘关系。他知道自己想要什么——一只强壮、自信、均衡、充满内在的动力，并且永不言弃的狗。一位卖家提出请他飞往德国去亲自候选犬只，但很快，另一位跟史蒂夫熟识的卖家打电话说，他认为有一只相当特别的狗很适合他。这只狗刚刚从斯洛伐克来到佛罗里达。史蒂夫十分重视这次电话；那位卖家很清楚史蒂夫正在寻找的狗很可能是他的最后一只巡逻犬。

从犬舍来到史蒂夫面前的这只狗已经过了少年期，他是一只肌肉健壮的 3 岁雄狗，身体深青黑色，长着一双古铜色的眼睛，很可能是德国牧羊犬和比利时玛连莱犬的混种，不过也很难说。他是"一只带着使命的狗"，史蒂夫说道。这只狗看着周围，观察包括史蒂夫在内的一切。史蒂夫也同样仔细观察着他。

史蒂夫保留了这只狗原来的名字，艾伦（Aaron），希伯来语中"力量之山"的意思。

尽管年龄摆在那，但艾伦还是纯粹的新手。史蒂夫提醒他培训的那些牵犬师说，要让一只狗达到动作快速、工作流畅并且知道要做什么的状态，需要花费足够的时间、耐心和精力。现在，史蒂夫必须调整自己的期望值。如他所说，DJ 能"自动导航"，而艾伦不能。在搜索训练中，他想将限定距离画在 200 码的范围内而不是 50 码的范围内；他想要观察周围的情况，看是否能找出不必用鼻子就能做的事情。

"你有了一只完全陌生的狗，而你又期待他完全做到另一条狗能做到的事情，"史蒂夫说，"他还不确定游戏规则是什么。难的地方就在这里。你必须将整个过程重新来一遍。"

不过，艾伦有着成为一只出色的巡逻犬的潜质。史蒂夫深知这一点。这只是时间问题。史蒂夫还是会飞越整个美国，前往特立尼达岛，培训那里的牵犬师和工作犬，再去佛罗里达州培训牵犬师，然后才返回劳德代尔堡与艾伦一起工作。史蒂夫坦言，这其实并不是最糟糕的问题。

"我猜，我可能永远也不会像想象的那样，退休之后坐在前廊的摇椅上，望着远处的群山。有时候你会感到沮丧。但是，我不想拿任何东西来交换现在的生活。"

🐾 🐾 🐾

我打开我那本贴着"非常酷的犬类研究"标签的文件夹，查看里面的研究，寻找是否有哪位研究者将狗的性别作为考虑的因素。并没有。

——帕特里夏·麦康奈尔，2009 年

北卡罗来纳州一个炎热的夜晚，我们又站在另一座废弃的办公楼外面。每一只巡逻犬在进入办公楼，或是从楼里出来的时候，都会向附近的灌木丛致以警犬式的问候。有一只狗的尿味尤其难闻；在这些狗一次又一次地浇灌着冬青灌木的同时，刺鼻的气味也向我们飘了过来。

这股恶臭引发了一个在警犬队中不断被讨论的话题：雄性工作犬与生俱来的优势地位。对此我已经习惯了，几乎可以不去在意。在执法部门的巡逻犬中，雄性和未阉割犬占压倒性优势，这形成了一个自我实现的预言。偶尔会有成功突破性别障碍的雌性巡逻犬，但无一例外都会受到细致入微的考察，直到她犯错。而她必然会犯错。她第一个错误就是身为雌性。第二个错误是会进入发情期。如果雄性巡逻犬因此而分心，并无法工作，那该怪谁呢？

　　面对这种升级版的刻板印象，我只能叹口气，翻翻白眼。睾酮毫无疑问是一种充满力量的激素，当这些犬只在建筑物前展开某种较量时，睾酮分泌会急速飙升。问题是，我本人同样偏好雄性的德国牧羊犬：索罗是我的第三只德牧。但是，我同时还有一种女性主义者的矛盾倾向。我与迈克·贝克谈过，也与南希·胡克谈过。迈克指出，警犬队里最强悍的警犬之一就是雌犬。他说，雌犬往往比雄犬更不容易分心。南希说，这取决于那只狗本身，而我应该找一只自己喜欢的小狗。她会认可任何雌性的工作犬，只要它是一只"来自地狱的母狗"。南希要我确保不会赋予狗太多的服从性，这样狗才不会爱慕地望着我而忽视了自己的工作。我思考着自己曾经报道过的那些寻尸犬和追踪犬——从丽莎·希金斯的狗到凯茜·霍尔伯特的狗，从安迪·雷布曼的狗到马西娅·凯尼格的狗，从吉姆·萨福克的狗到罗伊·弗格森和苏西·弗格森的狗，等等。性别并没有一边倒，在这些狗中雌性和雄性的数量一样多。罗杰·泰特斯——祝福他——在他的追踪生涯中，除了一次例外，几乎全都是用的雌性寻血猎犬。那只雄犬是早期犯下的错误，罗杰说道。

　　琼的推动，使我朝雌性工作犬这边又迈进了一步。"我喜欢雌性工作的方式，"她在信中写道，"一种完全不一样的关系……至少，对我来说是这样。我发现很有意思的一点是，斯迪芬尼茨也更喜欢雌性牧羊犬的职业精神。"

马克斯·冯·斯迪芬尼茨（Max von Stephanitz）是性别歧视观念最强的，他曾经解释说，德国牧羊犬只会"有保留地"服从女主人，他会更喜欢雌性牧羊犬的职业精神？

无论是斯迪芬尼茨还是迈克，抑或南希或琼，都没有使天平倾斜，反而是索罗把他的大爪子放了上去。8 年里他长大了很多，但我很容易就能想象到，当一只"青春期"的雄性牧羊犬与他之间的信号交叉出现一次以上时，前者会叫他赶紧闪开。有一篇博士论文指出，雄性犬类和雌性犬类形成的组合会比同性别的组合具有更加平等的关系。这能讲得通。即使是有社交障碍的索罗最终也会为了异性而开始卖弄，他会愚蠢地欢蹦乱跳，而不是粗野地竖立起毛发。我希望的正是如此：多一点嬉闹，少一点发怒。

不过，我怎么才能判断想要的是哪只雌性小狗呢？

当然，我又回去做了一番研究。我发现了许多关于"毛旋"——从数学上来说必然出现的现象，即毛发汇集在一个地方并朝向一个方向或另一个方向旋转——的研究。毛旋又被称为"奶牛舔"。坦普尔·格兰丁（Temple Grandin）早期对牛身上的毛旋进行的研究显示，公牛前额毛旋的方向和位置，可以用来预测它的脾气是冷静的还是令人恐惧的。

基于这项工作，澳大利亚兽医学家丽莎·汤姆金斯（Lisa Tomkins）做了更多发挥。她对 115 只未来的导盲犬进行了评估，观察它们的毛旋和使用脚爪的左右倾向。接着，她追踪了它们的成长过程。偏好使用右爪的小狗通过导盲犬培训的概率，是偏好使用左爪的小狗的两倍。胸口毛旋为逆时针方向的小狗，成功概率是那些毛旋为顺时针的小狗的两倍以上。汤姆金斯和她的同事指出，这种现象可能与整个左脑和右脑回路的交叉有关。我知道，如果索罗无法用嘴巴将玩具从储物柜里叼出来的话，他更喜欢用右爪去抓。我疑虑地观察他的胸口；一开始我能看到的只是一片无差别的皮毛，但当我把毛分开，从他胸口往下看时，在他还没有因为我的荒唐举动而困惑并跳起来之前，我看到一个小小的、逆时针方向的奶牛舔图案。谢天谢地。

我迫不及待地想告诉迈克和史蒂夫，这样他们在评估那些从欧洲运送过来的狗时，就可以为警犬部门节省许多时间和金钱。首先，他们需要获得这些潜在的巡逻犬胸口的正面照，同时希望经纪人不完全了解相关的研究结果，以防他们将一些照片翻转过来，使所有的狗都具有逆时针方向的毛旋。噢，还有，迈克和史蒂夫可以询问经纪人，是否可以把装满了冰冻狗粮的 Kong 玩具给那些狗玩一玩，看看它们按住玩具并把狗粮取出来时用的是哪只爪子。甚至可能会有一两只雌性犬通过这一测试。

我可以预见到自己和大卫前往凯茜·霍尔伯特那间山顶犬舍的情景。我会把确认清单拿在一只手上，另一只手上拿着一个塞满食物的 Kong 玩具。以下就是我们所需要的：一只幼年雌性德国牧羊犬，胸口具有逆时针方向的毛旋，最好右肘上也有一个，并且有强烈的使用右爪的倾向。此外还需要具备的条件是：极富动力，善于交际，并且有非常健康。还要有幽默感。希望这张订单的要求不是太高。

🐾 🐾 🐾

这些小狗出生于 9 月初，那时西弗吉尼亚州巴伯县的群山中，巨大的美桐树叶子还没有变黄。它们的父亲具有黑青色的皮毛，任何人都会称之为"黑色"，尽管在他的胸口和腹部有几缕深褐色的绒毛。尽管我努力压制，我的外貌歧视倾向还是短暂地抬头了。他太令人惊艳了。我已经被这只小狗的母亲——凯茜的踪迹犬兼寻物犬列扎（Reza）——深深吸引。她使一切事情看起来都很简单。她拖着玩具到处跑，直到发现自己即将临产：哎呀！真不好意思，先去生几只小狗出来。她会很快回到放玩具的地方，把它们带给小狗玩。她可以被归为"有趣的妈妈"这个类别。

我看着那三只雌性小狗出现在脸书上，伴随着文字描述和图片。丹尼把每一只都抱起来让凯茜拍照，三只还没睁开眼的小狗第一次拍了特写。其中一只还有一点连着的脐带的痕迹。她抬起两只粉红色的爪子，似乎是在努力不让无情的相机镜头拍摄到自己并不好看的脸庞。我看不出她的右爪还是左爪伸得更靠前。两只雌性幼崽刚出生时都很庞大，重量都在 450 克以上。第三只雌性幼崽的毛色像另一位姐姐一样黑，但身体只有她们的一半重，255 克。凯茜给她取名为"小不点"（Little Bit）。

我们假定小狗是从母亲那里学到各种各样的技能。但是，它们是通过观察然后模仿来学习，还是源自本能？就像母猫教小猫怎么用猫砂，或者母马教小马怎么喝水？南希提出，索罗可以教小狗一点东西。当然，不是所有的教导都是好的教导。我很肯定，当联合包裹服务（UPS）的工作人员到来时，梅根喧闹的行为会鼓励索罗吠叫起来，不过，她只需要用"坏狗"的感应搅动空气，就能提高索罗的兴奋水平。

年纪较大的狗并不会对教导免疫。史蒂夫·斯普劳斯发现，阿伦对水有一些障碍：他痛恨水管、洒水喷头和游泳池。他的种狗生活显然不是很平静。有可能曾经有人用水来惩罚他，或者是在繁育工作完成后用水来把他与雌性分离开。然而，佛罗里达州的巡逻犬必须忍受水；它们的周围全是水。史蒂夫看着阿伦，而阿伦正看着史蒂夫的雌性牧羊犬凯茜跑到洒水喷头下去追逐玩具。阿伦非常喜欢凯茜。很快，阿伦也跟着跳过去追逐玩具了。这是相当不错的第一步，但模仿并非全都是美妙的。DJ 亢奋的时候，会有在犬舍里打转的坏习惯。现在，阿伦也在犬舍里不停地转着。

大部分认知心理学家会将阿伦的行为归咎于模仿行为之外的某些因素。在观察之后进行模仿的行为，在以往被认为是人类独有的。尽管我们会以鄙夷的态度说"aping"（装模作样）或称人为"copycat"（盲目模仿者），但看着别人做某些事情，然后尝试自己做一遍，并不是低水平的认知行为。这是促使人类文化的车轮向前滚动的因素之一。有个关于新娘的古老笑话很应景。西维尔按照母亲的食谱制作完美的牛腩料理时，需要把烤肉的末端切掉，她母亲一直是这么做的。她问母亲为什么要这么做，母亲告诉她，这是她自己的母亲做这道菜的方式。最后，西维尔去问她的祖母。祖母说，因为她用的锅实在太小了，要把牛腩放进去，唯一的方法就是切掉末端部分。人类就是这样。

将模仿归为人类专利的观点正在改变，让我们一篇篇地梳理经过同行评议的论文。犬类并不是实验道路上的领路者，但它们是众多具有模仿行为的动物类群之一，其他的还有鸦科鸟类、狐獴、狨猴和大象。几乎没有研究涉及工作犬的"社会学习""模仿"或"观察学习"，不过这一现状正在开始改变。正如迪克·赫尔顿已经指出的，科学家接近工作犬的难度更大。只有 1999 年来自南非的一篇很短的研究论文显示，就像许多牵犬师认为的那样，工作犬通过观察其他狗的行为来学习。这项研究使用了两窝德国牧羊犬幼崽：一窝要观看它们的缉毒犬母亲如何工作，这是它们被允许做的全部事情——观察但不参与；另一窝小狗则不会观看它们的母亲工作，当这些小狗 6 个月大的时候，观察过母亲工作的小狗有 85% 通过了针对毒品的才能测试，而没有进行观察的小狗则只有不到 20% 通过了测试。

还有更多对索罗和新的小狗有利的消息，那就是，在更好地做出指示、解决问题和学习新任务等方面，强势的动物通常比温顺的动物表现更好。我并不是说对于狐猴、黑猩猩、家鸡和老鼠等动物来说是这样，对德国牧羊犬来说就应该也是这样，但是这并不突兀。几十年前，我和兄弟马克在沙滩上观察过两只狗的互动。其中一只是我爸爸的爱尔兰塞特犬，她无法爬到一处陡峭的沙坡上。她一次次地尝试，一次次地摔下来。我的第一只德国牧羊犬塔恩（Tarn）跑到沙坡上面，站在那里往下看着她。她发出哀怨的声音。塔恩跑下来又跑上去，这次慢了很多。老爸的塞特犬看着，试图跟上塔恩的脚步，但是又失败了。塔恩第三次跑下来，跑到她的脚后跟旁边，然后大声地吠叫起来。她一下就冲到了沙坡上。这只是一段趣事，或许只是展现了塔恩本能的放牧行为。我宁愿相信，不仅塔恩在展示应该怎么做，老爸的塞特犬也在尽全力模仿他，或者躲避他。

大卫和我看着凯茜发来的4只小狗——3只雌性、1只雄性——的视频，它们已经开始在凯茜设置的运动场里玩耍，在聚氯乙烯管做成的梯子以及涵洞和大桶之间周旋。我们努力不去爱上某只特定的小狗。视频不能说明什么，照片甚至电子邮件也不能。否则那将会像从Dogmatch.com上挑选小狗：迷人、可爱又完美，你无须做出承诺，也不用对它了解更多。

两只较大的雌性幼崽一只黑色，另一只黑色和棕褐色相间，很像她们的母亲，它们都显示出了成为漂亮成体的潜质。我避免直接注视小不点的脸庞。她有大大的乳蓝色眼睛，午夜一般的黑色皮毛，以及短而结实却又十分精致的鼻子，看起来很像日本动漫里长绒毛的宠物小狗。我不担心她让我变得铁石心肠，而是担心她让我变得过分软弱。

我曾经也很娇小可爱；人们经常会拍我的头，因为他们能这么做。我没有像小狗的尖利牙齿那样的演化优势，不能让这些人把手从我的头上拿开。小不点会让人发出一声心生怜悯的"哇喔"声，而这并不是我最终想要的惊叹声。

当母亲不在时，这窝小狗中的一只或两只会尝试做些什么，然后另一只也会跟着做。我们爬上去吧。我们从这个桶里跳出去。我们穿过这个金属管道然后互相咬吧。我不是一个认知心理学家。我在观看视频时所了解到的一切，是它们一直在一起不断玩闹和尝试，即使那些似乎是偶尔出现或意外发生的合作，也在以指数形式增加。它们皮毛邋遢，很容易冲动；充满热情，也很容易分心。它们的配合还不像一支橄榄球队那么流畅，但你可以看出有关它们未来发展的蛛丝马迹：一整群小狗，摇着尾巴，跳入茂密的灌木丛，或者爬到碎石堆上进行搜索。

一开始，小不点无法像那些较大的小狗一样轻易爬过障碍物。在一段视频中，当5周大的小不点挫败地发出号叫时，凯茜静静地笑起来。小不点一次次地冲向一个很宽的、用胶合板做成的摇摇晃晃的跷跷板，最后终于爬上去，像乌龟一样用后脚和腹部把自己往前推。接着，她跑下来开始自己玩游戏，在一个很大的金属管道里来回穿行，追逐自己的尾巴，不停地转圈。我给大卫看了她的视频，告诉他绝对不要迷恋上她，而要看看另外两只较大的漂亮的雌性小狗所展现出来的力量。当时对索罗而言这件事容易得多；因为没有其他选择。

最后，凯茜为我们做了选择。在这些小狗8周大的时候，她给我打了电话。她一整天都在对它们进行评估——我早先很期待的一只较大的雌性小狗在捕猎测试中与小不点"并驾齐驱"。那天的最后时刻，凯茜终于得出结论，小不点在追逐玩具时比其他任何小狗更持久、更努力。这是作为寻尸犬所需要的特质。小不点会消失在道路尽头的黑暗中，令凯茜担心不已，然后嘴里咬着丢失的球自己跑回来。她在雪地里能比母亲更快找到母亲蓝色的球，然后占为己有。当她母亲从边上跑过来想要把球夺走时，她眼睛里的眼白与周围的黑色皮毛会形成鲜明的对比。没机会的。小不点既独立又矛盾。她将会令人头疼不已，也会在训练时带来许多快乐。一只拥有锋利的牙齿和头脑的长毛绒玩具。

当我放下电话时，大卫笑得非常开心。初期评估并不能决定最终的命运，但却助长了我们已有的偏爱。

凯茜告诉我，她和丹尼开了一个5分钟的"遗憾派对"——这是凯茜的说法。这只小狗经过一番曲折，顽强地进入了他们的内心。然后，凯茜不再叫她"小不点"，而是开始叫她"柯达"。

🐾 🐾 🐾

在从西弗吉尼亚到北卡罗来纳的收费公路上，我们把车开得飞快，试图赶在 11 月的最后一天结束之前回家。大部分路程我都很焦虑，索罗巨大的爪子和牙齿一下子就会杀死我们运送来的正在沉睡的宝贝。只要一下就够小不点受的了。我来回做着安排，对他们会面的细节进行细微调整，同时担心悲剧到来。我们决定先让大卫下车回家，带索罗彻底锻炼一番，然后把他带到距离房屋 1 英里远的空球场上，柯达和我将在那里与他们见面。为了让这次会面简单一点，我们把梅根送去与我们的好友巴布·斯莫利（Barb Smalley）和她的狗过一个加长的"玩耍日"。

我们被疲惫、疼痛和饥饿搞得晕头转向——我们干这种荒唐事，年龄已经太老了。当我打开凯美瑞的后门时，黄昏正笼罩着球场和周围的树林。我把柯达留在箱子里，然后走开。索罗从那辆思域轿车上跳过来，热情地问候我，然后跑去嗅了嗅旁边的石头，并抬起了腿。我不得不把他叫到凯美瑞这边。他透过金属箱，很快地嗅了嗅柯达，然后又跑回石堆处，那里的尿液更有吸引力。显然他对汽车没有什么占有欲。趁他分心的时候，我把娇小的柯达带到场地里放出来，然后退后几步。大卫手里拿着索罗的红球。我拿着狗粮。面对突然靠近的怪物，柯达尖厉地叫了五六声，然后回头跑到我的两腿之间。我无情地往后退了几步。索罗嗅了嗅她，颈毛竖起，尾巴摆动着，先是抬得很高，然后又低下来，继续摇摆着。他的颈毛收了起来，开始咧嘴大笑。他满不在乎，尽情伸展着硕大的身躯，身下是那只黑色的小狗，后者的轮廓已经渐渐融入黄昏之中。她坐在索罗身子下面，将将擦到他的腹部。她的一只耳朵垂着，像一把前刘海；另一只耳朵则竖了起来，呈现为圆锥形。索罗扑向大卫，后腿抬起来，像是在跳优雅的双人舞。他身后是没有了任何阻碍的柯达。她看起来已经不再战战兢兢，而是充满了好奇。索罗盯着大卫。你才是拿着球的那个人。那就让我们开始玩吧。

　　　　　　狗知道答案——工作犬背后的科学和奇迹

致谢

　　索罗不会因为得到答谢而感激我，但他是这本书的缘起。有好几年，我都在抗拒描写寻尸犬工作的主意，尽管在索罗训练初期我曾经写过一篇很短的专题文章。当朋友们问到的时候，我总是坚持说我太忙于体验生活，而用文字来记述工作实际上会破坏其中的乐趣，偷走其中的灵魂，并将我希望保持独立的两个世界混在一起。除了不得不乘坐飞机的时候，这是我最接近迷信的念头。我有幸进入工作犬的殿堂，所以担心自己会无意间泄露这个殿堂的秘密，并疏远我尊敬的那些人。但是，我对索罗，对我们所做的工作，以及那些与我们一起训练的人，都爱得越来越深。尽管极力抗拒，但是我意识到，我还是想要捕捉索罗所有惊慌、害怕和滑稽的样子，记下他带我走上这段充满野性的全新旅程的关键瞬间。当索罗长到 6 岁时，我转头看着大卫，说道："我想写关于他的事情。"事情就是这么简单。我喜欢迈出第一步。我也不希望忘记。无可避免，人都会遗忘。

　　这是一本关于人与狗的书，其中也包括许多不是犬类爱好者的人，以及那些确实很爱狗的人。过去 3 年里，自从开始这项工作之后，许许多多的人为本书的写作提供了帮助，其中有犬类爱好者、科学家、执法人员、法医，以及许多亲密的朋友和同事。

首先，我想感谢一群我无法给出名字的人，因为他们与案件有关：那些来自北卡罗来纳州各地的执法人员和搜索专家。他们敬业、耐心、富有见地又无比勇敢。他们甘愿进入沼泽地，在丛林中开路，思考所有的可能性。他们从事的工作之艰难令常人难以忍受，我如何感谢他们都不为过——感谢他们提供的安全感，感谢他们工作时的细心，以及感谢他们教给我的一切。

接下来是从事犬类工作的三人组：琼·安德烈亚森－韦伯、南希·胡克和迈克·贝克。琼，索罗的养育者，在我生命中第一次教授了我关于德国牧羊犬的事情。她的耐心和亲切，以及关于犬类——特别是德国牧羊犬——的深厚知识还在继续启发着我。南希是索罗和我的第一个训练师，并且将一直是我们的训练师。她重新安排了我需要优先考虑的选项，并让我以一种新的方式与狗相处。我还非常非常幸运能与迈克一起训练。他极高的才华，对犬类的深厚知识，不露声色的权威，无穷无尽的耐心，以及他让犬类工作变成犬类游戏的能力，都对我很有启发。

第四个人，丽莎·梅休，是初期以及后期一直持续影响我的朋友圈的一部分。她把我介绍给迈克和本州的其他工作犬从业者。她帮助培训我和索罗，特别是帮助我理解法医、工作犬和执法部门相互交叉的复杂世界，并在其中找到了方向。

北卡罗来纳州的其他警犬培训师和牵犬师容忍了我，有时很欢迎我，他们帮助我训练索罗，并让我观察、学习他们的工作。在这本书里，无论有没有直接提到他们的名字，他们都教会了我许多。多年来，达勒姆市警局警犬队和达勒姆县警犬队允许我参加他们每周一次和每月一次的训练。我想特别感谢现在已经退休的达勒姆县警犬队的里克·凯勒（Rick Keller）警长，和现任的达勒姆县警犬队警长史蒂夫·塔利（Steve Talley）。我很幸运能与达勒姆县的副警长蒂姆·菲尔德斯（Tim Fields）一起训练和工作，当时他有一只轮换训练的寻尸犬，目前在达勒姆县的副警长布拉德·柯比（Brad Kirby）手下。对于达勒姆市警局警犬队，我想特别感谢丹尼·古奇、辛迪·伍德（Cindi Wood）、摩西·欧文、特里·坦纳（Terry Tanner）和克里斯蒂·罗伯茨（Kristy Roberts）；他们中许多人已经退休，或者到了执法机构的新岗位任职，但都教会了我许多东西。阿拉曼斯县警犬队的警官凯西·埃德蒙兹（Kathy Edmonds）多年来对我非常好。里兹维尔和吉布森维尔的警察部门欢迎我参与他们的训练，我很感激能一直持续地向他们学习。肯·扬、达琳·格里芬（Darlene Griffin），以及"三合寻血猎犬队"（Triad Bloodhound Team）的其他成员，培养了我对这份工作最早的热情。

接下来是我在会议和讨论会上遇到的那些警犬培训师和牵犬师，在我研究和写作的同时，他们教会了我更多有关如何带领索罗工作的知识。

首先，也是最重要的，是安迪·雷布曼和马西娅·凯尼格。我取消了一次前往西雅图的行程，马西娅抱歉地解释称，安迪的一些身体部位出现了断裂和脱臼的情况，包括跟腱和肩膀，他们在对他进行固定时遇到了一点麻烦，因此晚些时候安排采访可能更好一些。安迪渡过了这次难关，这次等待也是值得的。他们的慷慨、幽默、深厚而又广博的学识，以及对工作的热情，就像安迪那些富有创造力的咒骂一样，对我启发甚多。也是马西娅建议我联系西弗吉尼亚州的凯茜·霍尔伯特，后者不仅成为这本书中的关键部分，而且在我们生活中也有着重要地位。她是一个智慧的人，一个了不起的培训师，我从她那里学到了太多，她还送给我和大卫第二代寻尸犬柯达，我们可爱的黑色德国牧羊犬小狗。

重现工作犬搜索的早期工作并不容易，有时候还会令人有痛切之感，因为早期工作中的许多中心人物或者去世，或者健康状况日渐衰退。我向吉姆·萨福克和萨利·萨福克夫妇、尼克·蒙塔纳雷利、罗杰·泰特斯、德波拉·帕尔曼、埃德·大卫（Ed David）、吉姆·波拉尼斯（Jim Polanis）和乔安娜·约翰斯通（Joanna Johnston）致以诚挚的谢意，感谢他们的帮助，感谢他们的详细记录和良好的记忆力。

在为这本书做研究调查的时候，我很幸运能参加全国各地的各种研讨会和训练课，不断训练并观察。布劳沃德县巡逻犬训练师史蒂夫·斯普劳斯欢迎我加入他在佛罗里达州和北卡罗来纳州的训练讨论会。他的妻子桑迪也欢迎我到他们家中做客，并献上了一道意大利千层面。和迈克·贝克一样，史蒂夫也拥有太多太多的牵犬技能，对犬类和人类的知识无比深厚，让我心生崇敬并感激不已。仅仅感谢史蒂夫对本书做出的重要贡献，让我感觉还很不够。

在佐治亚州、密西西比州和北卡罗来纳州的寻尸犬讨论会上，我得以观察丽莎·希金斯的工作，并和她一起训练。她是我遇到过的最好的老师和智者之一。还要特别感谢丽莎的孙女海莉，她使犬类训练变得温暖、有趣和真实，她也提醒了我们牵犬师这项工作的真正意义是什么。田纳西州的弗格森夫妇罗伊和苏西欢迎我到他们家中做客，并参与他们的训练。他们还引荐了他们的导师阿特·沃尔夫及其兄弟埃德·沃尔夫（Ed Wolff），埃德也是一位经验丰富的警犬牵犬师。他们的开放心态、职业态度以及工作中的那种喜悦，都是我所向往的。玛丽·科布克和她的丈夫约翰·扎格比尔，接待我和大卫在雷诺度过了一个美妙的漫长周末，在那里我观看了丽莎·利特和克里斯·萨利丝伯里（Chris Salisbury）以及其他人的训练，并与克里斯和辛迪·瓦伦丁（Cindee Valentin）进行了交谈。我非常感激玛丽和约翰对我们的关心和照顾，以及他们美妙的食物、激发思考的对话和持续不断的帮助。

在我遇见安迪和马西娅的那次讨论会上，我有幸与凯文·乔治进行了交流。他是我遇见的最富天才和想象力的培训师之一。除了懂魔术，他还会讲故事，让我一直笑到眼泪从脸上流下来。当南希听说我参加了他的一次讨论会并且即将成为他的助手时，她明显忌妒了。

罗杰·泰特斯除了在历史部分提供了帮助之外，还在北卡罗来纳州三角区的一个美丽秋日，和我分享了他关于寻血猎犬和所有追踪犬的丰富知识。如果你带的是寻血猎犬，我觉得那种幽默、耐心和忍耐必须刻在你的基因里。罗杰没有任何理由对我耐心，但他做到了。他一直以来的慷慨对我意义重大。

保罗·马丁帮助建立了"西卡罗来纳寻尸犬研讨会"，并且依然在帮助其运行。和其他一些牵犬师一样，他在和我一起工作时做了许多超出其工作范围的事情。他狡黠的幽默、低调的做法，以及分享知识和研究结果的意愿，都对这一项目至关重要。

在我对搜索工作的思考的演变中，布拉德·丹尼斯和德波拉·帕尔曼曾经提供了许多帮助，我很感激和他们在一起的时间。对于人类以及野生和家养动物的行为，他们都拥有数十年的经验和知识，我们很幸运能在搜索工作的世界里遇到他们。马特·扎雷拉非常慷慨，他花了很多时间在电话中分享他在牵犬工作中的经验和看法。苏西·古德霍普在讨论会时就像一位（稍微大一点的）姐姐，让我感到很舒服、温暖，仿佛戴着一顶她编织的、上面有头骨和交叉骨头图案的帽子。而查姆·金特里就像是一位媒人，开我的玩笑又和我一起笑，并让凯茜·霍尔伯特知道我想从她的犬舍要一只小狗的心情有多么迫切。

我还想感谢众多牵犬师和培训师，我曾见证过他们工作，并正式或非正式采访过他们，我非常感激从他们身上学到的一切。虽然他们的名字在本书里没有被明确提到，但他们极大地扩展了我的知识储备：迈克尔·本·亚历山大（Michael Ben Alexander）、奥瓦尔·班克斯（Orval Banks）、凯西·布朗（Kathi Brown）、雪莉·伯顿（Shelly Burton）、安·克里斯滕森、玛利亚·克拉克斯顿（Maria Claxton）、特里·克鲁克斯（Terry Crooks）、保罗·多斯蒂（Paul Dostie）、梅利莎·埃利斯（Melissa Ellis）、梅利莎·弗赖依（Melissa Frye）、卡伦·吉莱斯皮（Karen Gillespie）、格温·汉考克、迪娜·赫金斯（Deana Hudgins）、尼基·艾维（Nikki Ivey）、雷内·约翰逊（Renae Johnson）、肖恩·凯利（Sean Kelly）、丽莎·莱普希、戴夫·洛佩兹、罗西·马歇尔（Roxye Marshall）、乔·迈耶斯（Joe Mayers）、葆拉·麦科勒姆（Paula McCollum）、海伦·莫雷诺（Helen Moreno）、马西娅·莫顿（Marshia Morton）、本杰明·奥尔蒂斯、克雷格·帕顿（Craig Patton）、布鲁克·普罗克特（Brooke Proctor）、皮特·赛珀特、贝姬·施罗普希尔（Becky Shropshire）、米根·撒克（Meaghan Thacker）和休·C. 沃尔夫（Sue C. Wolff）。

　　北卡罗来纳州以及全国各地的一些组织、研讨会和警察局为我提供了全面参与的机会，我得以观察训练，拍摄照片，有时还能与索罗一起参与其中。我非常感谢"全国搜救犬联盟"（National Search Dog Alliance）和简·迈耶（Jan Meyer）；感谢2011年在华盛顿举行的"犬类大会"（DogMeet）和布鲁斯·雷米（Bruce Ramey）；感谢"犬类探查服务网络"（Network of Canine Detection Services），尤其是朗达·梅因（Ronda Maine）、芭芭拉·霍利（Barbara Holley）和丹尼·霍利（Danny Holley），以及 T. H. 沃克（T. H. Walker）；感谢西卡罗来纳大学寻尸犬研讨会，特别是博比·汉斯莱（Bobby Hensley）；感谢田纳西州特殊反应队 -A、格林斯博罗（Greensboro）警察局警犬队、"警戒犬"（Alert K9）组织的布里吉特·霍尔和约翰·霍尔，以及南派恩斯（Southern Pines）警察局警犬队。

　　本书还多亏了众多科学家、法医、流行病学家、兽医、犬类行为学家、考古学家、人类学家、历史学家、业余历史学家、军方人士和环境科学家等通过电子邮件、谈话和事实查证等方式毫无保留地提供大量帮助。我要向这里列出的每个人致以深深的谢意：训犬书的作者卡罗尔·利·本杰明（Carol Lea Benjamin）；《美国科学家》（American Scientist）前编辑克里斯·布罗迪（Chris Brodie）；考古学家海勒·布鲁克斯（Haleh Brooks）、温迪·迪克、帕特·富兰克林、肯·富尔顿；流行病学家大卫·戈德史密斯（David Goldsmith）、迪克·赫尔顿（Deak Helton）；西卡罗来纳大学法医人类学家谢里尔·A. 约翰斯顿（Cheryl A. Johnston）、丽莎·利特、梅·麦卡勒姆、帕特里夏·麦康奈尔、卡·麦克唐纳、查理·莫斯勒、拉里·迈耶斯；沿岸雨林保护基金会（Raincoast Conservation Foundation）的资深科学家保罗·C. 帕奎特（Paul C. Paquet）；来自东南部的生态学家米洛·派恩（Milo Pyne）、伊弗雷姆·罗特（Ephraim Rotter）、约翰·扎比格尔、格雷格·桑森；索罗和梅根的兽医罗宾·斯科特（Robin Scott）；兽医塔米·席勒（Tami Shearer）、迈克尔·斯莱奇、马西·索格；神经学家和熊类大脑专家乔治·斯蒂文森（George Stevenson）；密西西比州考古学家约翰·M. 沙利文（John M. Sullivan）；植物学家韦德·沃尔（Wade Wall）；华盛顿大学保育中心生物学主管萨姆·瓦塞尔和芭芭拉·威利－琼斯；西卡罗来纳大学法医人类学家约翰·威廉姆斯（John Williams）；以及我的朋友、流行病学家史蒂夫·温（Steve Wing）。特别感谢阿帕德·瓦斯付出的时间和慷慨大度。

我不知道该把南希的女儿林赛，以及南希的孙子肖恩放在这份名单的哪个位置。他们跨越了太多领域，从林赛还是个青少年的时候，从肖恩出生到现在，一直在帮助训练我和索罗。肖恩是一个令人愉快的有趣的孩子：聪明、坚强、可爱，并且能容忍人和狗。

学术圈中有一些犬类书籍的支持者。感谢卡里·尼尔森（Cary Nelson）和保罗·特赖希勒（Paul Treichler），他们是我的伙伴、萨摩耶犬热爱者，同时还是我的学术导师。在知道我不仅计划写一本关于狗的书，而且要成为美国大学教授协会（American Association of University Professors）——当时卡里还是协会的主席——一本全国性杂志的编辑时，他们表现出的那种喜悦、那种感动和无与伦比的支持，令我感激不已。尽管在卡里向我抛出问题的时候，我还无法作答。他问的是，为什么我在写一本直接明了、关于一只狗的书时，看起来似乎有点困难呢？

这是个非常典型的"卡里时刻"。他是对的，于是我闭上嘴，继续写作。感谢伊莱恩·奥尔（Elaine Orr）一直以来给予的平静、良好的建议。托尼·哈里森（Tony Harrison），我所在院系的头儿，已经完全适应了我做项目时的奇怪表现，并且在大大小小的各个方面给予了我巨大的支持。我非常荣幸能身处这样一个拥有多种学科的院系之中。

　　这是我独自撰写的第一本书。我的写作计划离不开劳雷尔·戈德曼（Laurel Goldman）和每周四上午教堂山写作小组成员的帮助，他们分别是安娜·琼·梅休（Anna Jean Mayhew）、法比耶纳·沃思（Fabienne Worth）、约翰·曼纽尔（John Manuel）、贝蒂·帕默顿（Betty Palmerton）、伊芙·里佐（Eve Rizzo）、米娅·布雷（Mia Bray）和辛迪·帕里斯（Cindy Paris）。他们既固执又和蔼，提供了很多支持。大声朗读从未变得如此令人害怕和有价值。劳雷尔作为编辑的严谨和才华征服了我。还要感谢韦茅斯艺术和人文中心（Weymouth Center for the Arts & Humanities）为我提供了4天平静的时光以完成最终的写作计划，尽管旧公寓旁边的弗里西亚马马厩和花园池塘中牛蛙的低沉叫声让我严重分心。感谢 Doe Branch Ink 的吉姆·罗伯茨（Jim Roberts）和尼克·罗伯茨（Nick Roberts），在这个位于山林之中的写作者隐居所，我与佩姬·佩恩（Peggy Payne）以及另外一群睿智、有思想深度的倾听者一起完善了写作计划，他们分别是马汉·赛勒（Mahan Siler）、苏珊·希尔德（Susan Schild）和法比耶纳·沃思。利用山间微弱的互联网连接，佩姬向我展示了如何通过出版网站 Publishers Marketplace 寻找某个代理人；通过她的介绍，我几乎立刻就找到了吉莉恩·麦肯齐（Gillian MacKenzie）和她的书籍项目，这都是我喜爱的。吉莉恩并不知道我，在 1 月那个寒冷的周一晚上用电子邮件将写作计划发送给她的时候，我也没有一个响亮的人名可以捎带进去。然而，不到 24 小时，我就得到了她最热情、最全面和富有洞察力的回应。这一回应的水平从未改变；吉莉恩以一种切实和天才的触感，帮我扩展并确定了写作计划和后来书的轮廓。之后，她将指挥权交给了 Touchstone 出版社的高级编辑米歇尔·霍瑞（Michelle Howry）。对于她热情、巧妙的编辑工作，她的思考和细心，以及一直以来的照顾，我都非常感激。我有许多作家和编辑朋友，因此知道自己何其幸运，能有米歇尔和吉莉恩将她们极高的才华投入到这本书之中。我要向米歇尔的编辑助理布伦丹·卡利顿（Brendan Culliton）表示感谢，还有安娜·琼·梅休，她在这段似乎永远不会结束的写书过程的几个关键点提供了编辑上的帮助。与 Touchstone 出版社的团队，包括杰西卡·罗斯（Jessica Roth）、梅雷迪思·比拉雷罗（Meredith Vilarello）和琳达·萨维茨基（Linda Sawicki）的合作非常愉快。还要感谢大卫·福尔克（David Falk）。

感谢摄影师 D. L. 安德森（D. L. Anderson），他锐利的眼神和才能对这本书贡献巨大，谢天谢地，他成功避免了这些狗的人格化；感谢雪莉·克伦德林（Sherri Clendenin），正是她早期给索罗拍摄的照片使我爱上了他；感谢史蒂夫·斯普劳斯，他作为一位巡逻犬摄影师颇有天赋；还有尼克·蒙塔纳雷利（Nick Montanarelli），感谢他在犬类研究初期拍摄的照片。我还要感谢丽莎·戈特沃尔斯（Lissa Gotwals）拍摄的精美的作者图片。在拍摄索罗训练视频的过程中，塞斯·马利肯（Seth Mulliken）、罗伯特·贝尔（Robert Bell）和布鲁克·达拉·舒曼（Brooke Darah Shuman）都扮演着中心角色。感谢他们留下的这些回忆。

这一路上，我的朋友们，包括我自己的朋友和大卫的朋友，以及我们的家人都成为了合作者，并起到了重要的作用。在曼哈顿的某个晚上，戴尔·玛哈瑞吉（Dale Maharidge）帮忙消灭了相当数量的酒和食物，并列出了我得以写这本书，以及这本书能够开启我剩余人生的原因。我们已经认识了30年。戴尔不仅帮助我走完了每一步，还常常预料到我在这个复杂过程中下一步需要做什么。我无法想象还有比他更好的助威者、朋友兼教练。谢里尔·克兰曼（Sherryl Kleinman）虽然从未养过狗，却一直幻想着拥有一只完美的、保养费用少的狗。在穿越北卡罗来纳州以及往返华盛顿特区的长途行车过程中，她帮我草拟了本书的章节。原本有一章名为"谢里尔想要一只狗"，但在残酷的编辑过程中被删除了，这让我感到很挫败。在写作"我的宠物回忆"这部分时，朋友兼同事莎伦·赛泽（Sharon Setzer）不断捉弄、哄骗并支持着我。萨拉·斯坦听了我有关训练和搜索的故事之后，对我们产生了一种连我自己都不具备的信心，并鼓励我开始内省。她还为索罗的训练拍摄了令人难以置信的视频。斯科特·布朗宁（Scott Browning）嘲笑我对写作的恐惧，在非常细心的阅读之后，他给我发来了尚未在网络上出现的新闻稿。罗妮·科恩（Ronnie Cohen），我认识她的时间甚至比认识戴尔的时间还长，她以无比的才华和细心指导我，帮我编辑，我不知道如果没有她我会如何。巴布·斯莫利帮忙把我们漂亮的梅根带到家里过夜，带她玩耍，使我能安心工作。我们的邻居迈克尔·哈尔特（Michael Hardt）和卡蒂·威克斯（Kathi Weeks），尽管都是爱猫的人，但也喜欢我们的狗。他们在后院里用简单的酒水和谈话招待我们——即兴的聚会，要求很少，给予很多。卡蒂把我介绍给了爱狗人士凯茜·鲁迪（Kathy Rudy），凯茜后来成为了我的导师和支持者，帮我对整本书进行了梳理。我们的邻居布鲁斯·圣费利奇（Bruce Sanfelici）和多利安·圣费利奇（Dorean Sanfelici）把狗放出来的时候，我的心也完全放松了下来。安妮塔·利维（Anita Levy）虽然不是很喜欢狗，但对我们照顾颇多。金·特克（Kim Turk）、莉拉·梅（Leila May）、唐·帕尔默（Don Palmer）、珍妮弗·沃什伯恩（Jennifer Washburn）、巴里·约曼（Barry Yeoman）、理查德·齐格勒（Richard Ziglar）、迈克·弗格森（Mike Ferguson）、戴安娜·约翰逊（Diane Johnson）、安妮·埃克曼（Anne Eckman）以及大卫·舒尔曼（David Schulman）等，无论关系远近，一路都在不断地倾听和帮助我。还有德博拉·胡克（Deborah Hooker），她倾听并照顾着我，帮助我清晰地表达出在告诉她之前我还不够确定的情感。我高中时的朋友兼衣物柜伙伴兰迪·休·威尔逊（Randhi Sue Wilson），让我通过"托尔金"（Tolkien）认识了德国牧羊犬。这是她的一只混种牧羊犬，到处都能见到他的身影，他也让我知道了狗是天生的伙伴。我感谢他们所有人给予的友谊和帮助。

哈尔·霍芬伯格（Hal Hopfenberg）和帕奇·霍芬伯格（Patsy Hopfenberg）帮助我们和索罗逃离到他们位于山间的家，我们在那里吃饭、喝酒、交谈——还有写作。当我变得沮丧、疯狂、无法承受，并且大卫也对我厌倦时，我们会开车1.1英里，在马格诺莉亚·格里尔（Magnolia Grill）酒吧里要一张小桌子。厨师兼店主本·巴克（Ben

　　　　　　　狗知道答案——工作犬背后的科学和奇迹

Barker）会从厨房工作中暂停一会，过来和我们聊天，即使他知道我们的到访意味着我正处于糟糕的情绪当中。我会在抱怨中品尝本制作的温暖的棕色食品，然后就会感觉好很多；而当吃到卡伦制作的某道妙不可言的甜点时，我会忘记一切让我痛苦的事情。马格诺莉亚·格里尔酒吧拥有这个国家最棒的食物和甜点，它经营了25年，一直到去年关门。我会一直感激它的存在。虽然它关门了，但我们还是会鼓起勇气坚持下去。感谢本和卡伦，以及我和大卫在格里尔酒吧遇到的朋友乔·莱文（Joe Levine）和露易丝·安东尼（Louise Antony）。他们使这本书——以及我们的婚姻——得以支撑下去。

大卫在纽约的兄弟姐妹，鲍勃（Bob）和艾琳（Irene），以及他们各自的另一半，阿琳·奥尔巴克（Arleen Auerbach）和菲尔·谢弗（Phil Schaeffer），都是非常棒的人。对我来说，他们是如此了不起的姻亲，我感谢他们对我们因写作本书而排不开时间所给予的谅解。我们会在接下来几年里更多地拜访他们。我的兄弟马克谈了很多他早期对爱尔兰塞特犬的回忆，我的侄儿凯利（Kelly）很喜爱这本书的理念，而我的兄弟丹（Dan）也拥有狩猎用的拉布拉多犬，因而很理解我对工作犬的偏爱。

我的父亲，查尔斯·沃伦（Charles Warren），于2005年因癌症病逝，留下49岁的我——原本应当是成熟的年纪——沉浸在深深的、从未有过的悲伤之中。大卫在年少时失去了双亲；我在父亲去世10多年前失去了母亲。然而，父亲依然让我感觉近在眼前。我依然能听到他缓慢而深思熟虑的声音。我依然想拿起电话，跟他一起谈论世界局势和我们的生活。他贯穿了我的生命，以及这本书。感谢我亲爱的继母，阿格妮丝·兰德斯－沃伦（Agnes Rands-Warren），她让父亲的最后几年过得非常幸福，对我来说，她也是一位"最佳母亲"。

最后的致谢留给大卫：我的丈夫，我心所属，我最亲爱的朋友。我不知道该如何向他致谢，除了说声我爱他，并且答应不会很快再做同样的事。

图片来源

封面图片：7岁半的索罗。（拍摄者：D. L. 安德森）

第一章　黑暗中的小王子

索罗，4周大，在育种员琼·安德烈亚森－韦伯位于俄亥俄州帕塔斯卡拉（Pataskala）的家中。（拍摄者：雪莉·克伦德林）

第二章　死亡与狗

一尊阿努比斯的雕像。阿努比斯是古埃及神话中长着胡狼头的神，能在坟墓中保护死者。（拍摄者：格劳乔之子［Son of Groucho］）

第三章　鼻子的学问

罗杰·泰特斯，美国全国警用寻血猎犬协会的副主席，正在给在训练中找到他的寻血猎犬奖励。（拍摄者：凯特·沃伦）

第四章　寻尸犬的诞生

美国军方和西南研究院的研究显示了犬类工作的价值。这些犬类训练的剪影拍摄于 20 世纪 60 年代和 70 年代，由研究者尼克·蒙塔纳雷利提供。（图片由大卫·奥尔巴克［David Auerbach］拼接而成）

第五章　纸箱游戏
达勒姆警察局警犬队的迈克·贝克警长和丹尼·古奇警官正在训练丹奇年轻的巡逻犬 Rin，他们用的纸箱中只有一个有毒品的气味。（拍摄者：D. L. 安德森）

第六章　升华
人类遗体很容易消失在森林中，逐渐与周围的植物融为一体。（拍摄者：D. L. 安德森）

第七章　一块排骨
索罗给我带来了新的训练难题。南希·胡克笑着骂他是混蛋。（拍摄者：D. L. 安德森）

第八章　扑咬训练的安慰
布劳沃德县警犬队警长戴夫·洛佩兹正在承受来自迪赛尔的扑咬，这是一只正在学习水上工作的德国牧羊犬。（拍摄者：史蒂夫·斯普劳斯）

第九章　进入沼泽
索罗在训练中穿过树林。（拍摄者：D. L. 安德森）

第十章　聪明和轻信

索罗既聪明又投入，这意味着他想要取悦人并获得奖励。这可能会带来一些问题。(拍摄者：D. L. 安德森)

第十一章　整个世界就是一出戏剧

无论是对狗还是对牵犬师，在训练中设置接近现实的场景是成功的关键。(拍摄者：D. L. 安德森)

第十二章　他人的悲伤

安迪·雷布曼和他的德国牧羊犬乔茜在马萨诸塞州新贝德福德附近的公路沿线进行了数天搜索，寻找连环杀手的受害者。(拍摄者：葆拉·布隆斯坦[Paula Bronstein]，来自《哈特福德新闻报》[*Hartford Courant*]的文章，作者琳恩·图伊[Lynne Tuohy])

第十三章　所有士兵都已离去

在伊拉克，作为寻尸犬的德国牧羊犬斯特雷加在主人兼牵犬师凯茜·霍尔伯特设置的一处训练点发出警报。凯茜来自西弗吉尼亚州的菲利皮，是一位民间承包商。(拍摄者：美国陆军上士丹尼尔·亚纳尔[Daniel Yarnall])

第十四章　在水面上飞驰

在密西西比州，保罗·马丁帮助格温·汉考克训练她的拉布拉多犬"鲁格"(Ruger)，寻找水中的人类遗骸，凯茜·布朗(Cathi Brown)负

责观察。(拍摄者:凯特·沃伦)

第十五章 完美的工具

(拍摄者:D.L.安德森)

第十六章 墓地工作

丽莎·希金斯和她的寻尸犬麦琪正在北卡罗来纳州 Tuckaseegee 科布(Cobb)家族的墓地中训练。在搜索中需要结合家族历史、寻尸犬、透地雷达及其他方法,以确定墓道和未做标记的坟墓的位置。(拍摄者:凯特·沃伦)

第十七章 再次振作

训练间歇中的北卡罗来纳州警犬牵犬师肖恩·凯利。他怀里抱着尼禄,尼禄之前是一只军事工作犬。(拍摄者:凯特·沃伦)

第十八章 瓦格

索罗和柯达在位于达勒姆的家中,柯达刚到来一星期。(拍摄者:D.L.安德森)

狗知道答案——工作犬背后的科学和奇迹

图书在版编目(CIP)数据

狗知道答案：工作犬背后的科学和奇迹 /(美)凯特·沃伦(Cat Warren)著；林强译. —北京：商务印书馆，2018
（自然文库）

ISBN 978-7-100-14433-9

Ⅰ.①狗… Ⅱ.①凯… ②林… Ⅲ.①犬—驯养
Ⅳ.①S829.2

中国版本图书馆 CIP 数据核字(2017)第 147352 号

自然文库
狗知道答案：
工作犬背后的科学和奇迹

〔美〕凯特·沃伦 著
林强 译

商 务 印 书 馆 出 版
（北京王府井大街36号 邮政编码 100710）
商 务 印 书 馆 发 行
北京新华印刷有限公司印刷
ISBN 978 - 7 - 100 - 14433 - 9

2018年4月第1版 开本710×1000 1/16
2018年4月北京第1次印刷 印张22¼

定价：68.00元